JN136856

ぱっと見わけ観察を楽しむ野鳥図鑑

増補改訂版

監修 樋口広芳
著 石田光史

私たちの身近にすんでいて、
気軽に観察できる野生動物が
野鳥です。
市街地の街路樹や公園。郊外の
緑地や農耕地、里山から奥山。
渓流から湖沼、広い海まで、
野鳥たちはあらゆる環境に
すんでいます。
本書は、野鳥を見わける
ポイントや特徴はもちろん、
おもしろい生態や行動も紹介し、
じっくりと観察する楽しみ方を
提案する野鳥図鑑です。

ナツメ社

はじめに

人生ではじめて野鳥図鑑を刊行するという、大イベントにチャレンジさせていただいてから早いもので10年が経ちました。この度、『日本鳥類目録改訂第8版』（2024 年、日本鳥学会）が発行されたことに伴い、増補改訂版を刊行することになりました。

改めて思い返すと、野鳥とのつきあいは50年にも及び、ネイチャーガイドを生業にしてからは20年が過ぎました。おかげさまで野鳥関係の業務に追われるような生活になり、もはや私の人生から野鳥を切り離すことはできません。

野鳥はほとんどすべての環境に生息しているにもかかわらず、多くの人々が気づかずにいます。私は子供の頃にたまたま見た黄色い鳥がきっかけでしたが、私の実姉は庭にやってくる小鳥をたまたま見て、野鳥の名前を調べて楽しむようになりました。立派な機材がなくても、ちょっとしたきっかけでその存在に気づくことで、いつの間にかバードウォッチングははじまり、探求心をかき立てます。

そして、それぞれのスタイルに合った楽しみ方をカスタマイズできることも魅力です。名前や姿を覚えたり、さえずりを楽しんだり、観察種数を伸ばしたり、私のように旅とセットにして、身近な野鳥だけでなく遠くの野鳥を楽しむことも新たな発見があるものです。また、この10年で一番変わったことといえば、野鳥の姿を撮影して、画像をSNSで共有するという新たなトレンドが生まれたことです。これは野鳥への新たなアプローチとして注目されている一方、新たな問題提起もしています。

ただ、バードウォッチングの楽しみの根幹にあるのは、発見し出会うことの感動だと思います。私は普段、バードガイドとして野鳥を探し、お客様に見ていただく業務をしていますが、目的の野鳥に出会えた瞬間の、爆発するような盛り上がりは、私の仕事の最大の達成感であるとともに最大のモチベーションになっています。

本書は、旧版よりもページ、掲載種、写真、音声ファイルの数を増やし、解説内容も最新の情報に更新しております。図鑑というものが本来もつ、野鳥を見わけるための教科書といった枠を超え、探すためのヒントや、観察を楽しむための行動や生態の紹介、さえずりなど、フィールドで使える実用的な情報を多く盛り込みました。これに本書を手にされたみなさまの五感を加え、バードウォッチングをより楽しんでいただければ幸いです。

2025年1月
石田光史

目次

本書について

本書は市街地から山野、渓流から海まで、国内のあらゆる環境に生息する野鳥から代表的な種を掲載した野鳥図鑑です(亜種を含めた369種の写真掲載)。その鳥の特徴がわかりやすい写真を掲載し、見わけるポイントを示しました。見わけが難しい鳥については、イラストで比較するページも設けました。掲載した鳥に関しては、おもしろい行動や生態など関連情報をできる限り紹介しているので、その鳥を見わけたら、行動や生態をじっくり観察し、楽しみましょう。　本書を散歩や自然観察、山歩きや旅行の供にし、バードウォッチングを楽しんでいただければ幸いです。

本書の見方、使い方

●メイン写真

その鳥の特徴がわかりやすい写真を大きく掲載しています。雌雄で羽色が異なる場合は羽色が鮮やかなほうを大きく、夏羽と冬羽については、国内でよく見られるほうを大きく掲載。写真には、見わけのポイントを引き出し線で示しています。

●見出しと解説文

その鳥の個性を一言の見出しで記し、その鳥がどんな鳥か、生活型や生息地、分布、食性や和名の由来などについて記し、羽色や形態について詳しく解説しました。

●生態、行動、探し方など

ページの下方に囲みを設け、観察してみよう(おもしろい行動)、聴いてみよう(特徴的な声)、考えてみよう(保護問題など)、おもしろい生態(豆知識)、探し方(探し方のポイント)など、その鳥の関連情報を写真付きで紹介しています。鳥を見わけた後に、じっくり観察して楽しむ際の参考にしてください。

スズメ目
シジュウカラ科
スズメ目シジュウカラ科シジュウカラ属
シジュウカラ【四十雀】
Parus cinereus / Cinereous Tit
●全長15cm／留鳥・漂鳥

ネクタイのような、胸の黒い帯が目印

身近で見られる小鳥の一種。留鳥または漂鳥として小笠原諸島を除く全国に分布。平地林から山地林、市街地、公園、ヨシ原などさまざまな環境に生息し、樹洞や人工建造物の隙間、巣箱に営巣する。繁殖期は主に昆虫類を捕食し、秋には植物の実も食べる。越冬期は地上で採食することも多い。雌雄ほぼ同色で、頭部は黒いが光沢があり、紺色に見えることもある。ほおと体下面は白く、後頭に白斑がある。胸から下尾筒まで黒いネクタイ状の縦線があり、オスは太く、メスは細い。背の上側が黄緑色で雨覆、風切の外縁は青みのある灰色。大雨覆の羽先が白く1本の帯に見える。類似種のヒガラ(p280)は小さく、ネクタイ状の縦帯はない。

観察してみよう
黒ネクタイの淡い幼鳥
繁殖期に聞こえるキキキー、キキキキーという声で、親鳥が食べ物を運んでくるのを待つ幼鳥の存在に気づくことができる。幼鳥の胸の黒い縦帯はとても細いか、見えないこともあるので、コガラ(p283)やヒガラと間違えないよう注意。

284 「ピーチュ、ジュクジュクジュク」などさまざまな声で鳴く。

●野鳥の名前と分類、データ

その鳥の分類(目名・科名・属名)を小さく、一般に種名として使われる和名と漢字名を大きく記し、その下に学名と英名、全長と生活型を記しました。

＊分類や学名、英名は、『日本鳥類目録改訂第8版』(2024年、日本鳥学会)に準拠しています。
＊種によっては全長に加え、翼や雌雄なども、開長(翼を広げた大きさ)を記してあります。
＊夏鳥や旅鳥などの生活型は一般的なもの記しましたが、地域などによって異なる場合もあります。
＊野鳥を楽しむために知っておきたい用語に関しては、巻末の用語解説をご参照ください。

●QRコード(鳥の鳴き声)

鳥の鳴き声の音声ファイルがある鳥は、データの右側にQRコードが印刷してあります。スマートフォンのQRコードリーダーで読み取ることで、鳴き声を聴くことができます。鳴き声の予習、野外観察での確認などにご活用ください。

＊野外で再生する際は状況に応じてイヤフォンを使うなど、ご注意ください(→p415)。

●サブ写真

メイン写真以外に、異なる羽色や雌雄なども、スペースが許す範囲で掲載しています。

●特集ページ

人気のある鳥や紹介すべきポイントの多い鳥は、特集的にページを拡大して掲載しています。その鳥のもつ魅力や個性をいろいろな角度から楽しみましょう。

●ツメ

左右ページの上端に、目名と科名、科を象徴するアイコンを示しました。さくいんを使わずに目的の鳥を探すときに便利です。ページ下端にはその鳥が生息する環境を、山野、水辺、市街地の3つで大ざっぱに示しています。

…山野(草原をふくむ)

…水辺

…市街地

さあ、観察しよう！

双眼鏡の使い方と行動観察のすすめ

双眼鏡は野鳥観察の基本道具です。遠くの対象を確認することはもちろん、近くの対象を大きく見るためにも使います。昆虫や植物など、野鳥以外を観察するのにも有効で、自然観察全般に欠かせない道具です。正しい調整の仕方と使い方のコツを理解することで、観察を充実させましょう。

双眼鏡の正しい調整の仕方

1 裸眼の方は、接眼目当てを引き出します。メガネ使用の方はそのままにします。双眼鏡本体を開閉して、接眼レンズを両目の幅に合わせます。覗いたときに、2つの円がなるべく1つに近くなるように調整します。

メガネ使用の方は引き出さない。

裸眼の方は目当てを引き出す。

本体を開閉し、両目の幅に合わせる。

2 右目を閉じ、左目だけで何か目標となるものを覗きます。そのままの状態でピント調整リングを動かして、ピントを合わせます。そのままの状態を維持してください。

3 今度は逆に左目を閉じて右目だけで見ます。像がはっきりしなければ、視度調整リングを動かしてはっきりするよう調整します。このとき、ピント調整リングは動かさないでください。これで調整完了です。

※ピント調整リングや視度調整リングの位置や操作は機種によって異なりますので、取扱説明書をご確認ください。

双眼鏡の使い方のコツ

双眼鏡を正しく調整しても、使い慣れないうちは、観察対象を視野になかなか入れられないものです。鳥はすぐに移動してしまうので、視野に素早く入れることが大切ですが、うまく入れられないと焦ってしまい、ますます入れられなくなります。使い方のコツを覚えて、双眼鏡を使いこなしましょう。

良い使い方

身体と顔を観察対象にまっすぐ向ける。そのままの状態で、顔に双眼鏡を添えるようにして覗く。脇を軽くしめるようにすると、ブレが軽減できる。

悪い使い方

観察対象にまっすぐ向かず、身体をねじった体勢で双眼鏡を覗くと、視野に入れにくい。脇をしめないと、像がブレてしまう。

行動観察のすすめ

野鳥観察にはいろいろな楽しみ方があります。誰でも気軽に写真を撮れる時代ですから、野鳥の撮影を楽しむのもいいでしょう。ただ、立派な機材を持っているのに双眼鏡を持たず、写真だけ撮っておしまいというのはもったいないことです。そこにいる鳥が何をしているのか。食べているものは何か。じっくり観察することで、行動や生態がわかり、新たな発見もあります。いい写真を撮るためには、よく観察して行動や生態を知ることが重要です。双眼鏡を活用し、行動観察を楽しみましょう。

鳥の体の各部名称

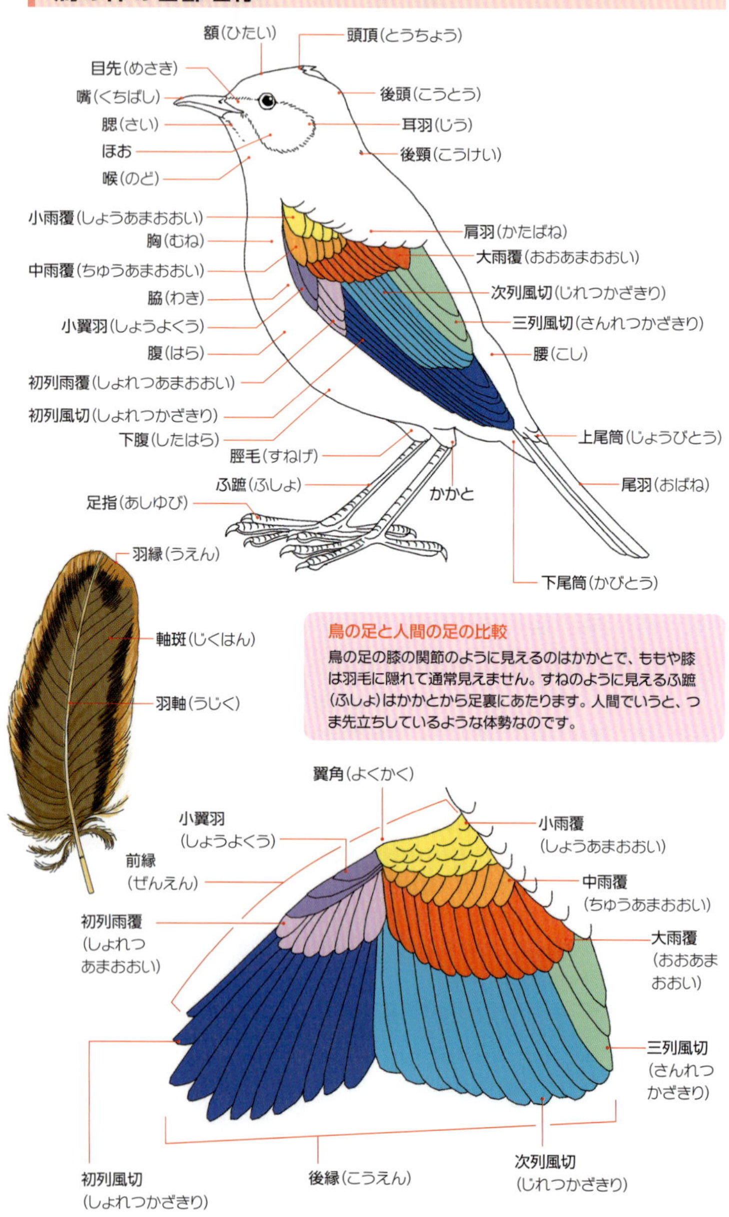

鳥の足と人間の足の比較

鳥の足の膝の関節のように見えるのはかかとで、ももや膝は羽毛に隠れて通常見えません。すねのように見えるふ蹠(ふしょ)はかかとから足裏にあたります。人間でいうと、つま先立ちしているような体勢なのです。

頭央線（とうおうせん）
眉斑（びはん）
アイリング
冠羽（かんう）
嘴（くちばし）
上嘴（じょうし）
会合線
（かいごうせん）
耳羽（じう）
下嘴（かし）
ほお線（ほおせん）
顎線（がくせん）
カシラダカ
p380
頭側線（とうそくせん）
過眼線
（かがんせん）
蝋膜（ろうまく）
鼻孔（びこう）
コヨシキリ
p305
ハヤブサ
p261
虹彩（こうさい）
額板（がくばん）
羽角（うかく）
顔盤（がんばん）
バン
p84
トラフズク
p238
エナガ
p298
全長＝嘴の先端から尾羽の
先端までの長さ。
全長

鳥の大きさで検索するインデックス

本書に掲載している鳥を、市街地や山野で見られる鳥、水辺で見られる鳥に分け、全長の小さい鳥から大きい鳥へとおおまかに並べました。その鳥の掲載ページを検索できます。

※野外観察では、条件によって大きさが異なって見えるので、一つの目安としてお使いください。

■市街地や山野で見られる鳥

キクイタダキ 10cm

ヒガラ 11cm

ツリスガラ 11cm

ヤブサメ 11cm

ミソサザイ 11cm

イイジマムシクイ 11.5cm

エゾムシクイ 12cm

マキノセンニュウ 12cm

メジロ 12cm

ニシオジロビタキ 12cm

ヒメアマツバメ 13cm

ハシブトガラ 13cm

コガラ 13cm

ショウドウツバメ 13cm

イワツバメ 13cm

センダイムシクイ 13cm

メボソムシクイ 13cm

オオセッカ 13cm

セッカ 13cm

コサメビタキ 13cm

ムギマキ 13cm

ノビタキ 13cm

マヒワ 13cm

コホオアカ 13cm

ミフウズラ
14cm p100
ヤマガラ
14cm p281
リュウキュウツバメ
14cm p291
ウグイス メス14cm
オス16cm p296
エナガ
14cm p298
シマエナガ
14cm p299
コヨシキリ
14cm p305
メグロ
14cm p314
ゴジュウカラ
14cm p318
シロハラゴジュウカラ
14cm p318
キバシリ
14cm p319
サメビタキ
14cm p333
コルリ
14cm p338
コマドリ
14cm p339
アカヒゲ
14cm p340
ホントウアカヒゲ
14cm p341
キビタキ
14cm p342
ルリビタキ
14cm p345
ジョウビタキ
14cm p346
ニュウナイスズメ
14cm p350
カヤクグリ
14cm p353
ベニヒワ
14cm p371
ノジコ
14cm p383
コゲラ
15cm p251
シジュウカラ
15cm p284
エゾビタキ
15cm p332
スズメ
15cm p351
ビンズイ
15cm p359
ベニマシコ
15cm p368
カワラヒワ
15cm p370

カシラダカ
15cm p380
シマアオジ
15cm p382
コジュリン
15cm p386
ソウシチョウ
15cm p391
アカウソ
15.5cm p366
ムクドリ大まで
(16〜24cm)
シマセンニュウ
16cm p308
ノゴマ
16cm p337
ムネアカタヒバリ
16cm p360
タヒバリ
16cm p361
アトリ
16cm p362
ウソ
16cm p366
ハギマシコ
16cm p367
ユキホオジロ
16cm p375
ホオアカ
16cm p377
キマユホオジロ
16cm p379
ミヤマホオジロ
16cm p381
アオジ
16cm p384
オオジュリン
16cm p387
ツメナガセキレイ
16.5cm p354
キタツメナガセキレイ
16.5cm p354
マミジロツメナガセキレイ
16.5cm p354
ヒバリ
17cm p287
ツバメ
17cm p292
ウチヤマセンニュウ
17cm p309
オオルリ
17cm p336
オオマシコ
17cm p369
イスカ
17cm p372
ホオジロ
17cm p376
クロジ
17cm p385

種名	全長	参照
アリスイ	18cm	➔p250
ヤイロチョウ	18cm	➔p262
サンコウチョウ（メス）	18cm	➔p265
チゴモズ	18cm	➔p266
ヒレンジャク	18cm	➔p279
オオヨシキリ	18cm	➔p304
エゾセンニュウ	18cm	➔p306
イワヒバリ	18cm	➔p352
マミジロタヒバリ	18cm	➔p358
シロガシラ	19cm	➔p289
コシアカツバメ	19cm	➔p295
コムクドリ	19cm	➔p322
シメ	19cm	➔p363
アマツバメ	20cm	➔p68
コノハズク	20cm	➔p235
サンショウクイ	20cm	➔p263
リュウキュウサンショウクイ	20cm	➔p264
アカモズ	20cm	➔p267
シマアカモズ	20cm	➔p267
モズ	20cm	➔p268
キレンジャク	20cm	➔p278
キセキレイ	20cm	➔p355
ハリオアマツバメ	21cm	➔p67
ハクセキレイ	21cm	➔p356
タイワンハクセキレイ	21cm	➔p356
ホオジロハクセキレイ	21cm	➔p356
セグロセキレイ	21cm	➔p357
リュウキュウコノハズク	22cm	➔p236
ホシムクドリ	22cm	➔p323
クロツグミ	22cm	➔p326

マミチャジナイ
22cm p327
ギンザンマシコ
22cm p365
オオチドリ
22.5cm p112
マミジロ
23cm p325
アカコッコ
23cm p330
イカル
23cm p364
カオジロガビチョウ
23cm p393
アカゲラ
24cm p252
ギンムクドリ
24cm p320
ムクドリ
24cm p321
アカハラ
24cm p329
ツグミ
24cm p331
ヒゲガビチョウ
24cm p392
キジバト大
まで
(25～33cm)
キンバト
25cm p79
オオコノハズク
25cm p237
シロハラ
25cm p328
ガビチョウ
25cm p392
ツミ（オス）
27cm p219
ヤツガシラ
27cm p244
アカショウビン
27cm p246
リュウキュウアカショウビン
27cm p246
コジュケイ
27cm p389
ホトトギス
28cm p71
オオアカゲラ
28cm p254
コチョウゲンボウ（オス）
28cm p259
ヒヨドリ
28cm p288
ヨタカ
29cm p66
アオバズク
29cm p234
アオゲラ
29cm p256

オオジシギ 30cm ➔p133
ツミ（メス） 30cm ➔p219
ブッポウソウ 30cm ➔p245
ヤマゲラ 30cm ➔p257
トラツグミ 30cm ➔p324
カオグロガビチョウ 30cm ➔p393
ハイタカ（オス） 31cm ➔p220
ノグチゲラ 31cm ➔p253
ジュウイチ 32cm ➔p70
ツツドリ 32cm ➔p72
シラコバト 32cm ➔p78
タゲリ 32cm ➔p104
コチョウゲンボウ（メス） 32cm ➔p259
キジバト 33cm ➔p77
アオバト 33cm ➔p80
チョウゲンボウ（オス） 33cm ➔p258
カケス 33cm ➔p269
ミヤマカケス 33cm ➔p269
コクマルガラス 33cm ➔p274
カワラバト（ドバト） 33cm ➔p390
ハシブトガラス大まで（34〜57cm）
ヤマシギ 34cm ➔p131
チゴハヤブサ オス34cm メス37cm ➔p260
カッコウ 35cm ➔p74
ズアカアオバト 35cm ➔p81
ヤンバルクイナ 35cm ➔p83
ホシガラス 35cm ➔p273
エゾライチョウ 36cm ➔p62
ケリ 36cm ➔p105
ライチョウ 37cm ➔p63

オナガ
37cm ➔p271
トラフズク
38cm ➔p238
コミミズク
38cm ➔p239
ルリカケス
38cm ➔p270
ハイタカ（メス）
39m ➔p220
チョウゲンボウ（メス）
39cm ➔p258
カラスバト
40cm ➔p76
アカガシラカラスバト
40cm ➔p76
ホンセイインコ
40cm ➔p390
ハヤブサ オス42cm
メス49cm ➔p261
ハイイロチュウヒ（オス）
45cm ➔p225
サンコウチョウ（オス）
45cm ➔p265
カササギ
45cm ➔p272
クマゲラ
46cm ➔p255
ズグロミゾゴイ
47cm ➔p202
サシバ（オス）
47cm ➔p229
ミヤマガラス
47cm ➔p275
チュウヒ オス48cm
メス58cm ➔p224
ミゾゴイ
49cm ➔p201
オオタカ オス50cm
メス59cm ➔p221
シロフクロウ
50〜60cm ➔p240
フクロウ
50cm ➔p242
エゾフクロウ
50cm ➔p243
ハシボソガラス
50cm ➔p276
タイリクキジ（メス）
50cm ➔p389
ハイイロチュウヒ（メス）
51cm ➔p225
サシバ（メス）
51cm ➔p229
ノスリ オス52cm
メス57cm ➔p231
ヤマドリ（メス）
55cm ➔p64
カンムリワシ
55cm ➔p216

ケアシノスリ オス55cm メス59cm ➔p230

ハチクマ（オス） 57cm ➔p215

ハシブトガラス 57cm ➔p277

ハシブトガラス大以上
(58cm〜)

キジ（メス） 58cm ➔p65

トビ オス59cm メス69cm ➔p226

ハチクマ（メス） 61cm ➔p215

ヤマムスメ 63〜68cm ➔p391

ハクガン 67cm ➔p28

シマフクロウ 71cm ➔p241

マガン 72cm ➔p30

クマタカ オス72cm メス80cm ➔p217

トキ 75cm ➔p196

キジ（オス） 81cm ➔p65

イヌワシ オス81cm メス89cm ➔p218

ヒシクイ 85cm ➔p29

タイリクキジ（オス） 85cm ➔p389

オオヒシクイ 95cm ➔p29

カナダヅル 95cm ➔p89

ナベヅル 100cm ➔p94

コウノトリ 112cm ➔p189

クロヅル 115cm ➔p93

ヤマドリ（オス） 125cm ➔p64

マナヅル 127cm ➔p90

ソデグロヅル 135cm ➔p88

タンチョウ 145cm ➔p92

■水辺で見られる鳥

スズメ大まで（～15cm）

オジロトウネン 14.5cm ➔p124

ヒバリシギ 15cm ➔p125

ヘラシギ 15cm ➔p126

トウネン 15cm ➔p127

ムクドリ大まで（16～24cm）

コチドリ 16cm ➔p109

シロチドリ 17cm ➔p110

カワセミ 17cm ➔p248

アカエリヒレアシシギ 18cm ➔p136

ミユビシギ 19cm ➔p128

メダイチドリ 20cm ➔p111

イソシギ 20cm ➔p137

タカブシギ 20cm ➔p142

イカルチドリ 21cm ➔p108

ハマシギ 21cm ➔p129

キョウジョシギ 22cm ➔p120

エリマキシギ メス22cm オス28cm ➔p122

ウズラシギ 22cm ➔p123

クサシギ 22cm ➔p138

カワガラス 22cm ➔p349

ヒクイナ 23cm ➔p86

ソリハシシギ 23cm ➔p135

ムナグロ 24cm ➔p106

タマシギ 24cm ➔p113

コアオアシシギ 24cm ➔p141

カンムリウミスズメ 24cm ➔p171

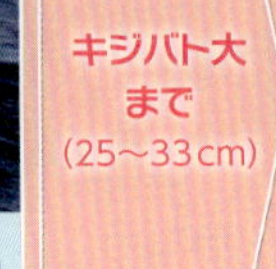

キジバト大まで（25～33cm）

キアシシギ 25cm ➔p139

ツバメチドリ 25cm ➔p148

クロハラアジサシ 25cm ➔p165
イソヒヨドリ 25cm ➔p347
カイツブリ 26cm ➔p95
ウミスズメ 26cm ➔p170
タシギ 27cm ➔p134

アナドリ 27cm ➔p187
アカアシシギ 28cm ➔p140
コアジサシ 28cm ➔p160
クイナ 29cm ➔p82
ダイゼン 29cm ➔p107

オバシギ 29cm ➔p121
オオハシシギ 29cm ➔p130
エリグロアジサシ 30cm ➔p162
ヤマショウビン 30cm ➔p247
ハジロカイツブリ 31cm ➔p99

アオシギ 31cm ➔p132
シロハラミズナギドリ 31cm ➔p182
バン 32cm ➔p84
シロハラクイナ 32cm ➔p87
ツルシギ 32cm ➔p143

ズグロカモメ 32cm ➔p152
ミミカイツブリ 33cm ➔p98
ベニアジサシ 33cm ➔p161
ウミバト 33cm ➔p168
アリューシャンウミバト 33cm ➔p168

アオアシシギ 35cm ➔p144

アジサシ 35cm ➔p163

キョクアジサシ 35cm ➔p164

ヨシゴイ 36cm ➔p200

セイタカシギ
37cm p102
ケイマフリ
37cm p169
シマアジ
38cm p39
コガモ
38cm p48
コオリガモ（メス）
38cm p56
ウトウ
38cm p172
ヤマセミ
38cm p249
オオバン
39cm p85
オオソリハシシギ
39cm p118
オグロシギ
39cm p119
エトピリカ
39cm p173
トモエガモ
40cm p38
キンクロハジロ
40cm p51
ユリカモメ
40cm p151
ハジロミズナギドリ
40cm p181
ミツユビカモメ
41cm p150
ミコアイサ
42cm p58
チュウシャクシギ
42cm p115
クロアジサシ
42cm p149
オナガミズナギドリ
42cm p184
ハシボソミズナギドリ
42cm p185
シノリガモ
43cm p53
ソリハシセイタカシギ
43cm p103
ウミガラス
43cm p167
オシドリ
45cm p37
ホシハジロ
45cm p50
スズガモ
45cm p52
ホオジロガモ
45cm p57
ミヤコドリ
45cm p101
カモメ
45cm p154

アカガシラサギ
45cm ➔p205

ウミネコ
46cm ➔p153

アカエリカイツブリ
47cm ➔p96

ヨシガモ
48cm ➔p42

アメリカヒドリ
48cm ➔p44

クロガモ
48cm ➔p55

アカアシミズナギドリ
48cm ➔p186

ヒドリガモ
49cm ➔p43

トウゾクカモメ
49cm ➔p166

フルマカモメ
49cm ➔p180

オオミズナギドリ
49cm ➔p183

ハシビロガモ
50cm ➔p40

オカヨシガモ
50cm ➔p41

アマサギ
51cm ➔p206

ササゴイ
52cm ➔p204

カリガネ
53〜66cm ➔p32

オナガガモ（メス）
53cm ➔p47

ミサゴ　オス54cm
メス64cm ➔p214

オオホシハジロ
55cm ➔p49

ビロードキンクロ
55cm ➔p54

ウミアイサ
55cm ➔p60

レンカク
55cm ➔p114

アラナミキンクロ
56cm ➔p54

カンムリカイツブリ
56cm ➔p97

ゴイサギ
58cm ➔p203

マガモ
59cm ➔p46

コオリガモ（オス）
60cm ➔p56

ダイシャクシギ
60cm ➔p117

コクガン
61cm p26
カルガモ
61cm p45
セグロカモメ
61cm p157
コサギ
61cm p211
クロサギ
62cm p212
ツクシガモ
63cm p36
ホウロクシギ
63cm p116
アビ
63cm p175
オオセグロカモメ
64cm p158
シロガシラカツオドリ
64cm p191
カワアイサ
65cm p59
ワシカモメ
65cm p155
シロエリオオハム
65cm p176
シジュウカラガン
67cm p27
チュウサギ
69cm p210
クロアシアホウドリ
70cm p178
カツオドリ
70cm p191
サンカノゴイ
70cm p199
コウライアイサ
71cm p59
シロカモメ
71cm p156
ヒメウ
73cm p192
オナガガモ（オス）
75cm p47
アカアシカツオドリ
75cm p190
クロツラヘラサギ
77cm p198
ムラサキサギ
79cm p208
コアホウドリ
80cm p177
チュウダイサギ
80cm p209
オジロワシ オス80cm
メス94cm p228
カワウ
82cm p194
ヘラサギ
83cm p197

鳥の羽色で検索

目立つ羽色の種を選び、インデックスにしました。
美しい羽色の野鳥を見かけたら、ここで検索してください。

イスカ
p372
コマドリ
p339
アカヒゲ
p340
ジョウビタキ
p346
アトリ
p362
オシドリ
p37
ブッポウソウ
p245
イソヒヨドリ
p347
ルリビタキ
p345
ヤマショウビン
p247
コルリ
p338
カワセミ
p248
オオルリ
p336

ツメナガセキレイ
p354
キビタキ
p342
ノジコ
p383
マヒワ
p374
キセキレイ
p355
アオバト
p80
アオゲラ
p256
ヤマゲラ
p257
メジロ
p315

カモ目カモ科コクガン属

コクガン【黒雁】

Branta bernicla / Brant Goose

鳴き声

●全長61cm／冬鳥

海で海藻を食べて暮らす黒いガン

海水域を生活圏にしているガン類。冬鳥として主に北海道から東北地方に渡来する。数羽～数十羽の群れで生活し、岩礁などでアマモ、アオサ、イワノリなどを食べる。人に対して警戒心の弱い個体もいて、人に驚いていったん岸から離れても、そっと待っていると再び近づいてくることもある。渡りの経路などを調べるため、衛星追跡調査が行われている。雌雄同色。成鳥は白黒のコントラストが鮮やかで、頭部から首にかけては光沢がある黒。首には白いリング状斑があり、中に黒斑がある。体上面はやや褐色みがあり、脇から下尾筒は白いが、脇には黒い縞模様がある。幼鳥は白い羽縁が目立ち、リング状白斑がない個体もいる。

探し方

波を直接受けるような海岸ではなく、テトラポットや岩礁に囲まれ、よどみがある場所にいることが多い。東日本大震災後は海上にいることも多くなった。

観察してみよう 採食行動を見る

本種は植物食傾向が強い。海上では、波に打たれながらもバランスをとり、逆立ちするように採食し、地上では首を下げ、嘴を地面に平行にして歩きながら採食する。

カモ目カモ科コクガン属

シジュウカラガン【四十雀雁】

Branta hutchinsii / Cackling Goose

● 全長67cmm ／ 冬鳥

鳴き声

シジュウカラのような顔をしたガン

まれな冬鳥として、主に東北地方から日本海側の湖沼、水田、湿地に渡来。昭和初期までは東北地方にまとまった数が渡来していたが、毛皮ブームに合わせるようにシジュウカラガンの繁殖地にキツネが放され、一気に個体数が減少した。その後、仙台市の野生シジュウカラガン羽数回復事業によって個体数が回復し、宮城県蕪栗沼(かぶくりぬま)南部から大崎市にかけての畑地では、数百羽単位の群れが地上採食する姿が見られるようになった。雌雄同色で褐色の体には白い羽縁がある。頭部から首は黒く、成鳥は付け根に、白い首輪状の模様がある。ほおから喉は白い。腰と尾は黒く、上尾筒、下尾筒は白い。いくつかの亜種がいるが、日本に渡来するのは、ほとんどが亜種シジュウカラガン。

観察してみよう

群れが塊状になる

ガン類といえば、群れを成して飛ぶときにつくる隊列「鴈行(がんこう)」が有名で、竿(さお)になり鍵になって編隊飛行をするが、シジュウカラガンは塊状の群れで飛翔する。「ハン、ハン」という甲高い声で鳴く。

カモ目カモ科マガン属

ハクガン【白雁】

Anser caerulescens / Snow goose

地鳴き

● 全長67cm／冬鳥

ピンク色。
成鳥
全身が白い。
幼鳥
黒ずんでいる。
全身が灰色がかる。

嘴がピンク色で全身が真っ白なガン

全身が白いガン類。数少ない冬鳥として北海道、本州、九州でも記録がある。かつては多数の越冬個体群が見られていたが、1940年代以降はまとまった群れでは見られなくなった。しかし、近年は増加傾向にあり、北海道十勝平野を中継地とした1000羽を超える大群が秋田県八郎潟で越冬するようになった。雌雄同色で、成鳥はほぼ全身が白く、飛翔時には初列風切の黒が目立ち、嘴と足はピンク色。全身白い羽毛はハクチョウ類に似るが、体が小さく、首が短く、嘴の色も異なる点で容易に見わけられる。幼鳥は全身が灰色がかり、嘴と足のピンク色も黒ずんでいる。

探し方

多くはほかのガン類に混在する。本種はガン類としては小形のため、群れの中に隠れてしまうことが多い。高台から見下ろすような角度がベスト。

観察してみよう

白と黒のコントラスト

地上にいるときは純白の羽色にピンク色の嘴が目立つが、飛翔時は初列風切の黒が目立ち、白と黒のコントラストが美しい。

カモ目カモ科マガン属

ヒシクイ【菱喰】

Anser fabalis / Bean Goose

● 全長85cm ／冬鳥・旅鳥

鳴き声

ヒシの実が好きなガン

大形のガン類で、ヒシの実を好んで食べるのが和名の由来。冬鳥として国内各地に渡来するが局地的で、東北地方北部、北海道では旅鳥として春と秋に立ち寄る。新潟県福島潟、朝日池などでは越冬する個体数が多い。日本には2亜種が渡来し、ほとんどは亜種オオヒシクイで、亜種ヒシクイよりもやや大きく首が長いほか、嘴の形状が異なる。羽色は雌雄同色で、こげ茶から黒色、胸から腹はやや色が淡い。体上面には淡色羽縁が帯状に並び、脇には黒い横斑がある。上尾筒、下尾筒は白い。嘴は黒く、中央から先端寄りが橙黄色で先端は黒い。足は鮮やかな橙色。

探し方

ほかのガン類と同じように、日中は農耕地で採食することもあるが、ヒシの実を好むので、水気の多い泥地を好む傾向がある。そういう場所では顔や首を泥で汚した個体が見られる。

聴いてみよう
濁った声

新潟県朝日池などマガン（p30）とともに観察できる場所では「ガガガー」という本種独特の濁った声を聴くことで、マガンとの声の違いを知ることができる。

カモ目カモ科マガン属

マガン【真雁】

Anser albifrons / Greater White-fronted Goose ●全長72cm／冬鳥・旅鳥

大群で越冬するガン

編隊飛行が経済用語「雁行形態（がんこう）」にもなっている大形のガン類。冬鳥として東北地方から日本海側の湖沼、水田、湿地に渡来し、大きな群れで越冬する。宮城県伊豆沼・蕪栗沼（かぶくりぬま）周辺は日本最大の越冬地。北東北、北海道では旅鳥。雌雄同色で、成鳥は頭部から体上面は褐色だが、首から腹は色がやや淡い。体上面には淡色羽縁があり、体下面には黒く太い横斑がある。上尾筒、下尾筒は白い。嘴は淡い橙色で、基部から額にかけては白い。幼鳥は褐色みが強く、嘴は黄色みがあって、基部は白くない。体下面の黒い斑もないか不明瞭。類似種のカリガネ(p32)は体がやや小さく、嘴は小さくピンク色。金色のアイリングがある。

探し方

早朝は湖畔から観察。ガンたちは日の出とともに飛び立ち、日中は農耕地で地上採食する。夕暮れどき、再び湖上に戻ってくるときに美しいV字編隊が見られる。

観察してみよう 落雁（らくがん）を見る

ガン類は着水姿勢に入ったとき、翼を開いた状態で体を左右にゆらしながら、まるで落ち葉が舞い落ちるように着水する。このような行動を落雁（らくがん）という。

10万羽で越冬するマガン

早朝、日の出とともにねぐらから一斉に飛び立って採餌場に向かう。視覚的な迫力に圧倒されるのはもちろん、声や羽音といった聴覚的な迫力、地響きのような振動ものすごい。

天気を問わず、日中はほぼ農耕地の地面を歩きながら落ち穂などを食べる。群れは大小さまざまで、ねぐらから離れた場所まで広範囲に点在する。

空に大きな文字を描いたような編隊飛行は日中でも見られ「キャハン、キャハン」という甲高い声もよく聴くことができる。

夕方、ねぐらとなる湖沼に戻ってきて、何度となく旋回飛翔を繰り返しながら湖面に降りていく。危険を回避するため、ねぐらは湖上であることが多い。

カモ目カモ科マガン属

カリガネ【雁金】

Anser erythropus / Lesser White-fronted Goose ●全長53～66cm／冬鳥

地鳴き

金色のアイリングが特徴。日本産ガン類最小

マガン(p30)をそのまま小さくしたような、かわいらしい印象のガン類。まれな冬鳥として主に東北地方から日本海側の湖沼、水田、湿地に少数が渡来する。宮城県伊豆沼や蕪栗沼、島根県斐伊川河口では定期越冬が確認されている。10年ほど前はマガンの群れに数羽が混じる程度だったが、近年、渡来数が増加傾向にあり、宮城県伊豆沼、蕪栗沼周辺の畑地では家族群で見られることが増えた。雌雄同色。成鳥は明瞭な金色のアイリングがある。嘴が小さいため顎を引いたように見え、色はピンク色でマガンよりも色が濃い。額の白色部はマガンよりも面積が大きく、頭頂まで達する傾向にある。幼鳥は額の白色部がなく、金色のアイリングも不明瞭。嘴の濃いピンク色が目立ち、体上面の白い羽縁が明瞭。

観察してみよう
さながら間違い探し

マガンに酷似しているため、マガンの顔の特徴を覚えることが重要。一番目立つ額の白色部の面積や形であたりをつけ、次に嘴の長さや色の違いで探す。カリガネは家族群で見られるようになったことから、大群ではなく小群にも注目。

カモ目カモ科ハクチョウ属

コブハクチョウ【瘤白鳥】

Cygnus olor / Mute Swan

● 全長152cm／留鳥

橙色の嘴と、黒く大きなこぶが目立つ

嘴の大きなこぶが特徴のハクチョウ類。1933年に八丈島で野生個体の記録があり、その後、2021年12月、モンゴルで標識された個体が国内で観察されている。各地で飼育個体が野生化し、北海道のウトナイ湖で繁殖した個体は、茨城県の北浦、霞ケ浦に渡ることが知られている。湖沼、河川、公園の池などに生息し、主に水生植物を食べる。Mute（無言の、沈黙した）Swanの英名のとおり、ほとんど鳴くことがない。雌雄同色で全身が白く、嘴は赤みのある橙色。目先から嘴基部は黒く、額には黒いこぶがある。足は黒っぽい。幼鳥は全体に灰色の羽毛が混じり、嘴は肉色。目先から嘴基部は黒く、こぶはほとんど目立たない。

？ 考えてみよう

外来種のハクチョウ

越冬期以外に生息するハクチョウ類のほとんどが、移入種である本種のみ。飼育個体の放鳥や、逃げ出した個体が各地で野生化してしまった。各地で農業被害も出ており、在来生態系への影響も懸念されている。

カモ目カモ科ハクチョウ属

コハクチョウ【小白鳥】

Cygnus columbianus / Tundra Swan

全長120cm／冬鳥

鳴き声

嘴の黄色の面積が小さい

小形のハクチョウ類。冬鳥として国内へ2亜種が渡来する。亜種コハクチョウは本州以北の湖沼、河川に渡来し、冬季は本州に多い。雌雄同色で全身が白く、嘴の先端と下部は黒く、基部は黄色。類似種のオオハクチョウ(p35)よりも小さいが、単独では大きさがわかりにくいので嘴を見る。嘴の黄色部が嘴全体の半分以下で、その形が四角か丸みがあってとがらないのが本亜種。足は黒い。幼鳥は全体に汚れたような灰色。嘴には赤みがあり、基部は淡い黄色で、成鳥と同じように黄色部が嘴の半分以下。局地的に少数が渡来する北米の亜種アメリカコハクチョウは、やや大きく、嘴の黄色部がとても小さく、ほぼ黒色に見える。

観察してみよう

意見の一致が必要?

飛び立ちの前に連続して首を上下に振りながら「コォー、コォー」と鳴き交わし徐々に整列していく。どれか1羽が離脱したり、飛び立ち意思表示をしなかったりすると、全員が飛び立ちそのものをやめてしまう。

オオハクチョウ【大白鳥】

Cygnus cygnus / Whooper Swan

● 全長140cm／冬鳥

真っ白な冬の使者

冬の使者とも呼ばれる大形の白い水鳥。冬鳥として本州以北の湖沼、河川、河口に渡来し、東北地方、北海道などに多い。日本海側では渡来数が多いこともあり、日中に農耕地の地上で落ち穂などを食べる、大きな群れを見ることができる。雌雄同色で類似種のコハクチョウ(p34)よりも大きく、首は細く長い。全身が白く、足は黒色。嘴は黒くて基部は黄色。黄色部の面積は嘴の半分以上を占め、先端がとがって黒色部に食い込んで見える。幼鳥は全体に灰色みがあり、嘴の黄色部の色は成鳥に比べて淡く、わずかに赤い部分がある。本種に似ているコハクチョウは小さく、嘴の黄色部の面積が嘴全体の半分以下で、食い込まない。

観察してみよう

逆立ちもする

河川や湖沼では水中に首を伸ばし、逆立ち姿勢で水草などを食べる行動が見られる。複数の個体が同時に逆立ちすると、アーティスティックスイミングのようでおもしろい。

カモ目カモ科ツクシガモ属

ツクシガモ【筑紫鴨】

Tadorna tadorna / Common Shelduck

●全長63cm／冬鳥

地鳴き

泥地を好む、反り返った赤い嘴のカモ

嘴の赤色が目立つカモ類。冬鳥として主に九州地方に渡来し、特に有明海を中心とした九州北部では毎年多くの個体が越冬する。これが和名の由来（筑紫（つくし）＝九州北部のふるい呼称）。九州以外の地方ではまれだが、なぜか大阪府で繁殖記録がある。ほぼ雌雄同色。頭部から首にかけて、やや光沢のある黒で、胸から体下面、背から腰にかけては白い。胸から背を貫通するような、茶色の太い帯状の模様がある。飛翔時は雨覆の白と、風切と肩羽の黒のコントラストが鮮やか。足はピンク色。嘴はやや反り返っていて赤く、繁殖期にはオスの嘴基部がこぶ状に盛り上がる。

探し方

主に干潟や農耕地などの泥地で行動するが、池にもいる。渡来数が多い有明海や鹿児島県出水平野（いずみへいや）などの九州の渡来地で探すとよい。

観察してみよう
反り返った嘴で採食

やや反り返った嘴を泥地につけて振りながら歩き、貝類や海藻、水草などを食べる。池では逆立ち採食やシュノーケリングもする。

オシドリ【鴛鴦】

Aix galericulata / Mandarin Duck

●全長45cm／冬鳥・漂鳥

飛翔時の鳴き声

豊かな色彩と形が魅力の羽衣

オスの羽色が色彩豊かなカモ類。漂鳥または冬鳥として分布し、主に本州中部以北で繁殖し、冬季は暖地、低地に移動する。繁殖期は山間部の湖沼や渓流沿いにある森の樹洞に営巣する。オスの顔は白く、ほおから下に橙色の羽が伸びる。胸は紫色で胸の脇に2本の白い線がある。脇は褐色で腹から下尾筒は白い。三列風切の1枚が橙色で、銀杏羽と呼ばれるイチョウの葉のような独特の形をしている。嘴は赤く、先端がわずかに白い。メスは全身が灰褐色で白いアイリングがあり、後頭にかけて白い線状に伸びる。換羽中のオス（エクリプス）はメスに似るが、嘴が赤い点で区別できる。

観察してみよう

おしどり夫婦はウソ

「おしどり夫婦」という言葉は一般的にもかなり浸透していて、あまりにも有名だが、オシドリのつがいが特別に仲がよく、絆が深いということはなく、例外もあるが、ほかのカモ類と同様に、毎年つがいの相手を変えて繁殖している。

カモ目カモ科トモエガモ属

トモエガモ【巴鴨】

Sibirionetta formosa / Baikal Teal

●全長40cm／冬鳥

顔の巴模様が魅力

オスの顔が、特徴的な巴模様をもつカモ類。冬鳥として、本州以南に渡来する。中国地方の日本海側や九州北部に多く、太平洋側には数が少ない傾向だったが、近年、千葉県印旛沼では、数万羽の大群が越冬するようになった。湖沼、沼など主に淡水域に生息し、コガモ(p48)の群れに混じっていることも多い。オスの顔は黄、緑、黒色からなる巴模様で緑色部に光沢があり、嘴基部から後頭に白い線がある。胸はやや赤みを帯び、黒斑があり、胸の脇には白い線がある。体上面は褐色で、肩羽はカールし、長く垂れ下がっている。脇は灰色で下尾筒は黒い。メスは全身褐色でほおは白く、嘴基部に小さな白斑がある。胸から脇にかけて黒いうろこ模様がある。

探し方

東日本では大きさがほぼ同じコガモの群れに混じっていることが多い。オスは、側胸の白い線で探すと早い。メスは嘴基部の白斑を目印にして探すとよい。

観察してみよう 大群で越冬

ここ数年、千葉県印旛沼や長崎県諫早干拓などでは、空を黒く染めるほどの大群が越冬するようになった。一斉に飛び立ち移動する様子は圧巻だ。

カモ目カモ科ハシビロガモ属

シマアジ【縞味】

Spatula querquedula / Garganey

全長38cm ／ 旅鳥

地鳴き

魚のような変わった名前

オスの白く太い明瞭な眉斑が特徴的なカモ類。主に旅鳥として春と秋の渡り期に渡来するが、北海道で繁殖記録、南西諸島では越冬例もある。淡水域、海水域の両方で見られる。食用にされた歴史があり、和名の「アジ」は味がよかったことに由来する。オスは太く長い明瞭な白い眉斑があり、頭部から胸は赤紫色で、白いうろこ状斑がある。脇は白く、黒い波状斑がある。肩羽は白、黒、灰色の模様で長く垂れ下がっている。メスは全身褐色で、顔には黒い過眼線を挟むように白い線が2本あり、嘴基部には白斑がある。換羽中のオス（エクリプス）はメスに似るが、雨覆が灰色。コガモ(p48)のメスは、顔に白い線はなく、下尾筒の両脇に白斑がある。

観察してみよう
顔と雨覆の色がポイント

春は識別が比較的に容易だが、秋のオスはエクリプスで、メスやコガモが混在するので、識別が難しい。黒い過眼線を挟む2本の白い線が目印だが、顔の色がコガモよりも明るく見える点も重要。写真は換羽中のオスで、雨覆が灰色である。

カモ目カモ科ハシビロガモ属

ハシビロガモ【嘴広鴨】

Spatula clypeata / Northern Shoveler

●全長50cm／冬鳥

鳴き声

しゃもじのような嘴が特徴

幅広い嘴が特徴的なカモ類。冬鳥として全国に渡来し、少数が北海道で繁殖する。嘴がしゃもじやシャベルのように長く幅広い形なのが和名の由来。この幅広の嘴を水面につけ、水をとり込みながら進み、水中のプランクトンや種子などをこしとって食べる水面採食を行う。主に淡水域に生息し、公園の池など身近な環境で普通に見られる。オスの頭部は光沢ある緑色で、虹彩は黄色。嘴は黒い。脇から腹にかけてはレンガ色。体上面は肩羽が深緑色で軸斑が白い。メスは全身が橙褐色で黒斑がある。虹彩は褐色。嘴は外縁が橙色の個体が多いが、ほとんど黒い個体もいる。オスのエクリプスはメスに似るが、虹彩は黄色である。

観察してみよう
渦巻き採食

雌雄が円を描くようにぐるぐる回って水面採食する求愛行動のほか、群れでぐるぐる回って水面採食する行動も見られる。集団で渦をつくって、プランクトンや植物の種子などを渦の中に集め、効率的に採食する行動で「渦巻き採食」と呼ばれる。

カモ目カモ科ヨシガモ属

オカヨシガモ【丘葦鴨】

Mareca strepera / Gadwall

●全長50cm／冬鳥

鳴き声

オスもメスも地味な羽色のカモ

地味ながら、オスはモノトーンな色彩が特徴的なカモ類。冬鳥として全国の湖沼、河川、漁港など、淡水域、海水域問わず見られる。水草や海藻類を好むことから、堤防や岩礁でヒドリガモ(p43)と一緒に海藻を採食することも多い。北海道では、夏鳥として少数が繁殖する。オスは頭部が褐色で体は灰色みを帯び、嘴は黒い。体下面には、黒く細かいうろこ模様が並ぶ。尾羽も灰色で、上尾筒と下尾筒の黒が目立つ。メスは不明瞭な黒い過眼線があり、ほぼ全身が褐色で黒い斑がある。嘴は鮮やかな橙色で、上部が先端まで黒い。メスはマガモ(p46)に似るが、マガモのメスは嘴上部が黒いが、部分的で先端が黒くない。

観察してみよう
翼鏡を見る

オカヨシガモのメスは、マガモのメスに似るが、橙色の嘴にある黒い部分の形で見わけることができる(p61)。また翼鏡(次列風切)が白ければオカヨシガモ、青ければマガモである。写真は翼鏡が見えるメス。

カモ目カモ科ヨシガモ属

ヨシガモ【葦鴨】

Mareca falcata / Falcated Duck

●全長48cm／冬鳥

求愛

ナポレオンハットとカール羽

オスの頭部の形と三列風切のカールが特徴的なカモ。冬鳥として九州以北に渡来し、湖沼、河川、漁港など、海水域から淡水域まで生息し、関西、九州地方に比較的多い。北海道では少数が繁殖する。オスは額から後頭、目先、ほおが赤紫色で、目から後頭が緑色。頭部の形はナポレオンの帽子に見立てられる。喉は白く、黒い首輪状の模様があり、体は灰色で、黒いうろこ模様がある。長い三列風切がカールして垂れ下がり、下尾筒は黒く、両側にクリーム色の三角斑がある。メスは全身褐色で首から上が灰色がかり、後頭の羽毛がやや長い。雌雄ともに嘴は黒く、次列風切の一部である翼鏡(よくきょう)は深緑色。

観察してみよう

カール羽を観察する

渡ってきたばかりのオスはメスのように地味な非繁殖羽であるエクリプス。ヨシガモの特徴であるカールした三列風切羽も伸びきっていない。晩秋から初冬にかけて、カール羽が伸びる過程を観察してみよう。

カモ目カモ科ヨシガモ属

ヒドリガモ【緋鳥鴨】

Mareca penelope / Eurasian Wigeon

● 全長49cm／冬鳥

赤みのある羽色のカモ

オスの額がクリーム色のカモ類。冬鳥として全国に渡来し、湖沼、池などに生息するが、海上で観察されることもある。公園の池でも普通に見られるため、最も身近なカモ類の一種といえる。オスは頭部がレンガ色で額がクリーム色だが、目の後方が緑色を帯びる個体もいる。胸は赤みのある褐色。体上面と脇は灰色で、黒く細かい縞模様がある。下尾筒は黒い。飛翔時、翼上面の雨覆の白と下腹の白が目立つ。メスは全体に赤みのある褐色で、雌雄ともに赤みが強いのが和名の由来である。嘴は雌雄ともに青灰色で、先端が黒い。

観察してみよう

草食性が強いカモ類

カモ類といえば、池や沼、湖沼といった環境がすぐに思い浮かぶが、ヒドリガモは草食性が強い。水辺から次々に飛び出して芝生広場を行列で歩いたり、河川敷を歩いたりして、ひたすら青草を採食している。

カモ目カモ科ヨシガモ属

アメリカヒドリ【アメリカ緋鳥】

Mareca americana / American Wigeon

● 全長48cm／冬鳥

地鳴き

アメリカ大陸のヒドリガモ

ヒドリガモ(p43)に似るが、額から頭頂部のクリーム色に黄色みがなく、目から後頭が緑色のカモ類。数少ない冬鳥として全国に渡来し、湖沼、河川、池などに生息する。複数で見られることがほとんどなく、数十羽単位の、比較的大きなヒドリガモの群れの中に単独で混じっていることが多い。つがいで見られることが少なく、むしろヒドリガモとつがいになっていることが多い。淡水域を好む傾向が強く、芝生を歩いて青草を食むこともあるが、ヒドリガモに混じって漁港や岩礁で海藻類を食べていることもある。オスは目の周囲が黒く、額から頭頂がクリーム色で、顔は褐色で細かい黒斑がある。目から後方に続く緑色光沢の斑があり、後頭まで伸びている。胸から脇、背はブドウ色で、下尾筒は黒い。尾は基部と中央尾羽が黒い。飛翔時は上面の雨覆の白斑が目立つ。嘴は灰色で先端が黒く、基部には縁取るような黒斑がある。メスはヒドリガモのメスに似るが、頭部に赤みがなく灰色みが強いため、赤みがある脇とのコントラストが明瞭。飛翔時、ヒドリガモのメスにはない白い帯状斑が大雨覆にある。嘴は灰色で、基部には黒斑がある。ヒドリガモとの交雑個体がしばしば見られる。

カルガモ【軽鴨】

Anas zonorhyncha / Eastern Spot-billed Duck

●全長61cm／留鳥

引っ越しするカルガモ親子でおなじみ

1年中身近にいる、最も身近なカモ類。留鳥として本州から南西諸島まで広く分布する。北海道では夏鳥。湖沼、池、水田などの淡水域や河口や沿岸などの汽水域まで、さまざまな環境に生息し、都市公園の池でも繁殖する。雑食性で植物の葉や果実を好む。マガモ(p46)との交雑個体がしばしば観察され「マルガモ」と呼ばれる。雌雄ほぼ同色で、顔、首から胸は白っぽく、胸にはこげ茶色の斑がある。頭頂と過眼線は黒く、ほおにも黒い線がある。体上面はこげ茶色で淡色羽縁がある。嘴は黒く、先端は黄色で、足は橙色。翼鏡は青い。オスのほうが羽色が濃く、上尾筒、下尾筒の色も濃い傾向がある。メスは色がやや淡く、羽縁が目立つ。

観察してみよう
交尾の後の水浴び

本種の求愛行動は、オスがメスに向かって頭を上下させる。メスはオスを受け入れると、呼応するように頭を上下させ、交尾が成立する。交尾の後、メスは水浴びして羽ばたき、オスは伏せた姿勢でその周りを泳ぐ。

カモ目カモ科マガモ属

マガモ【真鴨】

Anas platyrhynchos / Mallard

●全長59cm／冬鳥・留鳥

鳴き声

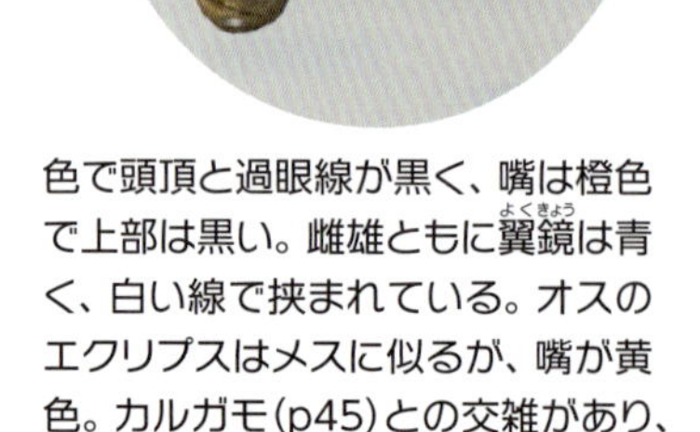

カモ類の代表種

日本に渡来する個体数が最も多く、よく目にするカモ類。冬鳥として北海道から南西諸島まで渡来するが、本州の一部や、北海道で繁殖している。オスは頭部が緑色で光沢があり、嘴は黄色。この頭部の色から「あおくび」の別名でも呼ばれる。首に白い首輪状の模様がある。体はほぼ灰色で胸は茶色。足は橙色。尾羽は白いが、中央尾羽は黒く、上に巻き上がっている。メスは全体に褐色で頭頂と過眼線が黒く、嘴は橙色で上部は黒い。雌雄ともに翼鏡(よくきょう)は青く、白い線で挟まれている。オスのエクリプスはメスに似るが、嘴が黄色。カルガモ(p45)との交雑があり、交雑個体を俗に「マルガモ」と呼ぶ。

観察してみよう

立ち上がってパタパタ

冬になると池や沼にカモ類が群れているが、彼らはカモ類を好んで捕食するオオタカ(p221)やハヤブサ(p261)に常に狙われている。ただ、群れている利点を活かし、外敵が接近すると羽をパタパタさせる行動によってお互いに知らせ合っている。

オナガガモ【尾長鴨】

Anas acuta / Northern Pintail　●全長オス75cmメス53cm／冬鳥

尾羽が長いカモ

オスの細長い尾羽が特徴的なカモ類。冬鳥として全国に数多く渡来する。オスの尾羽が細長いのが和名の由来で、英名のPintail（針のような尾）もこの特徴的な尾羽から名づけられた。公園の池で普通に見られ、プルリ、プルリなどとよく鳴く。嘴は幅広ではないが、ハシビロガモ(p40)と同じように水面採食行動をすることが多い。オスの頭部はチョコレート色。嘴は黒く、側面が青灰色。体上面と脇は灰色で、脇には黒く細かい横斑がある。尾羽は黒く、中央２枚が長い。メスは頭部にやや赤みがあり、体は褐色で淡色羽縁がある。嘴は黒い。オスの若鳥やエクリプスはメスに似て地味だが、嘴側面が青灰色という点で見わけられる。

観察してみよう
飛翔形を見る

カモ類は水面に浮いている状態で観察することが多く、なかなか翼の模様を観察する機会がない。ただ飛翔形を観察することができれば、本種のように緑色の翼鏡（よくきょう）を、大雨覆の橙色と次列風切の白帯で挟んでいる特徴を見ることができる。

カモ目カモ科マガモ属

コガモ【小鴨】

Anas crecca / Green-winged Teal

● 全長38cm／冬鳥

鳴き声

端っこが好きな、小さなカモ

その名のとおり、身近に見られるカモ類で最小。冬鳥として全国に渡来。初秋から見られはじめ、湖沼、河川、公園の池など主に淡水域に生息し、数十羽の群れでいることが多い。湖沼や池では、ヨシなどが茂る縁にいることが多い。本州中部以北の一部、北海道では少数が繁殖する。植物食で、草や海藻などを食べる。オスは頭部がレンガ色で、目から後頸にかけて緑色で、目の下に白い線がある。体は灰色で、黒く細かい波状斑がある。翼鏡(よくきょう)は緑色。下尾筒は黒く、両側に黄色い三角斑がある。メスは全身褐色で黒斑があり、下尾筒の両側に白斑がある。嘴は黒く、基部には黄色みがある。類似種のトモエガモのメス(p38)は嘴基部に白斑がある。

観察してみよう
三角斑で求愛

1羽のメスの周囲を、複数のオスが求愛しようと泳ぎ回る。オスたちは首を伸び縮みさせ、尻を上げ、下尾筒両側の黄色い三角斑をメスに見せつける求愛ディスプレイをする。暖かい日によく見られる。

オオホシハジロ【大星羽白】

Aythya valisineria / Canvasback

全長55cm／迷鳥

ホシハジロの群れがいたら要注意

ホシハジロ(p50)に似るが、一回り大きい。日本ではまれに北海道、本州に少数が渡来し、通常1～2羽程度で見られる。湖沼、漁港、河口など淡水域、海水域の両方で見られ、ホシハジロの群れに混じっていることも多い。雌雄ともに頭部が三角形に見え、黒く突き出したような長い嘴が特徴。オスは頭部から首がレンガ色で、頭頂から顔の前縁が黒っぽい。体上面、脇、体下面は淡い灰色で、細かい縞模様がある。胸、腰、上尾筒、下尾筒が黒い。嘴は黒く虹彩は赤い。メスは頭部から首、胸が褐色で顔には淡色部がある。体上面は灰色がかる。食性は主に植物食で堤防などに付着した海藻を好んで食べる。

観察してみよう

頭部の形と嘴に注目

本種は、ホシハジロの群れに混じっていることが多い。オオホシハジロは頭部に丸みがなく、とがって見える。また、嘴が黒く長いため、頭頂から嘴先端の角度がホシハジロに比べなだらかに見える。

カモ目カモ科スズガモ属

ホシハジロ【星羽白】

Aythya ferina / Common Pochard

● 全長45cm／冬鳥

地鳴き

頭部のレンガ色と赤い虹彩が目印

頭部と虹彩が赤いカモ類。全国に渡来する冬鳥だが、北海道の一部では少数が繁殖する。公園の池など淡水域を好む身近なカモ類。オスは体上面、脇、体下面は淡い灰色で黒く細かい縞模様があり、これを星に見立てた。また、雌雄ともに翼下面が白いことから、「星羽白」と名づけられた。オスは胸、上尾筒、下尾筒が黒い。嘴は黒く、中央が青灰色。メスは頭部から胸が茶色で目の周囲は白っぽく、白いアイリングがあり、目の後方に白い線がある。体上面、体下面は淡い灰色で褐色の斑がある。嘴はオス同様に黒く中央が灰色だが、灰色部がほとんどない個体もいる。メスの虹彩は暗色。

観察してみよう

お腹を出して羽づくろい

採食行動が一段落すると羽づくろいをはじめる。体下面の手入れでは、大胆にも白いお腹を見せて羽づくろい。嘴だけではなく頭部まで器用に使い、全身くまなく手入れする。採食も羽づくろいも、集団で一斉に行うことが多い。

キンクロハジロ【金黒羽白】

Aythya fuligula / Tufted Duck

全長40cm／冬鳥

まげのような冠羽がチャームポイント

オスの白黒ツートーンカラーと冠羽が目立つカモ類。全国に冬鳥として渡来するが、北海道の一部では少数が繁殖する。公園の池など淡水域でごく普通に見られ、漁港など波立たない海水域にも生息する。オスは頭部から胸、体上面が黒く、頭部は光沢のある紫色。後頭には長い冠羽があり、まげや寝ぐせに例えられる。脇と腹は白い。嘴は青灰色で先端が黒い。メスは全体にこげ茶色で短い冠羽があり、体下面は色がやや淡い。嘴の基部に白斑がある個体もいて、スズガモ(p52)と間違われるが、冠羽の有無などで見わけられる(p61)。雌雄ともに虹彩は黄色く、翼帯は白い。金色に見立てた黄色い虹彩と、オスの黒と白の羽色が和名の由来。

観察してみよう

寝ぐせのような冠羽

オスの頭部の冠羽は長めで、スズガモなどの類似種と見わけるポイントになる。寝ぐせのように見えておもしろい。風の強い日には、髪が乱れたようになることも。潜水後は濡れてはりつき、目立たなくなる。

カモ目カモ科スズガモ属

スズガモ【鈴鴨】

Aythya marila / Greater Scaup

● 全長45cm／冬鳥

巨大な群れになる海ガモ

最も渡来数が多いとされる海ガモ類。数百羽から数千羽の大群を形成し、東京湾周辺では毎冬約2万羽もの大群が見られる。冬鳥として全国に渡来し、海水域を好む傾向があり、潜水して貝類などを食べる。オスは頭部に黒緑色光沢があり、胸、上尾筒、下尾筒、尾羽が黒い。背は淡い灰色で、細かく黒い波状斑があり、脇と腹は白い。嘴は青みのある灰色で先端は黒い。メスは頭部から胸が茶色く、脇と腹は灰色がかっていて、嘴基部にある白斑が目立つ。雌雄ともに虹彩は黄色。よく似たキンクロハジロ(p51)は雌雄ともに冠羽があり、オスは背が黒い点で見わける。メスには本種と同じように嘴基部が白い個体もいるので注意(p61)。

聴いてみよう
鈴の音を聴く

和名の「スズ」は、飛翔時の羽音が金属的で鈴の音に似ていることに由来している。羽音に耳を傾けながら、大群で飛び立って行く様子を観察しよう。飛翔時には白い翼帯が目立つ。

カモ目カモ科シノリガモ属

シノリガモ【晨鴨】

Histrionicus histrionicus / Harlequin Duck　●全長43cm／冬鳥

鳴き声

道化師のような ユニークな羽色

英名のHarlequinが意味するように、オスの羽色が道化師のような色合いの海ガモ類。冬鳥として主に北日本の海水域に渡来するが、北海道、東北地方の山間部や海岸付近の渓流で局地的に少数が繁殖する。漢字名に使われる「晨」とは、早朝や夜明けのことで、脇のレンガ色をそれに見立てたのが由来。オスは頭部から胸、体上面が藍色で、額から後頭は黒く、頭部には橙色の斑がある。耳羽に円形の白斑があるほか、複数の白斑がある。脇はレンガ色で、尾羽は黒く、先端はとがっている。一見派手な色彩だが、岩礁でじっとしていると意外に目立たない。メスはほぼ全身がこげ茶色で、目先と耳羽の2箇所に白斑がある。雌雄ともに嘴は小さめ。

観察してみよう 岩場を好む

冬には岩礁のある海岸を好む傾向がある。岩礁帯を海水の流れや波を使って巧みに移動しながら、頻繁に潜水して貝類などを捕食する。波の高い状況でも、潜水と浮上を繰り返す。岩礁に上がる際は波に乗るように上がり、泳ぎだす際は波に流されるように泳ぎだす。

カモ目カモ科ビロードキンクロ属

ビロードキンクロ【天鵞絨金黒】

Melanitta stejnegeri / Stejneger's Scoter

●全長55cm／冬鳥

三日月斑と嘴のこぶが特徴的

こぶのある嘴と三日月斑が特徴的なカモ類。冬鳥として九州以北の沿岸部に渡来する。本種だけの群れを見る機会は少なく、クロガモ(p55)の群れに混じっていることが多い。春の渡り期には、関東周辺の沿岸部でも大規模な群れを見ることがある。頻繁に潜水して貝類を捕食する。オスは全身がやや光沢のある黒い羽で、これがビロードのように見えるのが和名の由来。目の下に白い三日月斑があり目立つ。嘴は赤く、脇は黄色で、上嘴基部にこぶがあり盛り上がっていて、虹彩は淡い灰色。メスは全身こげ茶色で、目先と耳羽に白斑がある。雌雄ともに次列風切が白い。類似種のクロガモのオスに白い部分はなく、メスの翼帯は白くない。

探し方

クロガモの群れに混じっていることが多いため、まずはクロガモの群れを見つけ、クロガモと比較するように探すとよい。

観察してみよう

アラナミキンクロ

極めてまれな冬鳥として、主に北海道沿岸に渡来。オスは全身黒く、黄、白、橙、黒で彩られた大きな嘴と、額と後頸の白斑が特徴。メスは全身こげ茶色で、目先と耳羽、後頸に白斑がある。

カモ目カモ科ビロードキンクロ属

クロガモ【黒鴨】

Melanitta americana / Black Scoter

全長48cm／冬鳥

鳴き声

全身黒く、嘴の橙黄色が目立つ

その名のとおり、オスの羽色が黒いカモ類。冬鳥として全国に渡来し、北海道沿岸と房総半島以北の太平洋側に多い。主に洋上に群れていることが多いが、北海道では漁港内で普通に見られる。オスはほぼ全身が黒く、光線状態によっては光沢があるように見える。嘴も黒く、上嘴基部は橙黄色で、こぶ状に盛り上がっている。翼上下面も黒いが、風切は色がやや淡い。メスは全身がこげ茶色で、ほおから喉にかけて白っぽい灰色。オスは「フィー」「ピィー」という口笛に似た声でよく鳴く。潜水採食をするカモ類としては珍しく、尾羽をピンと立てることが多い。本種の群れに類似種のビロードキンクロ(p54)が混ざることがある。

観察してみよう

シンクロするような潜水

洋上では常に数十羽程度の群れでいることが多い。群れの中の1羽が潜水すると、合図したように次々に潜水し、貝類をくわえて浮上してくる。ぴょんぴょんと跳ね上がるようにして、次々と浮上してくる様子がおもしろい。

カモ目カモ科コオリガモ属

コオリガモ【氷鴨】

Clangula hyemalis / Long-tailed Duck ● 全長オス60cmメス38cm／冬鳥

鳴き声

オス

円形斑がある。

とても細く長い。

嘴は中央が
ピンク色。

メス

円形斑がある。

顔が白っぽい。

鳴き声から アオナと呼ばれる

白黒の羽色と長い尾羽が特徴的なカモ類。冬鳥として北海道と東北地方北部に渡来し、それ以外の地域ではまれ。北海道では道北、道東に多く、漁港内で普通に見られる。人が話すような声で「アオッ、アオナ」と鳴く。この独特の鳴き声から北海道では「アオナ」と呼ばれている。群れで見られる北海道北部の漁港では、鳴き声が輪唱のように聞こえる。オスはジャイアントパンダのような白黒に見え、目の周囲には白いアイリングがあり、ほおにある黒い円形斑が目立つ。嘴は黒く、中央部はピンク色。メスは頭頂とほお、嘴はこげ茶色で、顔は白っぽい。胸から体上面はこげ茶色で淡色羽縁があり、体下面は白い。

観察してみよう 尾羽から水滴が飛ぶ

オスの目立つ特徴が細長い尾羽。頻繁に潜水行動をする。潜水時には一瞬、首を立てて勢いをつけ、頭から潜水するため、直後には長い尾羽が垂直に立ち上がり、水滴が放物線を描いて飛び散る。

カモ目カモ科ホオジロガモ属

ホオジロガモ【頬白鴨】

Bucephala clangula / Common Goldeneye

全長45cm／冬鳥

鳴き声

頭がおむすび形のカモ

オスのほおが白いカモ類。冬鳥として九州以北の海水域に渡来するが、湖沼や河川でも見られる。北日本に多く、北海道では沿岸や漁港内で普通に見られる。頻繁に潜水して甲殻類や貝類、魚類などを食べる。オスは頭部が光沢のある緑色をしており、おむすびを載せたような形で頭でっかちに見える。嘴基部に白斑があって目立つのが和名の由来。背、上尾筒、下尾筒は黒く、肩羽、胸から体下面は白い。メスは頭部がこげ茶色で、首には白い帯状斑がある。嘴は黒く、先端は黄色だが、黄色部がない個体もいるなど変異がある。体上面は褐色で、下面は灰色みを帯びる。雌雄ともに虹彩は黄色。

観察してみよう

のけぞって求愛する

オスはメスの前で首を斜め前方につき出し、何度か頭を上下させた後、そのまま勢いよく後ろに反らせ、後頭が背につくほど大きく曲げる。メスも呼応し、こののけぞる求愛ディスプレイを雌雄で連続して行う。

カモ目カモ科ミコアイサ属

ミコアイサ【神子秋沙】

Mergellus albellus / Smew

●全長42cm／冬鳥

パンダガモと呼び親しまれる

オスの白黒の羽色が特徴的なアイサ類。冬鳥として九州以北に渡来し、北海道では少数が繁殖する。主に湖沼、河川、池など淡水域に生息し、頻繁に潜水しながら小魚などを捕食する。オスは全身が白く、これを神子（みこ）の白装束に見立てたのが和名の由来。後頭には白くて短い冠羽があり、目の周り、後頭、背は黒い。胸の側部には黒い帯状の模様が2本あり、脇には黒く細かい波状斑がある。嘴は青みのある灰色。メスは目先が黒く、頭部が赤みのある褐色で喉から首は白く、体は灰色。嘴は青灰色。オスはその特徴的な羽色から「パンダガモ」の愛称で呼ばれ、公園の池など身近な環境で見られるカモ類の中でも特に人気が高い。

観察してみよう
羽づくろいを待つ

頻繁に潜水を繰り返すアイサ類は、じっくりと観察することが難しい。そういうときは羽づくろいをはじめるのを待つのがよい。一度羽づくろいをはじめれば、しばらく潜水することはなく、じっくりと観察することができる。

カモ目カモ科ウミアイサ属

カワアイサ【川秋沙】

Mergus merganser / Common Merganser

●全長65cm／冬鳥・留鳥

首や体が細長く スマートに見える

大形のアイサ類。冬鳥として九州以北に渡来し、北海道では留鳥として繁殖し、オシドリ(p37)と同じように樹洞(じゅどう)などに営巣する。湖沼、河川など淡水域に生息するが、寒冷地では淡水域が凍結してしまうため、沿岸、漁港などに移動する。オスは頭部が濃い緑色で光沢があり、後頭が膨らんで見える。背は黒く、胸から体下面は白いが、淡いピンク色を帯び、雨覆と次列風切は白い。メスは頭部がレンガ色で冠羽がある。胸は白く、胴は灰色。次列風切は白い。雌雄ともに嘴は赤く、先端がかぎ状に曲がっている。メスはウミアイサ(p60)に似るが、頭部のレンガ色と首の白い境界がはっきりしている。

観察してみよう

コウライアイサ

極めてまれな冬鳥として、主に西日本に渡来。ほかのアイサ類と同じように潜水して採食する。オスの頭部は緑色光沢のある黒で、メスの頭部は茶褐色。雌雄とも長い冠羽があり、脇にうろこ状の斑があって目立つ。嘴は赤く、先端が黄色を帯びる。

カモ目カモ科ウミアイサ属

ウミアイサ【海秋沙】

Mergus serrator / Red-breasted Merganser

●全長55cm／冬鳥

求愛

メス

頭部と首の境界は
ぼやけて不明瞭。

ぼさぼさ頭と細長い嘴

ぼさぼさした冠羽が特徴のアイサ類。冬鳥として九州以北に渡来し、沿岸、河口、漁港など海水域に生息する。オスは頭部と背が黒く、冠羽はメスよりもぼさぼさしている。首は白く、胸は茶色で黒斑がある。腹は白く、脇には細かく黒い波状斑がある。メスは頭部が赤みのある褐色で短めの冠羽がある。首から体下面は灰色がかった褐色で、体上面は濃い灰色。雌雄ともに嘴と虹彩、足は赤い。岩礁海岸を好む傾向があり、岩の上で休んでいれば、赤く目立つ足を観察することができる。類似種のカワアイサ(p59)のオスには冠羽がなく、メスは頭部と首の境界がはっきりしている。

観察してみよう
シュノーケリング

通常は潜水して採食することが多い。岩礁帯のような浅瀬では、水面に浮いた状態で頭だけを水中に入れて、すいすいと泳ぎ回りながら魚類などの獲物を探す。まるで、シュノーケリングのような行動をする。

• イラストで比較する •

カモ類のメスでよく似ている種の見わけ方

カモのメスは羽色が地味なので類似種は同じように見えますが、ポイントを知ることで見わけることができます。

オカヨシガモとマガモ

オカヨシガモのメス

p41

マガモのメス

p46

キンクロハジロの嘴基部が白いタイプとスズガモ

嘴基部の白い斑は小さめ。

後頭に
短い冠羽がある。

キンクロハジロのメス

p51

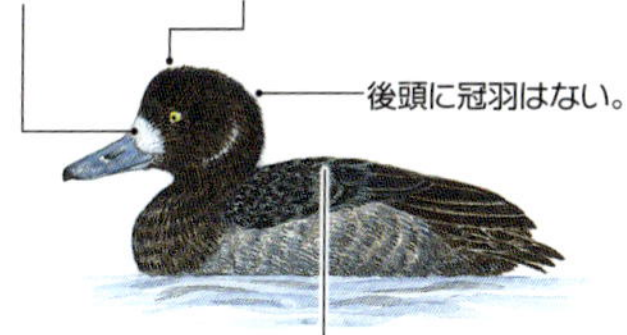

スズガモのメス

p52

冠羽を確認できればキンクロハジロだとわかりますが、潜水して濡れると冠羽が後頭にはりついて目立たなくなることがあります。ほかのポイントも確認して見わけましょう。

キジ目キジ科エゾライチョウ属

エゾライチョウ【蝦夷雷鳥】

Tetrastes bonasia / Hazel Grouse

● 全長36cm／留鳥

さえずり

名はライチョウでも、真っ白にならない

ずんぐりとした体型のライチョウ類。北海道の低地から亜高山帯に留鳥として生息し、ライチョウ(p63)とは生息地、生息環境が異なる。地上だけでなく樹上にいることも多く、昆虫や植物の果実、種子などを食べる。オスは繁殖期に「ピィーッ　ピィピィピィー」という甲高い声で鳴く。オスの目の上には小さな赤い肉冠(にくかん)（肉質の突起物）があり、顔から体上面が褐色で黒い横縞模様がある。嘴と喉は黒く、周囲は白い。体下面はこげ茶色で脇に赤みがあり、羽縁が幅広く白い。メスの肉冠は目立たず、喉の下側のみ黒く、体下面も褐色みが強い。雌雄ともに短い冠羽がある。ライチョウと異なり、足指に羽毛はない。

観察してみよう
忍者のような動き?

通常は針葉樹林帯の林床(りんしょう)を忍者のように素早く動き回るため、その姿を見るのは難しいが、果実や種子を食べるときなど、樹上行動では動きがゆっくりなので比較的見やすい。細い枝を握り締め、綱渡りするように移動したり、体が重そうに飛び移ったりする。

ライチョウ【雷鳥】

Lagopus muta / Rock Ptarmigan

全長37cm／留鳥

鳴き声

冬羽と対照的に
夏羽は黒っぽい
羽色になる。

黄色みの
ある褐色。

高山帯の鳥の代表格

ずんぐりした体型のライチョウ類。南北アルプスなどの高山帯に留鳥として生息し、厳寒期は亜高山帯に移動するものもいる。オスは繁殖期を中心に「ゴー、ガォー」というしゃがれ声で鳴くことが多い。本種の羽色は環境に適応した隠蔽色をしており、雪のある時期とない時期で大きく異なる。オスの夏羽は頭部から体上面は黒褐色、胸以下の体下面は白い。メスの夏羽は頭部から体上面が黄色みのある褐色で、白いうろこ状の模様が並ぶ。冬羽は雌雄ともに全身が純白で尾羽は黒く、オスは目の上の赤い肉冠(にくかん)が目立つ。雌雄ともに足から足指まで白い羽毛が通年生えている。

探し方

天敵を避けるため、晴天の日はハイマツなどに隠れていることが多い。天気が悪い日のほうが観察しやすい傾向がある。

考えてみよう
絶滅の危機に瀕している

もともとオコジョ、テン、猛禽類(もうきんるい)などに捕食されてきたが、温暖化に伴い、キツネやニホンザルの生息域が高山帯に拡大し、新たな天敵が加わった。さらなる個体数の減少が危惧される。

キジ目キジ科ヤマドリ属

ヤマドリ【山鳥】

Syrmaticus soemmerringii / Copper Pheasant ●全長オス125cmメス55cm／留鳥

オス ほぼ全身が濃い赤橙色。

突然、羽音をたてて足元から飛び出す

火の鳥のモデルになった、長い尾羽が特徴のキジ類。日本固有種。留鳥として本州、四国、九州に5亜種が分布。山地林に生息し、よく茂った樹林を好む。雑食性で、植物の実、昆虫類も捕食する。観察はとても難しく、たまたま林道に出てきた個体と鉢合わせをする機会がほとんど。ただ中には、全く人を恐れない個体もいて、人を見るとどんどん接近してきて威嚇に似た行動をとる個体もいる。和名は山地に生息することが由来。オスは、ほぼ全身が濃い赤橙色で、頭部から首にかけては色が濃く、体上面、体下面に白い羽縁がある。目の周囲には赤い裸出部があり、尾羽はとても長く、灰、橙、黒色の横帯模様。メスは全体に赤みの淡い褐色で、キジ(p65)のメスに比べて尾羽が短い。

探し方

山での突然の出会いが多い。人が近づくぎりぎりまでじっと潜んで動かず、急に大きな羽音を立てて、茂った樹林から飛び出すのでびっくりする。

観察してみよう 母衣打ち（ほろうち）

オスは繁殖期に両翼を激しく羽ばたかせ「ドドド……」という低い音を出す。「母衣打ち（ほろうち）」（ドラミング）と呼ばれ、なわばり主張や求愛の意味があるとされる。

キジ目キジ科キジ属

キジ【雉】

Phasianus versicolor / Green Pheasant

● 全長オス81cmメス58cm／留鳥

オスの鳴き声

メスは、よく似たヤマドリ(p64)のメスよりも赤みが淡く、尾羽が長い。

国鳥は赤いハートが特徴

日本の国鳥。本州から九州にかけ4亜種が分布する。留鳥として農耕地や草地などに生息し、冬は小群れで生活する。草むらに潜み、人に驚いて突然飛び立ったり、走って逃げたりする姿をよく見る。オスは「ケン、ケーン」と少ししわがれた声で鳴き、繁殖期には盛んに羽音を出す。オスの顔には、ハートを横にしたような形の裸出した赤い皮膚があり目立つ。首から胸、体下面は光沢のある緑と紫色で、後頭に短い冠羽がある。肩羽は黒と茶色で、うろこ状の模様になる。尾羽は長く、黒褐色の横斑がある。メスはやや小さく、全身が黄色みのある褐色で黒い斑がある。尾羽は長めだがオスほどではない。

探し方

警戒すると身を伏せて草の中に潜ってしまう。隙間から周囲をうかがうが、体の一部が見えていることが多い。

観察してみよう

羽音が迫力の母衣打ち

繁殖期にオスは「ケン、ケーン」と叫ぶように鳴き、翼を素早く羽ばたかせてブルッブルッという羽音を出す。メスを呼ぶ求愛行動で母衣打ちという。

ヨタカ目ヨタカ科ヨタカ属

ヨタカ【夜鷹】

Caprimulgus jotaka / Grey Nightjar

全長29cm　夏鳥

さえずり

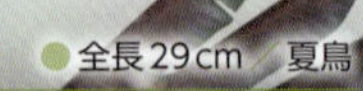

全身が枯れ葉のような複雑な模様。

嘴は小さいが、口は大きい。

大口を開けて飛び回る

宮沢賢治の短編作品『よだかの星』の題材にもなった鳥。夏鳥として九州以北に渡来し、春の渡り期には日本海側の離島でもよく観察され、都市公園の林で見られることもある。カゲロウやトビケラなどの昆虫を捕食するため、山間部の川沿いを好む傾向がある。夜行性で、日中は横枝に平行にとまって休み、夜間はがま口のような大きな口を開けながら飛翔し、空中の昆虫類を捕食する。「キョキョキョキョキョ……」と鳴く。巣らしい巣はつくらず、地上に卵を産み抱卵するが、親鳥の複雑な羽色が見事な隠蔽色となる。雌雄同色。ほぼ全身が黒ずんだ褐色で、黒や灰色の複雑な模様。オスは顎線が白く、喉、尾羽に白斑がある。翼は長く、先端はとがる。目は大きく、虹彩は暗色。嘴は小さいが、口は大きい。

探し方

山間部の渓流沿いで、さらにそこにある外灯に昆虫が集まっているかがポイント。あとは「キョキョキョ……」という鳴き声がすれば、出会える可能性が高い。

観察してみよう　擬態の達人

ヨタカは複雑な羽が隠蔽色となり、枝と平行に沿うようにとまって動かないことで、完全に木と一体化してしまう隠蔽的擬態の達人。日中に見つけることはなかなか難しい。

アマツバメ目アマツバメ科ハリオアマツバメ属

ハリオアマツバメ【針尾雨燕】

Hirundapus caudacutus / White-throated Needletail

● 全長 21 cm ／夏鳥

鳴き声

尾羽の針が目印

日本最大のアマツバメ類。飛翔する姿が小形のタカを連想させる。夏鳥として本州中部以北に渡来。平地林から山地林に生息し、樹洞（じゅどう）に営巣する。渡り期には全国で見られ、秋の渡りでは山間部などで、群れで飛翔する姿を見ることができる。飛翔しながら昆虫類を捕食する。雌雄同色で、胴体が太く、アマツバメ(p68)と比べて翼の幅がやや広いため、どっしりとした印象。ほぼ全身がこげ茶色で額、喉、下尾筒が白く、背は灰色、雨覆や風切の一部に緑色光沢がある。尾羽は短い角尾で、羽軸の先端が針状にとがっている。これが和名の由来。類似種のアマツバメは翼が細長く三日月形で、下尾筒は白くない。ヒメアマツバメ(p69)も下尾筒は白くなく、体は小さい。

聴いてみよう
羽音を聴く

秋の渡り期には山間部の見晴らしのよい場所で観察することができ、1羽現れると続けざまに数羽が飛んでいく。意外に至近距離を飛ぶことも多く、「シュー」という風を切る羽音が聞こえる。

アマツバメ目アマツバメ科アマツバメ属

アマツバメ【雨燕】

Apus pacificus / Pacific Swift

●全長20cm／夏鳥

三日月形の飛翔形

尾羽が燕尾のアマツバメ類。夏鳥として九州以北に渡来する。平地から高山帯まで生息し、渡り期には市街地の上空や日本海側の島、山間部の峠などでも見られる。海岸の崖地や山地の岩場の隙間に、枯れ草とだ液で巣をつくる。繁殖期には崖や岩場にとまることがあるが、地上に降りることはほとんどない。雨が降りそうになると低く飛ぶことが和名の由来。飛翔しながら空中の昆虫を捕食する。雌雄同色で、ほぼ全身がこげ茶色だが、体下面はやや褐色みを帯び、こげ茶色のうろこ状の模様があり、喉と腰は白い。翼は長く、飛翔時は三日月形に見え、尾羽は燕尾だが飛翔時は閉じていることが多く、とがって見える。

観察してみよう
群れの飛翔

アマツバメ類は空中での生活に最も適応した鳥類といわれる。繁殖地の周辺では「ジュリリリ、ジュリリリ……」と鳴き交わしながら数十羽が一斉に上昇し、絡まり合うように群れで飛翔する光景を見かける。

アマツバメ目アマツバメ科アマツバメ属

ヒメアマツバメ【姫雨燕】

Apus nipalensis / House Swift

●全長13cm／留鳥

鳴き声

街にすむアマツバメ

市街地にも生息する日本最小のアマツバメ類。関東地方以南の主に太平洋側に留鳥として局地的に分布。1967年に静岡県で繁殖が確認されて以降、分布を拡大している。平地に生息し、市街地の建造物などに営巣する。巣は繁殖だけでなく、ねぐらとして周年利用する。飛んでいる昆虫を捕食する。秋の渡り期には類似種のアマツバメ(p68)、分類の違うツバメ(p292)とともに観察されることがある。雌雄同色で、ほぼ全身がこげ茶色だが、喉は白っぽい。腰は白く、脇腹まで食い込んでいる。翼はアマツバメと同様の三日月形だが、アマツバメほど長くはなく、尾羽は切れ込みの浅い凹尾。アマツバメは尾羽が燕尾で、翼がより長い。

観察してみよう

巣を観察する

人工建造物に巣をつくるが、イワツバメ(p294)やコシアカツバメ(p295)の古巣を利用することもある。しばしば数羽から数十羽の集団で巣をつくる。巣には羽毛を利用する特徴があるため、巣を調べることでヒメアマツバメの巣であることがわかる。

カッコウ目カッコウ科ジュウイチ属

ジュウイチ【十一】

Hierococcyx hyperythrus / Northern Hawk-Cuckoo

●全長32cm／夏鳥

さえずり

「十一、慈悲心(じひしん)」と聞こえる鳴き声

「十一」と聞こえる鳴き声が印象的なカッコウ類。この声が和名の由来で、俳句の夏の季語である別名、慈悲心鳥(じひしんちょう)もこの鳴き声から。声は大きいがほとんどの場合、茂みの中で鳴くため姿を見ることは難しい。夏鳥として九州以北の山地から亜高山帯の林に渡来し、主にオオルリ(p336)、コルリ(p338)、ルリビタキ(p345)に托卵(たくらん)する。毛虫を好んで捕食する。雌雄同色で、成鳥はハイタカ(p220)のオスに似ている。頭部から体上面が青みのある灰色。喉は白く、胸から体下面は淡い橙色。尾羽には黒や橙色の帯状の模様がある。嘴は黒く、基部は黄色で、アイリングと足は黄色。幼鳥の下面は白く、黒い縦斑がある。

聴いてみよう

叫ぶように鳴く

オスは繁殖期に「ジュウイチー、ジュウイチー」と叫ぶように鳴き続け、次第にテンポを速めていく。後半はややヒステリックな感じになり、「ジュジュジュ……」という濁った声に変わり、鳴きやむ。

カッコウ目カッコウ科カッコウ属

ホトトギス【杜鵑】

Cuculus poliocephalus / Lesser Cuckoo

●全長28cm／夏鳥

さえずり

全体的に赤みを帯びる赤色型。

聞きなしの多い鳥

日本で最小のカッコウ類。オスの鳴き声が「ホ、ト、トギス」と聞こえることが和名の由来とされるが「特許許可局」「てっぺんかけたか」とも聞きなし(p410)される。夏鳥として全国に渡来するが、北海道は南部のみ、沖縄では少数。平地林から亜高山帯の林に生息するが、渡り期には平地でも見られる。主にウグイス(p296)に托卵(たくらん)する。雌雄同色。頭部から胸、体上面が灰色で、体下面は白く、黒く、細い横斑があり、間隔が広い。尾羽は長く、白斑がある。虹彩は暗色で黄色いアイリングがある。メスには体上面が赤みを帯びた赤色型がいる。類似種のツツドリ(p72)やカッコウ(p74)よりも小さく、下尾筒に横斑が入らない点で見わけられる。

観察してみよう
野草の名の由来?

山地の斜面などに生える、ユリ科植物の多年草ホトトギス。風雅な花で、茶花によく使われる。花には紫色の斑点模様があり、この斑がホトトギスの胸にある横斑に似ていることから、ホトトギスと名がついたといわれるが、本当に似ているだろうか。

カッコウ目カッコウ科カッコウ属

ツツドリ【筒鳥】

Cuculus optatus / Oriental Cuckoo

●全長32cm／夏鳥

さえずり

筒をたたく音のような声

山に響く低音の鳴き声が特徴的なカッコウ類。「ポポ、ポポ、ポポ……」と筒を叩く音のような鳴き声が和名の由来。夏鳥として九州以北の山地林や亜高山帯の林に渡来する。本州の林では、ほとんど目立つ場所で鳴かないため見づらいが、北海道内の林では高木の上など目立つ場所で鳴く個体が多い。主にセンダイムシクイ(p300)に托卵(たくらん)するが、北海道ではウグイス(p296)にも托卵する。雌雄同色で、頭部から胸、体上面は灰色。体下面は白く、太めの黒い横斑があるが、まれにカッコウ(p74)のように細い個体もいる。尾羽は長く、白斑がある。虹彩は濃い橙色。メスには体上面に赤みのある赤色型がいる。体が大きく、下尾筒に横斑が入る点で類似種のホトトギス(p71)と見わけられる 。

探し方

声は聞こえても姿を見るのが難しいが、秋の渡り期にはサクラなどで毛虫を食べるので比較的見やすい。平地林や公園のサクラを探してみるとよい。

観察してみよう　毛虫大好き

カッコウ科の鳥は他種の鳥の巣に卵を産み、抱卵、育雛(いくすう)させる托卵という習性をもつ。本種は本州ではセンダイムシクイの巣に白っぽい卵を産みこみ、北海道ではウグイスの巣に赤い卵を産みこんで、仮親にバレないようにしている。

もっと知りたい！ 夏鳥なのに秋に見やすいツツドリ

カッコウ科の鳥たちは、カッコウ(p74)以外、目立った場所に出てこないため見ることが難しい。ただ秋には、彼らの大好物である蛾の幼虫が公園の桜の木に発生するため、出会いの機会が多い。

モンクロシャチホコの幼虫が群れる木にやってきた成鳥。

毛虫が多く発生するサクラ並木が狙い目。

写真のような、体上面が黒っぽい成鳥にも出会える。

モンクロシャチホコの幼虫を探す赤色型。

見事にモンクロシャチホコの幼虫を捕らえた赤色型。

カッコウ目カッコウ科カッコウ属

カッコウ【郭公】

Cuculus canorus / Common Cuckoo　●全長35cm／夏鳥

さえずり

和名も英名も鳴き声に由来

「カッコー、カッコー」という鳴き声でおなじみの鳥。和名だけでなく英名も、この鳴き声に由来する。翼を下げ、尾羽を上げてさえずり、時折「ゴアゴア」とも鳴く。夏鳥として九州以北の明るい林、高原、牧草地などに渡来する。主に毛虫を食べる。モズ(p268)やオオヨシキリ(p304)、ノビタキ(p348)などの巣に託卵(たくらん)し、仮親(親鳥)に育てさせる。雌雄同色で、頭部から胸、体上面は灰色。体下面は白く、細く黒い横斑がある。尾羽は長く、白斑がある。虹彩は橙黄色で、足は黄色。類似種のツツドリ(p72)はやや小さく、体下面の横斑が太い。ホトトギス(p71)は小さく、体下面の横斑の間隔が広く、下尾筒に横斑が入らない。

探し方

草原を好むため、国内で一般的に見られるカッコウ科4種の中では最も見つけやすい。声を頼りに高木の上や杭など、周囲よりも高い場所を探すとよい。

観察してみよう
托卵を警戒するノビタキ

北海道の草原では、ノビタキがカッコウに対して、托卵を防ごうとして威嚇する様子が観察できる。全長で3倍ほども大きいカッコウを、懸命に追い払おうとする。

• イラストで比較する •

カッコウ類３種の見わけ方

カッコウ類はオスの鳴き声が独特なので、声を聴けば識別は簡単です。でも、鳴かない時期やメスは見わけるのが難しいものです。代表的なカッコウ類で、姿で見わけるのが難しい３種を見わけるポイントを紹介します。

ハト目ハト科カワラバト属

カラスバト【烏鳩】

Columba janthina / Black Wood Pigeon

● 全長40cm／留鳥

さえずり

カラスのように全身が黒っぽいハト

全身が黒っぽい大形のハト類。その羽色をカラスに見立てたことが和名の由来。主に本州中部以南の島々に留鳥として分布し、春の渡り期には日本海側の島々で見る機会も多い。よく茂った常緑広葉樹林に生息し、植物の果実を食べる。人為的に移入されたネコに捕食され、生息数が減少している。日本には3亜種が生息する。雌雄同色で、体はずんぐりとしているが首と尾羽は長めで、頭が小さく見える。亜種カラスバトは全身が黒みを帯びているが、頭部や背には赤紫色光沢、首から胸にかけては緑色光沢の部分がある。嘴は先端のみ色が淡く、足は赤い。小笠原諸島と硫黄列島に分布する亜種アカガシラカラスバトは頭部に赤みがある。

探し方

「ウー、ウッウー」とうなるような声を頼りに探すとよい。森の中に潜んでいる個体を見つけるのは困難なので、周辺の枯れ木を探そう。

観察してみよう
アカガシラカラスバト

小笠原にごく少数生息する亜種で、個体数は数十～数百羽といわれていたが、近年、野ネコ駆除により個体数が回復し、父島でも見られるようになった。

キジバト【雉鳩】

Streptopelia orientalis / Oriental Turtle Dove　● 全長33cm／留鳥・漂鳥

キジのメスの羽色に似たハト

「デデッポッポー」という声でおなじみの、市街地でも見られる身近なハト類。留鳥または漂鳥として全国に分布するが北海道では夏鳥で、秋には外洋を航行する船舶から渡り途中の個体が観察される。市街地、平地の林や亜高山帯の林でも見られ、樹上に小枝を集めた皿状の巣をつくり、年に数回繁殖する。雌雄同色で、全身が青～紫色みを帯びる褐色。肩羽と雨覆、風切はほぼ黒く、橙色の羽縁がうろこ状の模様になっており、これがキジ(p65)のメスの体上面の羽色に似ているのが和名の由来。首の側面には美しい青と白の横縞模様がある。尾羽は灰色で先端に白斑があるが、中央尾羽の斑は小さい。虹彩と足は赤い。

おもしろい生態

1年中子育てできる

ほとんどの鳥類は、ひなが食べられる食べ物が豊富な時期にしか繁殖できないが、ハト類は、親鳥が体内でつくり出すピジョンミルクという物質をひなに与えて子育てをする。そのため、親鳥が十分に採食することさえできれば、時期を選ばず繁殖できる。

ハト目ハト科キジバト属

シラコバト【白子鳩】

Streptopelia decaocto / Eurasian Collared Dove

●全長32cm／留鳥

さえずり

淡い灰褐色のハト

虹彩が赤黒く、きょとんとしたような表情が印象的なハト類。留鳥として埼玉県越谷市付近に分布し、1956年に「越ケ谷のシラコバト」として天然記念物に指定された。生息数は減少傾向であったが、その後回復し、現在は千葉県、茨城県、栃木県、群馬県など関東地方各地に分布域が広がっている。そもそもは江戸時代に移入されたものが定着したという説が有力。平地の農耕地、市街地の林、屋敷林などに生息する。雌雄ほぼ同色。全身が灰褐色で、頭部から首、体下面は灰色みが強い。風切は黒く後頸に白黒の線があり、目立つ。尾羽は長く、褐色で外側尾羽先端が白い。嘴は細めで黒く、足は赤い。

考えてみよう 街中の観察のマナー

平地林や公園の地上で植物の種子などを食べるが、養鶏場で鶏用飼料のおこぼれに依存している個体も多い。市街地や施設付近での観察では、あいさつをするなど周辺住民や関係者への配慮を心がけたい。

ハト目ハト科キンバト属

キンバト【金鳩】

Chalcophaps indica / Common Emerald Dove

● 全長25cm／留鳥

さえずり

密林にすむ小形のハト

ハト類とは思えない色彩豊かな小形のハト類で、国の天然記念物に指定されている。先島諸島に留鳥として分布し、与那国島では秋に道端で食べ物を探す姿をよく見かける。平地から山地の常緑広葉樹林の比較的薄暗い林床(りんしょう)を好む。早朝には道端にも出てきて地上を歩く姿も見られるが、警戒心が強いためすぐに飛び去ってしまう。オスは顔から体下面が赤紫色で、頭頂から後頭、小雨覆の一部は銀色。肩羽、雨覆は光沢ある緑色で風切、尾は黒い。嘴と足は赤色。メスは顔から体下面の赤紫色が薄く、頭頂から後頭の銀色も薄い。食性は雑食性で昆虫も捕食するが、植物食が主で種子や果実を好む。林内を低く飛んで移動し、長距離を飛ぶことは少ない。「ウッ、ウーウー」と繰り返し鳴く。

観察してみよう

水場で待って幼鳥も見る

夏に本種が見やすい宮古島は6月下旬に梅雨が明け、その後はしばらく晴天が続く。これにより森が乾燥するため水を求めて水場にやってくる個体が増える。そのため、普段なかなか見られない地味な色合いの幼鳥を見る機会も増える。写真は幼鳥。

ハト目ハト科アオバト属

アオバト【緑鳩】

Treron sieboldii / White-bellied Green Pigeon　●全長33cm／留鳥・漂鳥

「アオー」と自ら名乗る、美しいハト

山地林に生息する、ほぼ全身が緑色のハト類。留鳥または漂鳥として北海道から九州に分布し、東北地方以北の個体は冬季南下する。伊豆諸島、小笠原諸島、対馬、トカラ列島などでも記録があるがまれ。群れで行動することが多く、植物の実を好んで食べる。飛翔形が独特で、軽い羽ばたきで飛ぶ。海水を飲む習性があるが、理由ははっきりわかっていない。オスは頭部から首にかけて緑色で、前頭や胸は黄色みが強い。背は灰色がかり、小雨覆と中雨覆は赤紫色。下腹は黄を帯びる白色で、下尾筒には緑色の横斑がある。メスは全体に緑色みが濃く、雨覆も緑色。雌雄ともに嘴は空色で、足は赤紫色。虹彩は外側が赤く、内側は青い。

観察してみよう
海水を飲みに行く

夏から秋にかけて海岸に群れで飛来し、海水を飲む行動が知られている。塩分やミネラル補給と考えられているが、詳しいことはわかっていない。波にたたきつけられたり、ハヤブサに捕食されたりすることもあるが、海岸へ通い続ける。

尺八の音のような独特の声で「オー、アオアー、アオー」と自ら名乗るように鳴く。

ハト目ハト科アオバト属

ズアカアオバト【頭赤青鳩】

Treron formosae / Whistling Green Pigeon

● 全長35cm／ 留鳥

さえずり

青色。

雨覆は赤紫色がかる。

メス

雨覆は褐色がかる。

緑色の軸斑がある。

全身緑色の大形のハト

アオバト(p80)に似た大形のハト類で、アオバトよりもやや大きい。屋久島、種子島、トカラ列島、奄美群島、沖縄諸島に亜種ズアカアオバト、先島諸島に亜種チュウダイズアカアオバトが留鳥として分布。台湾の亜種は頭頂が赤色のため、その名のとおりズアカアオバトなのだが、日本に分布する2亜種は頭部が赤色ではない。雌雄ほぼ同色で、頭部から体下面、背、尾が緑色。オスは雨覆が赤紫色がかり、メスは褐色がかる。下尾筒は黄色みがある緑色で最長下尾筒が長く、濃く太い緑色の軸斑がある。嘴は鮮やかな青色で虹彩は赤紫色。平地から山地の常緑広葉樹林を好むが、平地林や集落付近でも見られ電線にもよくとまる。

観察してみよう

尺八のような独特の声

ズアカアオバトは、鮮やかな緑色の姿からは想像もできない「ポオー、ポオーア、ポアオー、ポアオー」いう、尺八の音に似た声でさえずる。早朝によくさえずるため、薄暗い早朝の森で聴くと、不気味な感じすらしてしまう。

ツル目クイナ科クイナ属

クイナ【水鶏】

Rallus indicus / Brown-cheeked Rail　●全長29cm／夏鳥・冬鳥

鳴き声

地上行動が得意な、ずんぐりした水辺の鳥

ずんぐりとした体型の水鳥。本州中部以北では夏鳥、それ以南では冬鳥。和名は「キュイーッ」という首を絞められたような声に由来するといわれる。雑食性で昆虫、種子、魚類、両生類などを食べる。ヨシ原など身を隠せる場所が周囲にあって、水深が浅い湿地を好む。雌雄同色。額から頭頂、後頸、体上面は赤褐色で、黒く太い軸斑が縦斑のように見える。目の周囲は黒っぽく、顔から胸は青みのある灰色で、脇から下腹、下尾筒は鮮やかな白黒の横縞模様になっている。足は肉色。上嘴は黒く、下嘴は赤いが、夏羽では上嘴の赤みが増す。

観察してみよう

やぶから出たり入ったり

半夜行性で日中はやぶに潜み、滅多に明るい場所には出てこないが、時折尾羽を上下にぴくぴく動かしながら水際に出てきて採食する。危険を感じると尾羽を立て、素早く茂みに逃げ込む。

ツル目クイナ科ヤンバルクイナ属

ヤンバルクイナ【山原水鶏】

Hypotaenidia okinawae / Okinawa Rail

全長35cm／留鳥

地鳴き

やんばるの森を象徴する希少種

嘴と足の赤が目立つクイナ類。世界中で沖縄島北部の山地林にしか生息しない希少な日本固有種。林床(りんしょう)にシダが生い茂る常緑広葉樹林に留鳥として生息し、地上を歩き回ってミミズや昆虫を捕食する。翼は退化して短く、長距離は飛べない。ほぼ地上で生活するが、夜間は樹上で休む。1981年に発見され、新種として記載されたが、個体数は少ない。雌雄同色。額から体上面は褐色みのあるオリーブ色で、顔は黒く、目の後方に白い線があり、虹彩は赤い。嘴も赤く、先端は黄色。体下面は白黒の横縞模様になっている。足も赤いが、オスのほうが色が濃い傾向がある。

考えてみよう 希少種の保護活動

外来生物のマングースによる捕食や交通事故による個体数減少が懸念され、保護活動が進められている。2004年には環境省が保護増殖事業計画を策定し、飼育下繁殖事業とマングースの防除に取り組んでいる。

声 早朝を中心に「コッ コッ コッ」のほか、叫ぶような大声で「キョキョキョキョー」と鳴く。

ツル目クイナ科バン属

バン【鷭】

Gallinula chloropus / Common Moorhen　●全長32cm／夏鳥・留鳥

鳴き声

赤と黄の嘴が目立つ

発達した赤い額板と嘴が特徴のクイナ類。関東地方以北では夏鳥、それ以南では留鳥として分布し、湖沼、河川、水田など淡水の湿地に生息する。草むらややぶに隠れる傾向のあるクイナ科の鳥としては比較的明るい場所にも出てくる。雑食性で水生植物、昆虫、貝類などを食べる。ひと夏に2回繁殖することがあり、1回目の繁殖で巣立った幼鳥がヘルパーとして手助けをすることがある。雌雄同色で頭部から体下面は黒く、体上面は緑色みを帯び、脇には白い帯状斑がある。下尾筒は黒く、両脇に白斑がある。額板と嘴は赤く、嘴の先端は黄色。足指が長く、緑を帯びた黄色で、夏羽ではより鮮やかになる。オオバン(p85)は額板と嘴が白い。

観察してみよう
頭を前後に振って泳ぐ

バンは足に水かきがないので泳ぎは苦手。尾羽を上げ、前のめりな姿勢で、反動をつけるように頭を前後に振って泳ぐが、なかなか前に進まない。その動きはおもちゃのようで、ユーモラスに見える。

ツル目クイナ科オオバン属

オオバン【大鷭】

Fulica atra / Eurasian Coot

●全長39cm／冬鳥・留鳥

ずんぐりした黒いクイナ

全身黒くてずんぐりした体型の水鳥。もともと関東以北で繁殖していたが、近年は増加傾向にあり、今では留鳥もしくは冬鳥として全国の水辺で見られる。湖沼、水田など淡水域の水辺や湿地帯を好む。植物食傾向の強い雑食で、主に水生植物を好み、潜水や逆立ち採食をする。魚類、昆虫なども捕食する。繁殖力が旺盛で年に2回、ときには3回繁殖することもある。雌雄同色。ずんぐりとした体は全身が光沢のある黒色で、額の白い肉質（額板）が発達し、嘴も白く、虹彩は赤い。足には水かきの役割をする膜があり（弁足(べんそく)）、クイナ類としては巧みに泳ぐ。足の色は黄緑色で、繁殖期にはより鮮やかになる。類似種のバン（p84）は額板と嘴が赤い。

観察してみよう

それぞれの指に水かき

水かきはカモ類などとは異なり、幅広い指のそれぞれにひれ状についている（弁足(べんそく)）。大きな水かきのあるカモ類には泳ぎこそ一歩劣るものの、比較的上手に泳ぎ、水辺を歩くことでは本種のほうが得意。

ツル目クイナ科ヒメクイナ属

ヒクイナ【緋水鶏】

Zapornia fusca / Ruddy-breasted Crake　●全長23cm／夏鳥・留鳥

鳴き声

燃えるように赤い

顔から胸にかけて、火のように赤いクイナ類。亜種ヒクイナは夏鳥として九州以北に渡来し、本州中部以南では越冬する個体もいる。南西諸島には、亜種リュウキュウヒクイナが留鳥として分布する。東日本では個体数の減少が著しい。水田、湖沼、湿地などに生息し、明るい場所に出てくることは少なく、ヨシ原の縁などを歩きながら昆虫類を捕食する。「コッ、コッ、コッ……」と連続して鳴き、徐々に早口になる。この特徴的な鳴き声は「クイナの戸たたき」と呼ばれ、古くから親しまれてきた。雌雄同色。頭頂から後頸、体上面は一様に緑色がかった褐色で、顔から胸は赤い。下腹から下尾筒は白黒の横縞模様になっている。嘴は黒く、足と虹彩は赤い。クイナ(p82)は嘴が赤く、顔は灰色。

観察してみよう

ヨシの中から現れる

クイナ類の多くはヨシ原の中で生活しているため、姿を見ることが難しい。ただヨシ原の際を見てみると、写真のように浅瀬状になっている個所があり、クイナ類が歩いて出てくる可能性が高い。

ツル目クイナ科シロハラクイナ属

シロハラクイナ 【白腹水鶏】

Amaurornis phoenicurus / White-breasted Waterhen　● 全長32cm ／ 留鳥

腹も白いが顔も白いクイナ

その名のとおり、白い腹が目立つクイナの仲間。奄美諸島と琉球諸島に留鳥として分布するが、近年、九州、四国、本州でも確認され、分布域を北に広げつつある。河川、水田、マングローブ林など主に水辺に生息するが、畑地や草地など乾いた環境を好む傾向がある。道路上にも出てくるため、車にひかれた個体を目にすることもある。「コッ、コッ」や「コロコロ、クワックワッ」などと鳴く。雌雄同色。頭頂から体上面はやや光沢のある黒色で、顔から腹までの体下面は白色で目立ち、下尾筒は鮮やかな橙色。嘴は黄色で基部は赤く、虹彩は黒ずんだ赤。足は長く、黄緑色。類似種のバン(p84)は腹が黒い。

観察してみよう
鮮やかな橙色の下尾筒

比較的明るい場所に出てくるが、警戒心は強い。危険を察知すると尾を上げた独特のポーズをして、素早く生い茂るやぶに逃げ込んでしまう。このとき後ろ姿を見ることになるため、下尾筒の鮮やかな橙色を観察できる。

ツル目ツル科ソデグロヅル属

ソデグロヅル【袖黒鶴】

Leucogeranus leucogeranus / Siberian Crane ●全長135cm／迷鳥

地鳴き

全身白いが
初列風切は黒い。
成鳥
裸出部は赤い。
嘴は長め。
幼鳥
全体に褐色。

翼の黒い袖が目立つ

初列風切が黒い大形のツル類。まれな迷鳥として北海道、本州、九州などで記録がある。種全体の推定個体数は3000羽ほどの希少種。畑地、水田、休耕田などに生息する。雌雄同色で、成鳥は静止時にほぼ全身が白く見え、飛翔時など羽を広げると黒い初列風切が目立つ。これが和名の由来で、初列風切が黒いツル類ははほかにもいるものの、全身が白くて初列風切が黒いのは本種だけである。目の周囲から前頭にかけて赤い皮膚が裸出する。嘴は赤みがあって長く、虹彩は黄色。幼鳥は全身が褐色で加齢とともに白色部が増え、顔に赤みが出てくる。

考えてみよう
越冬地の開発問題

中国の揚子江中流域の巨大な湖、ポーヤン湖周辺で、ほぼすべての個体数にあたる約3000羽が越冬している。経済発展に伴う周辺地域の環境悪化によって個体数が減少するのではないかと懸念されている。

ツル目ツル科マナヅル属

カナダヅル【カナダ鶴】

Antigone canadensis / Sandhill Crane ●全長95cm／冬鳥・迷鳥

地鳴き

成鳥
裸出部は赤い。
ほぼ全身が灰色。
褐色の羽が混じる。
黒い。
幼鳥
前頭の赤は淡い。

青みがかった灰色の小形のツル

前頭の裸出部が赤く、ハート形の小形のツル類。まれな迷鳥として全国に記録があるが、鹿児島県出水平野には毎年数羽が定期的に渡来しマナヅル(p90)、ナベヅル(p94)に混じって越冬している。農耕地で穀類のほか、昆虫、カエルなどの小動物を捕食する。北方へ渡る前の2月中旬には数羽が集まって、舞うような求愛ダンスを見せることもある。国内に渡来するツル類で最も小さい部類に入る。雌雄同色で、成鳥はほぼ全身が灰色だが、色の濃さには個体差があり、灰色みの強い個体や青みの強い個体、ほおが白っぽく見える個体もいる。風切が黒いため、飛翔時は雨覆とのコントラストがはっきりする。嘴と足は黒い。幼鳥の前頭は淡い赤。

探し方

カナダヅルは小形なので、越冬地では大形のツル類に隠れてしまう。早朝の給餌の時間帯はツルたちが密集して発見が困難なので、給餌後、ツルが分散してから探すのがよい。

観察してみよう ハートをもつ鳥

キジ(p65)のオスの頭部にも、ハートを横にしたような形の赤い裸出部がある。ホシムクドリ(p323)の冬羽の体下面に散在する白く小さな斑もハート形に見える。

ツル目ツル科マナヅル属

マナヅル【真鶴】

Antigone vipio / White-naped Crane

●全長127cm／冬鳥

鳴き声

ツルらしい姿のツル

漢字名の「真鶴」が示すように、真にツルらしい姿のツルとされたのが和名の由来。冬鳥として鹿児島県出水平野（いずみへいや）に毎年渡来するが、ほかの地域ではまれ。全世界における推定個体数は約6500羽で、その半数にあたる約3000羽が出水平野で越冬する。農耕地で穀類のほか、昆虫、カエルなどの小動物を捕食し、出水平野では小麦、イワシなども給餌される。雌雄同色で、目先は黒く、目の周囲は赤い皮膚が裸出する。頭頂から喉、後頸は白く、前頸から体下面は濃い灰色。雨覆、三列風切が灰色のため、黒い初列風切、次列風切が飛翔時に目立つ。幼鳥は頭頂に褐色の羽毛があり、顔の模様が不明瞭で、目の周囲は赤くない。

探し方

越冬地のツルのほとんどがナベヅル(p94)とマナヅル。マナヅルは雨覆と風切に色の差があり、コントラストがはっきりするので、飛翔時は容易に見つけることができる。

観察してみよう 親子で行動する

越冬地の群れは家族群の集合体で、給餌の後は3〜4羽程度の小群に分散する。成鳥と幼鳥が、親子らしく寄りそうように行動しているのがわかる。

もっと知りたい!

地球上の半数が日本で越冬するマナヅル

鹿児島県にある出水(いずみ)平野(へいや)は、世界最大のツルの越冬地として知られ、毎冬数万羽のツルたちが越冬に訪れる。早朝には給餌が行われ、餌を求めてやってきたツルたちでごった返す。

北帰行直前の2月中旬には、雌雄の求愛行動が見られることもある。

日中になると群れは次第に解消し、基本的には親子単位の小群で行動する。

足をとめ、首を立てて直立する姿勢は飛び立ちの合図。

夕方、ねぐらにしている水を張った水田に飛んでくる群れ。

親鳥に先導されるかのように、最後尾を飛翔する幼鳥。

ツル目ツル科クロヅル属

タンチョウ【丹頂】

Grus japonensis / Red-crowned Crane

●全長145cm／留鳥

鳴き声

北海道を象徴するツル

日本最大で、北海道を象徴するツル類。アイヌ語でサロルンカムイ（湿原の神）と呼ばれる。北海道東部に留鳥として生息し、それ以外の地域ではまれ。釧路湿原や根室（ねむろ）地方、十勝地方などの湿地で繁殖するが、河川敷や牧場で見かけることもある。冬季は北海道内各地で越冬し、サンクチュアリと呼ばれる保護施設周辺にも集まって越冬する。「丹」は古語で赤を意味し、頭頂に赤い皮膚が裸出するのが和名の由来。雌雄同色で全身が白く、目先から首の下部にかけて黒い。尾羽も黒いように見えるが、黒いのは三列風切と次列風切。尾羽は白く、飛翔時に目立つ。幼鳥は頭部から首が褐色で、次列風切や三列風切に褐色みがある。

観察してみよう

鳴き交わしと求愛

オスが「クォーン」と長く1回鳴いたあとに、メスが短く「カッカッ」と繰り返し鳴き交わしてなわばりを主張し、つがいを維持する。厳冬期には雌雄が向かい合って飛び跳ねる、求愛ダンスも頻繁に見られる。

ツル目ツル科クロヅル属

クロヅル【黒鶴】

Grus grus / Common Crane

全長115cm／冬鳥・迷鳥

名前は黒でも全体に灰色

和名からは真っ黒な姿を想像するが、実際には灰色っぽいツル類。まれな迷鳥だが、鹿児島県出水平野(いずみへいや)には毎年数羽が渡来、越冬している。水田、農耕地、草地などで、穀類、昆虫、カエルなどを捕食する。雌雄同色で、成鳥は頭頂がわずかに赤く、額から後頭、目先から前頸が黒い。ここだけ見ると、タンチョウ(p92)のようにも見える。目の後ろから後頸は白く、それ以外は全体に灰色で、褐色の羽毛が混じる個体もいる。飛翔時は風切の黒が目立つ。嘴は黄色く、足は黒い。幼鳥はほぼ全身が褐色みのある淡い灰色で、成鳥より明るく見え、顔の模様は不明瞭。類似種のナベヅル(p94)は目の上の赤い斑が目立ち、首は白い。

観察してみよう　ナベクロヅル

本種とナベヅルが交雑(こうざつ)することがあり、生まれた個体は「ナベクロヅル」の通称で呼ばれる。ナベクロヅルとナベヅルのつがいが、幼鳥とともに渡来していることも確認されている。

ツル目ツル科クロヅル属

ナベヅル【鍋鶴】

Grus monacha / Hooded Crane

●全長100cm／冬鳥

鳴き声

最も渡来数の多いツル

国内に最も多く渡来するツル類。種全体の推定個体数は約12000羽で、その約9割が鹿児島県出水平野（いずみへいや）で越冬する。ほかに山口県周南市（しゅうなんし）にも渡来するが、それ以外の地域ではまれ。種小名*monacha*はラテン語で「修道士」の意で、頭部から首にかけて、修道士がかぶっていたフードに見えることに由来する。農耕地で穀類のほか、昆虫、カエルなどの小動物を捕食し、出水平野では小麦、イワシなども給餌される。雌雄同色で額から目先は黒く、目の上には赤斑がある。頭部から首は白く、体は濃い灰色。幼鳥は頭部から首に褐色みがあり、目の上の赤斑はない。クロヅルとの交雑（こうざつ）個体、通称ナベクロヅル（p93）が毎年記録されている。

? 考えてみよう

集中し過ぎるのは危険

全世界のナベヅルの、約9割が出水で越冬する状況は好ましくなく、実際に鳥インフルエンザで、1シーズンに1500羽ほどが死んでいる。そのため、関係団体や研究者が越冬地を分散させるべく努力しているが、道半ばである。

カイツブリ目カイツブリ科カイツブリ属

カイツブリ【鳰】

Tachybaptus ruficollis / Little Grebe

● 全長 26 cm ／夏鳥・留鳥

浮き巣で子育てする潜水名人

日本最小で最も身近なカイツブリ類。都市公園の池でも繁殖する。留鳥として本州中部以南に分布するが、東北北部から北海道では夏鳥。植物の葉や茎を組み合わせた浮き巣を、ヨシの間や水面に垂れる枝などにつくって繁殖する。「浮き巣」には天敵が近づきにくく、水位の変化にも強い。巧みに潜水して魚類や甲殻類を捕食する。雌雄同色。夏羽は嘴が黒く、嘴基部に黄色い斑がある。額から後頸は黒く、ほおから前頸は黒ずんだ赤。体上面は黒く、体下面は褐色。虹彩は淡い黄色。冬羽は全身黄色みのある褐色で、頭頂と体上面は色が濃い。嘴は赤みがあり上部が黒い。類似種のミミカイツブリ(p98)やハジロカイツブリ(p99)の虹彩は赤い。

観察してみよう
背中に乗せて子育て

ひなはふ化してすぐに水に浮かび、泳ぐことができるが、何かあるとすぐに親鳥の背中に逃げ込む。都市公園などでも、親鳥がひなを背中に乗せて移動する子育ての微笑ましい光景を見ることができる。

 小さな体に似合わず「キュルルルルル……」という声量のある声を出す。

カイツブリ目カイツブリ科カンムリカイツブリ属

アカエリカイツブリ【赤襟鳰】

Podiceps grisegena / Red-necked Grebe

●全長47cm／冬鳥

鳴き声

襟が赤橙色の大形カイツブリ

その名のとおり、夏羽で首が赤くなる大形のカイツブリ類。北海道北部の湖沼で局地的に繁殖し、本州以南では冬鳥として渡来する。冬季はほぼ海水域に生息し、漁港でも見られるが、外洋を航行する船舶から観察できることもある。雌雄同色で、夏羽は頭頂と体上面が黒く、ほおは淡い灰色、首と胸の赤橙色が目立つ。黄色い嘴はやや長く、先端は黒い。冬羽は頭部から体上面は褐色みを帯び、ほおから前頸、体下面は淡い灰色。首が長く大形のため、アビ類と間違いやすいが、飛翔時、次列風切が白いことで見わけることができる。類似種のカンムリカイツブリ（p97）の夏羽は首が白く、冬羽は嘴がピンク色。

観察してみよう

体を伸ばす求愛行動

繁殖期になると雌雄は「ケレケレケレ……」や「アー、アー」などと鳴き交わしながら泳ぎ回り、徐々にお互いの距離を縮めていく。接近するとお互いに首を伸ばして向かい合い、体を縦に伸ばすような求愛行動を行う。

カイツブリ目カイツブリ科カンムリカイツブリ属

カンムリカイツブリ【冠鸊】

Podiceps cristatus / Great Crested Grebe ●全長56cm／冬鳥

鳴き声

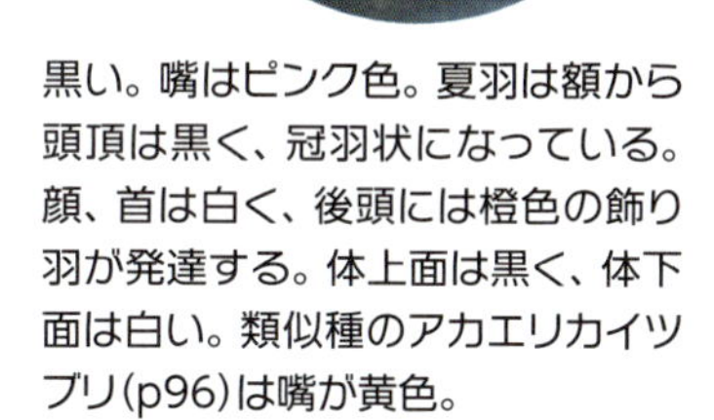

冠羽のある大形カイツブリ

日本最大で、最も首が長いカイツブリ類。主に冬鳥として九州以北に渡来するが、青森県、茨城県、滋賀県などの湖沼で繁殖が確認されている。繁殖期は湖沼、湿地帯に生息するが、冬季は湖沼、河川、海上、漁港などさまざまな環境で見られ、数十羽から百羽ほどの群れを形成することもある。雌雄同色で、冬羽は飾り羽がなく、顔から前頸、体下面は白く、頭頂から後頸、体上面は黒い。嘴はピンク色。夏羽は額から頭頂は黒く、冠羽状になっている。顔、首は白く、後頭には橙色の飾り羽が発達する。体上面は黒く、体下面は白い。類似種のアカエリカイツブリ(p96)は嘴が黄色。

観察してみよう

独特の姿勢で休む

水鳥の多くは日中に海上でプカプカ浮いて休んでいることが多いが、中でもカンムリカイツブリは長い首を器用にたたんで、まるで胴体の上に頭が乗ったかのような独特の姿勢で浮いていることが多い。

カイツブリ目カイツブリ科カンムリカイツブリ属

ミミカイツブリ【耳鳰】

Podiceps auritus / Horned Grebe

●全長33cm／冬鳥

耳のある? カイツブリ

小形のカイツブリ類。夏羽の黄色い飾り羽が耳のように見えることが和名の由来。冬鳥として九州以北に渡来し、沿岸や漁港など海水域に生息する。類似種のハジロカイツブリ(p99)とは異なり、群れになることはほとんどない。雌雄同色で、冬羽は頭部がベレー帽状に黒く、ほおから首、体下面が白いため、頭部とほおの白黒の境界線がはっきりして見える。虹彩は赤く、嘴基部と赤い線でつながっている。夏羽は頭部と体上面が黒く、目の後ろには黄色の飾り羽があり目立つ。首から脇は赤みのある褐色で腹は白い。類似種のハジロカイツブリは嘴がやや上に反り、首が太く短く、冬羽は頭部とほおの境界線がはっきりしない点が異なる。

観察してみよう

足に注目！

カイツブリ類は足の位置と形状が潜水することに適している。足は体の後方に位置し、足指は幅広く、水を効率よくかくことができ、大きな推進力を得ることができる(弁足)。ただ、地上で直立することは苦手。漁港などで観察する際には足のつくりを観察しよう。

カイツブリ目カイツブリ科カンムリカイツブリ属

ハジロカイツブリ【羽白鳰】

Podiceps nigricollis / Black-necked Grebe ●全長31cm／冬鳥

鳴き声

群れるカイツブリ

夏羽の金色の飾り羽が美しい小形のカイツブリ類。冬鳥として九州以北に渡来し、湖沼や河川など主に淡水域に生息するが、漁港や湾内など波が高く立たないような場所であれば海水域でも見られる。次列風切が白いことが和名の由来で、飛翔時に目立つ。雌雄同色で、虹彩は赤く、嘴がやや上に反っている。冬羽は頭部から脇、体上面にかけて黒い。ほおは白く、頭部の黒との境界線がぼやける。体下面は白い。夏羽は頭部から胸、体上面が黒く、目の後方には金色の飾り羽がある。脇は黒ずんだ赤で、腹は白い。類似種のミミカイツブリ(p98)の冬羽は、首が細長くて白っぽく、頭部とほおの境界線がはっきりしている。

観察してみよう
群れで行動する

類似種のミミカイツブリは単独で見られる機会が多いが、本種は群れで見られることが多い。春先には密集したような、かたまり状の群れを形成し、一斉に潜水し、一斉に浮上する行動を繰り返しながら移動する。

チドリ目ミフウズラ科ミフウズラ属

ミフウズラ【三斑鶉】

Turnix suscitator / Barred Buttonquail

●全長14cm／留鳥

オスの鳴き声

一妻多夫の、ウズラのような鳥

虹彩が白いので、びっくりした顔のように見えるユニークな鳥。留鳥として南西諸島に分布し、サトウキビ畑や草地、畑地など乾燥した環境を好む。タマシギ(p113)と同じように一妻多夫で繁殖し、オスが子育てする。個体数が減少傾向にある。尾羽が短く、ウズラのようにずんぐりした体型で、沖縄方言ではウジラーと呼ばれる。足指が3本なのでミフ(三歩)とも呼ばれ、和名の由来となった。オスは頭頂から体上面が赤みのある褐色で、白い縦斑がある。顔から胸、雨覆に黄色みがあり、顔には黒斑、胸には黒い横斑が入る。メスはオスよりも大きく、喉が黒い。顔から胸は白っぽく、黒斑がある。雌雄ともに嘴と足は鉛色。

観察してみよう

3歩進んで2歩下がる?

繁殖期にはメスが「ブー、ブー」と鳴く。オスはメスの後をついて歩き、数歩前進しては数歩戻る行動をする。営巣から抱卵、子育てまでオスが行い、雌雄の役割が多くの種と逆転している。写真はオス。

ミヤコドリ【都鳥】

Haematopus ostralegus / Eurasian Oystercatcher

全長45cm／冬鳥・旅鳥

鳴き声

にんじんのような嘴

にんじんをくわえたような赤い嘴がユニークな鳥。「にんじん」の愛称で呼び親しまれている。旅鳥または冬鳥として全国で記録がある。東京湾周辺では越冬個体が増え、数百羽の大群が見られるほか、越夏個体も増えている。干潟、海岸、河口などに生息する。英名の「Oystercatcher」は、かきなどの二枚貝を食べる習性に由来している。和名の由来については諸説あり、日本の古典文学に「都鳥(みやこどり)」が登場するが、これはユリカモメ(p151)であるという説が有力。雌雄同色で頭部から胸、体上面は黒く、腰から上尾筒、体下面は白い。嘴は長くまっすぐで、虹彩は赤く、足は肉色。尾羽は白いが先端は黒い。飛翔時は白い翼帯が目立つ。

観察してみよう
二枚貝に適した嘴

にんじんのように見える橙赤色のまっすぐで長い嘴は、上下に平たくて先が鋭い構造になっている。わずかに口を開けた貝を探し出しては素早く嘴を差し込み、貝柱を切断して殻を開け、中身を食べる。

飛び立つときなどに「ピリーッ」と鳴く。

チドリ目セイタカシギ科セイタカシギ属

セイタカシギ【背高鷸】

Himantopus himantopus / Black-winged Stilt ●全長37cm／留鳥・旅鳥

オスの鳴き声

足が長くてスマートなシギ

とても長い足が特徴のシギ類で、それが和名の由来となっている。旅鳥として春と秋の渡り期に全国に渡来するが、東京湾、三河湾周辺では繁殖し、周年見られる留鳥。河口、湖沼、水田などに生息し、昆虫、甲殻類、魚類などを捕食する。足がとても長いことから、より深い場所で採食することが可能。雌雄ほぼ同色で、細く黒く鋭い嘴と、赤い虹彩、長く赤い足が特徴。オスの夏羽は体上面が光沢のある黒でそれ以外は白いが、後頭から後頸が黒い個体もいる。メスの体上面は褐色で、頭部は白や灰色がかった個体がいる。雌雄とも冬羽では足がピンク色。幼鳥は頭頂から後頸、体上面が褐色で淡色羽縁がある。

観察してみよう
独特な飛翔形

飛翔形が独特で、赤く長い足を棒のようにまっすぐぴんと後方に伸ばした状態で飛翔する。飛翔時には体上面と尾羽の白が目立つ。立ち姿も飛んでいる姿もスマートで美しい。

「キッキッキッ」と鋭い声で鳴く。

ソリハシセイタカシギ【反嘴背高鷸】

Recurvirostra avosetta / Pied Avocet

●全長43cm／冬鳥・旅鳥

地鳴き

嘴の反ったセイタカシギ

嘴が細長く、先端が跳ね上がるように上方へ反っている大形のシギ類。和名が長いからか、英名の「アボセット」で呼ばれることがある。まれな旅鳥または冬鳥として各地に記録があるが、ほとんど単独で記録される。湖沼、干潟、砂浜、河口などに生息し、セイタカシギ（p102）と同じように長い足を活かし、体が水面についてしまうほど水深のある場所でも行動する。特徴的な嘴を左右に振りながら獲物を探し、採食する。雌雄同色で、特徴的な嘴はほかに類がない。全体的にモノトーンで、顔の上半分から後頸、肩羽、雨覆の一部、初列風切が黒く、そのほかは全身が白い。足は長く、青みのある明るい灰色。幼鳥は頭部や体上面の黒色部が褐色みを帯びる。

観察してみよう

採食行動を見よう

嘴を浅瀬の水や泥に入れて、頭を左右に振りながら歩き、甲殻類、魚類などを採食する。採食行動を観察することで、上方へ反った嘴の形状にどのような役割があるかを、知ることができる。

チドリ目チドリ科タゲリ属

タゲリ【田鳧】

Vanellus vanellus / Northern Lapwing

● 全長32cm ／冬鳥・旅鳥

地鳴き

歌舞伎役者のような姿と子猫のような声

歌舞伎役者の隈取りのような顔と、まげのように長い冠羽が特徴のチドリ類。本州以南に冬鳥として渡来するが、北陸地方では繁殖記録がある。東北北部や北海道ではまれな旅鳥。農耕地、水田、草地、畑地など見通しのよい開けた場所に群れていることが多く、比較的乾いた環境を好む。飛翔時は翼の先端が丸く見え、ふわふわとした独特の羽ばたきをする。雌雄ほぼ同色で、黒く長い冠羽が目立つ。冬羽では顔から喉が白く、頭頂と目の周囲、胸が黒い。体上面は緑色で青や紫色の光沢がある。体下面は白く、下尾筒は橙色。メスは黒色部に褐色みがあり、冠羽が短い。夏羽では顔がより白くなり、喉が黒い。

観察してみよう
タゲリの千鳥足

数歩歩いてはすっと立ちどまり、足で地面を細かくたたくような動作をしながら昆虫を捕食する。方向を突然変えるなど、チドリ科らしい千鳥足を見せる。

聴いてみよう
子猫のような声

飛び立つとき、子猫のように「ミュー」と鳴く。

チドリ目チドリ科タゲリ属

ケリ【鳧】

Vanellus cinereus / Grey-headed Lapwing

●全長 36cm ／留鳥

警戒声

飛ぶと翼が目立つ

地上では目立たないが、飛翔時はとても目立つ鳥。留鳥として近畿地方以北に分布するが、北日本に生息する個体は冬季に暖地へ移動する。繁殖は局地的。水田、畑地、草地など開けた場所に生息し、比較的乾いた環境を好む。鳴き声が「ケリッ」と聞こえることが和名の由来。雌雄同色。頭部から首、胸上部が青みのある灰色で、頭巾をかぶったように見える。体上面は褐色で、体下面は白く、胸には黒斑がある。嘴は黄色で先端が黒く、足は黄色く長い。虹彩は赤く、黄色のアイリングがある。尾羽は白く、先端は黒い。飛翔時は初列風切と雨覆の黒と次列風切の白のコントラストが明瞭で目立つ。

観察してみよう

けんかっ早い鳥

特に繁殖期には、巣に近づく天敵やときには人間に対しても、けたたましく鳴きながら周囲を飛び回ったり、足で攻撃を加えたりするなど、とにかくけんかっ早く、攻撃的。飛翔時には「キキッ」という鋭い声を発する。

チドリ目チドリ科ムナグロ属

ムナグロ【胸黒】

Pluvialis fulva / Pacific Golden Plover

●全長24cm／旅鳥

鳴き声

胸が黒く、体上面が黄色みを帯びるチドリ類

夏羽の黒い胸が美しい大形チドリ類。主に旅鳥として春と秋の渡り期に全国に渡来し、特に春は数百羽の群れで見られる。関東地方以西では少数が越冬し、南西諸島や小笠原諸島では越冬個体数が多い。干潟や海岸で見られることはまれで、水田、畑地、草地などに生息し、乾いた場所を好む傾向がある。雌雄同色で、夏羽は顔から胸、腹までが黒く、それを縁取るように額から続く白い帯状の模様がある。頭頂から体上面は黄色みを帯びた褐色で、白と黒の斑模様になっている。冬羽は体上面の黄色みがなくなり、顔から胸は褐色、体下面は汚白色。幼鳥は冬羽に似るが、黄色みが強い。類似種のダイゼン(p107)は体上面に黄色みがない。

観察してみよう
シギチはじっくり観察

春と秋の渡り期にはいろいろなシギ・チドリ類が混在していることが多く、特に秋は識別が難しい幼鳥が混じっていることが多いので、1羽1羽じっくり観察するように心がけたい。写真は冬羽に換羽中の個体。

 飛翔時「ピューイ」や「ピュイヨ」というよく響く声で鳴く。

ダイゼン【大膳】

Pluvialis squatarola / Grey Plover

全長29cm／冬鳥・旅鳥

体上面はモノトーン

干潟で見られる大形のチドリ類。旅鳥として春と秋の渡り期に各地に渡来するが、関東地方以西では越冬する個体もいる。主に干潟を歩き回りながら、ゴカイや甲殻類、貝類などを捕食する。水田などの淡水域で見られることはまれ。かつて、この鳥を宮中で料理にしていたことが和名の由来という。雌雄同色で、夏羽は顔から胸、腹までが黒い。頭頂から体上面は白く、白黒の斑模様になっている。下尾筒は白く、嘴と足は黒い。冬羽は体上面の灰色みが強く、白斑がある。体下面は白く、胸に不明瞭な褐色の斑がある。幼鳥は体上面の白斑が明瞭で、胸から腹には褐色の縦斑がある。類似種のムナグロ(p106)は小さく、嘴が細い。

観察してみよう
究極の千鳥足

急に走り出したり、急に立ちどまったり、急に振り返るようにフェイントをかけたりと、究極の千鳥足で獲物を急襲し、採食する。この行動を見れば、チドリ類が目視で獲物を探し、捕食することがわかる。

尻上がりに「ピューイー」と鳴く。

チドリ目チドリ科チドリ属

イカルチドリ【桑鳲千鳥】

Charadrius placidus / Long-billed Plover　●全長21cm／留鳥

嘴が長めのチドリ

嘴が長く、スマートな体型のチドリ類。留鳥として九州以北に分布する。東北地方以北では夏鳥として渡来し、冬季は暖地に移動する個体もいる。南西諸島では冬鳥。砂利の多い河原のような環境を好み、歩きながら昆虫類、節足動物などを捕食する。雌雄同色。夏羽は頭頂が褐色で、顔は白黒模様。過眼線や黄色のアイリングは淡く、類似種のコチドリ(p109)ほど目立たない。前頭は黒く、胸から後頸に続く細いリング状の黒線がある。体上面は褐色で、体下面は白い。嘴は黒く長めで、足は黄色。冬羽では顔の黒色部が淡くなる。類似種のコチドリは金色のアイリングが目立つ。ハジロコチドリは胸の黒斑が太い。

観察してみよう
石に擬態（ぎたい）

河川上流域の石がごろごろしている環境に、小石を集めただけの簡素な巣をつくる。卵もひなも、周囲に転がっている石の模様にそっくりで、隠蔽色になっているため、天敵に見つかりにくい。

 繁殖期には「ピォピォ、ピッピッピッ」と盛んに鳴く。

チドリ目チドリ科チドリ属

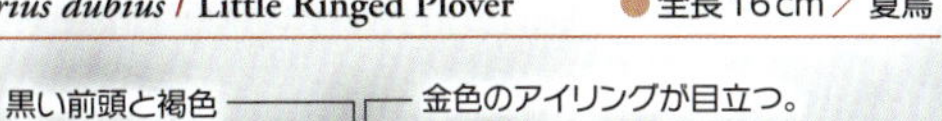

コチドリ【小千鳥】

Charadrius dubius / Little Ringed Plover

全長16cm／夏鳥

鳴き声

黒い前頭と褐色の頭頂の間に白い線がある。

金色のアイリングが目立つ。

太いリング状の黒線。

嘴は黒く短め。

夏羽

幼鳥

足は橙黄色。

金色のアイリングが目立つ

日本最小のチドリ類で、それが和名の由来。夏鳥として九州以北に渡来し、本州中部以西では少数が越冬する。南西諸島では冬鳥。水田や河川付近など、主に淡水域の水辺に生息し、砂れき地や埋立地の地上に営巣する。住宅地の空き地に営巣することもある。主に地上を歩きながら昆虫類を捕食する。雌雄同色で、夏羽は頭頂が褐色、前頭は黒く、間に白線がある。顔は白黒模様で、金色のアイリングが目立つ。嘴は黒く短め。体上面は褐色で体下面は白い。胸から後頸に続くリング状の黒線があり、太め。足は橙黄色。冬羽はアイリングが不明瞭になり、黒い部分の色が淡くなる。幼鳥はアイリングが不明瞭で、黒い部分は褐色みが強い。

観察してみよう

擬傷行動（ぎしょうこうどう）

巣立ったひなを連れているときなどに天敵が近づくと、親鳥はひなを守るために、自らが傷ついているかのように、天敵の注意をひきつける擬傷行動を見せる。ひなから天敵を十分に引き離すと、ぱっと飛び去る。

繁殖期には飛翔しながら「ピォ、ピォ」と甲高い声で連続的に鳴く。

チドリ目チドリ科チドリ属

シロチドリ【白千鳥】

Charadrius alexandrinus / Kentish Plover

全長17cm／留鳥・漂鳥

鳴き声

頭でっかちのチドリ

頭が大きく、アンバランスに見えるチドリ類。留鳥として全国に分布するが、北日本に生息する多くの個体は冬季暖地に移動する。干潟や河口などに生息し、砂浜を好む傾向がある。非繁殖期は数羽の群れで見られることがある。動物食で、ゴカイや昆虫などを捕食する。オスの夏羽は眉斑が白く、過眼線は黒い。頭頂から後頭は橙色で、前頭は黒い。胸の黒い線は通常中央で離れているが、つながっている個体もいる。オスの冬羽とメスは、頭頂が褐色で前頭の黒斑はなく、過眼線や胸の黒線も褐色で、識別が難しい。雌雄とも足は黒みを帯びた肉色。幼鳥は体上面に淡色羽縁がある。足は肉色だが、黒い個体もいる。

観察してみよう
ぺたっと伏せる

砂浜に腹をつけたり、窪みにはまり込むようになったりするなど、ぺたっと伏せた姿勢で休息することが多い。見事な隠蔽色なので、気づかずに近づき、飛ばしてしまうことがある。

 「ポイ」「ピュル」「ギュリリリリ」などと鳴く。

メダイチドリ【目大千鳥】

Charadrius mongolus / Siberian Sand Plover ●全長20cm／旅鳥

鳴き声

目は特に大きくない

夏羽の胸の橙色が鮮やかなチドリ類。春と秋の渡り期に全国に渡来する旅鳥だが、本州中部以西では越冬する個体も多い。干潟、砂浜、河口などを好む。「目大千鳥」の名からは目が大きいことを連想するが、特に大きくはない。雌雄ほぼ同色で、オスの夏羽では額が白く、過眼線は黒い。後頭から後頸、胸は橙色。体上面は褐色で、体下面は白い。メスの夏羽では黒色部が褐色みを帯び、橙色部は色が鈍い。冬羽は額、眉斑、喉、体下面が白く、それ以外は褐色になる。雌雄とも嘴は黒色で、太く短め。足は暗い緑褐色から黒まで個体差が大きい。幼鳥は目先や胸に黄色みがあり、体上面に淡色羽縁がある。

観察してみよう

ゴカイを引っ張り出す

ゴカイが大好物で、干潟を歩き回っては土中のゴカイを嘴で引っ張り出して食べる。ゴカイはゴムひものように伸び、まるで綱引きをしているようだ。ゴカイを嘴にぶら下げた状態で、嬉しそうに歩き回る姿が見られる。

チドリ目チドリ科チドリ属

オオチドリ【大千鳥】

Charadrius veredus / Oriental Plover

全長22.5cm／旅鳥

先島諸島に春を告げる渡り鳥

足が長くスマートな印象の大形のチドリ類。まれな旅鳥として西日本で記録が多く、先島諸島では春の渡り期に小群で観察されることもある。チドリ類だが、干潟や水田などの水場は好まず、草地や牧草地、畑など、比較的乾いた場所を好む傾向が強く、春の与那国島ではムナグロ(p106)の群れに混じっていることも多い。オス夏羽は頭部が白っぽく、純白に近い個体もいる。胸は橙色で腹との境界線が黒い。体上面は褐色で体下面は白い。足は長く黄色みを帯びる。メスは頭部から胸は淡い褐色で胸はやや橙色みがかり、腹との境界線は黒くない。主に地面にいる昆虫類を歩きながら探して捕食し、立ちどまるとすっと体を立てた姿勢をとる。

観察してみよう

さまざまな羽色の個体を見る

渡り期の離島は、渡り鳥たちの中継地のため、次から次に渡り鳥たちが渡ってくる。そのためタイミングが合えば、夏羽のオス、色味が薄いメス、幼鳥、換羽中の個体など、さまざまな羽色の個体が見られる可能性がある。写真は換羽中の個体。

チドリ目タマシギ科タマシギ属

タマシギ【珠鷸】

Rostratula benghalensis / Greater Painted-snipe

● 全長24cm ／ 留鳥・漂鳥

全体に地味で、目の周囲の勾玉模様は黄色みを帯びる。

雌雄の役割が逆の一妻多夫の鳥

鳥類では珍しく一妻多夫で繁殖する鳥。留鳥または漂鳥として東北地方以南の水田や湿地で繁殖。冬季は暖地に移動し、小群を形成して越冬する。主に水生昆虫などを捕食する。和名は、目の周りの模様が勾玉(まがたま)に見えることに由来する説、オスに子育てさせる習性から、男を手玉に取ることに由来する説などがある。さえずるのはオスではなくメスで、繁殖期に「コオ、コオ」とさえずる。オスは顔から首にかけて灰色みがある褐色で、体上面は褐色で黄色の丸斑模様がある。メスは顔から胸にかけてレンガ色で、体上面はこげ茶色。雌雄ともに黄色みのある白い頭央線があり、目の周囲の勾玉模様は、オスは黄色みがあり、メスは白い。

おもしろい生態

一妻多夫で繁殖

オスがつくった巣に卵を産んだメスは、今度は別のオスとつがいになる。複数のオスとつがいになることにより、確実に子孫を残す戦略と考えられている。オスは営巣から抱卵、子育てまでする。多くの鳥類と異なり、雌雄の役割が逆転している。

チドリ目レンカク科レンカク属

レンカク【蓮角】

Hydrophasianus chirurgus / Pheasant-tailed Jacana

●全長55cm／冬鳥・旅鳥

長い足指と尾羽が特徴

足指と尾羽がとても長いのが特徴の水鳥。まれな旅鳥または冬鳥として全国で記録があるが、南西諸島ではほぼ毎年記録されるようになり、越冬例もある。水田、ハス田、湿地などに生息し、植物の根や昆虫類、魚類などを食べる雑食性。翼角(よくかく)に角質の突起があるのが和名の由来。雌雄ほぼ同色だが、メスのほうが羽色がやや濃い。夏羽は頭部から前頸が白く、後頸は黒い縁取りのある黄金色。背はこげ茶色で体下面は黒い。特徴的な長い尾羽は中央4枚がとても長い。冬羽では尾羽が短くなり、頭頂から尾羽にかけて褐色。黒い過眼線が首の脇をとおって胸まで伸びる。足指と爪は前後ともとても長く、水上での行動に適している。

観察してみよう
すいとんの術?

本州では夏の記録が多く、すっかり伸びきった葉が生い茂るハス田で見られることが多い。長い足指と爪をかんじきのように利用して体重を分散させ、ハスの葉の上を器用に歩く。まるで忍者のすいとんの術のようだ。

チドリ目シギ科ダイシャクシギ属

チュウシャクシギ【中杓鷸】

Numenius phaeopus / Whimbrel

● 全長42cm／旅鳥

鳴き声

田植えの頃にやってくる中形のシギ

水田に群れ、春を告げる中形のシギ類。旅鳥として春と秋の渡り期に見られるが、特に春に多く、数百羽の群れになることもある。南西諸島では越冬する個体もいる。干潟などの海水域、水田などの淡水域の両方で見られ、ゴカイやカニを捕食するほか、草地で昆虫類を捕食することもある。杓(しゃく)のように長い嘴がダイシャクシギ(p117)よりも短く、コシャクシギよりも長いのが和名の由来。雌雄同色で、下に湾曲した嘴は頭長の2倍ほどの長さがある。眉斑と頭央線は白く、過眼線は茶色い。ほぼ全身が褐色で首には茶色の縦斑があり、体上面には茶色の軸斑が並ぶ。体下面は白く、脇から下尾筒に褐色の横斑がある。飛翔時は腰の白色部が目立つ。

観察してみよう

大群になる

関東地方では4月下旬から個体数が増えはじめ、さながら春を告げるシギ類の代表種といえる。田植えを迎えた水田では数十羽から数百羽が群れ、畔(あぜ)にずらりと並んだ大群が見られる。

「ホイー、ピピピピピ」とよく響く声で鳴く。

チドリ目シギ科ダイシャクシギ属

ホウロクシギ【焙烙鷸】

Numenius madagascariensis / Far Eastern Curlew　●全長63cm／旅鳥

素焼きの焙烙(ほうろく)のような羽色

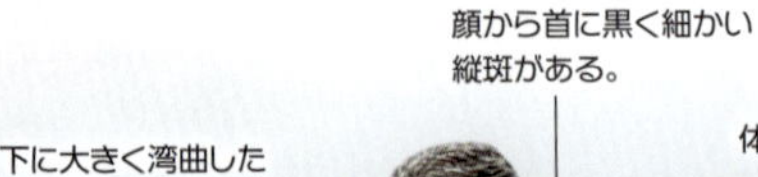

長く湾曲した嘴が特徴の、日本に渡来する最大級のシギ類。旅鳥として春と秋の渡り期に全国に渡来し、西日本に多い。九州や南西諸島では越冬する個体もいる。干潟などに生息し、歩きながら長い嘴を巧みに使って主にカニを捕食する。褐色の体色が、炒められてこげ目の入った焙烙（素焼きの土鍋の一種）に似ていることが和名の由来。雌雄同色。下に大きく湾曲したとても長い嘴が特徴で、類似種のダイシャクシギ(p117)よりも長い。ほぼ全身が褐色で顔から首には黒く細かい縦斑があり、体下面では斑が粗くなる。体上面は黒い軸斑が明瞭で、縦斑のように見える。嘴は黒いが下嘴基部は肉色。飛翔時は一様に褐色に見える。

おもしろい生態

無着陸飛行

衛星追跡によって、越冬地と繁殖地の間の太平洋を、島伝いではなくノンストップで一気に越えて渡ることが解明された。飛翔能力が高いため、最短距離を一気に渡るほうが効率的なのかもしれない。台風で進路を外れた個体が越冬地に戻った例もある。

チドリ目シギ科ダイシャクシギ属

ダイシャクシギ【大杓鷸】

Numenius arquata / Eurasian Curlew　●全長60cm／冬鳥・旅鳥

地鳴き

下に湾曲したとても長い嘴

日本に渡来するシギ類ではホウロクシギ(p116)と並んで最大級。旅鳥として春と秋の渡り期に全国で見られるが、本州中部以南、特に有明海周辺の干潟では毎年数百羽が越冬する。干潟を好み、歩き回りながらゴカイやカニなどを捕食する。嘴が杓(しゃく)のように長いことが和名の由来。雌雄同色で、下に大きく湾曲したとても長い嘴は頭長の３倍ほどの長さがあり、下嘴基部は肉色。冬羽は頭部から首、体上面が灰色みのある褐色、顔から胸には黒く細い縦斑があり、体上面は淡色の羽縁が目立つ。体下面は白く、腰、翼下面も白い。類似種のホウロクシギは全体に黄色みがあり、体下面や腰、翼下面は白くない。

観察してみよう
カニを丸のみ

干潟を歩きながら、長い嘴を土中にねじ込むようにしてゴカイやカニを捕食する。カニは足やハサミが邪魔でそのままのみ込めないため、嘴でくわえて何度も振り回し、落としてから胴体を丸のみにする。

チドリ目シギ科オグロシギ属

オオソリハシシギ【大反嘴鷸】

Limosa lapponica / Bar-tailed Godwit

● 全長39cm ／ 旅鳥

地鳴き

上に反った嘴が特徴

先端が上に反った長い嘴が特徴のすらりとしたシギ類。旅鳥として春と秋の渡り期に全国で見られる。干潟や砂浜などを好むが、水田でも見られる。春はオグロシギ(p119)、チュウシャクシギ(p115)と一緒に行動することもある。水辺を歩きながら長い嘴を泥に深く差し込んで、ゴカイ、カニなどを捕食する。雌雄同色で、和名のとおり嘴は上に反っており、基部はピンク色で先端にいくほど黒い。夏羽は顔から体下面は橙色。体上面に黒の軸斑と橙色の羽縁がある。冬羽は頭部から胸、体上面は灰色みがあり、体下面は白い。幼鳥は全体に黄色みがあり、白い眉斑が明瞭。黒い軸斑がぎざぎざになっているためコントラストが明瞭である。

おもしろい生態

無着陸飛行のタフなシギ

人工衛星による追跡調査で、9日間飛び続けて太平洋を縦断し、アラスカからニュージーランドまでの約1万1000kmを無着陸で飛行した個体がいることがわかった。ほかにもニューカレドニアまでの約1万kmを無着陸飛行したものもいる。

チドリ目シギ科オグロシギ属

オグロシギ【尾黒鷸】

Limosa limosa / Black-tailed Godwit

● 全長39cm／旅鳥

地鳴き

白い尾羽に黒い帯

尾羽に黒い帯状斑がある背の高いシギ類。旅鳥として春と秋の渡り期に全国で見られるが、数はあまり多くない。秋のほうが渡来数は多く、その年生まれの幼鳥だけの群れがよく見られる。河口、湖沼、水田など、主に淡水域の泥地を好み、ミミズ、ゴカイ、甲殻類などを捕食する。雌雄同色。成鳥の夏羽は顔から胸にかけて橙色で、眉斑は白い。体上面は褐色で軸斑は黒く、体下面は白、胸に黒い横斑がある。嘴はまっすぐで長く、基部はピンク色。飛翔時、白い翼帯と腰、尾羽の黒い帯状斑が目立つ。冬羽は頭部から体上面が灰色、喉から体下面は白い。幼鳥は全身黄色みのある褐色で、淡色の羽縁が目立つ。

観察してみよう
白黒の尾羽

白い尾羽にある黒帯が和名の由来で、写真のように白と黒のコントラストが目立つ。羽づくろいをしているときや伸びをしたとき、また飛翔時に見ることができるので、じっくり観察しよう。

チドリ目シギ科キョウジョシギ属

キョウジョシギ【京女鷸】

Arenaria interpres / Ruddy Turnstone

● 全長22cm／旅鳥

鳴き声

幼鳥

羽縁が淡色でうろこ模様。

色彩が目立つシギ

体上面の赤褐色が目立つシギ類。主に旅鳥として春と秋の渡り期に全国で見られるが、南西諸島では越冬する個体もいる。岩礁海岸、干潟、砂浜などの沿岸部、水田などの内陸部の両方で見られ、春は数百羽の大群で見られることもある。和名は、着物を着た京都の女性のように見えることに由来する。オスの夏羽は顔から胸にかけて白黒の模様で、体上面は赤褐色と黒のまだら模様、体下面は白く足は橙色。メスの夏羽は体上面が淡い赤褐色で、頭頂は褐色。冬羽は雌雄とも体上面ほぼ全体が褐色になる。幼鳥は羽縁が淡色で、うろこ模様になる。雌雄ともに嘴は黒く小さい。

観察してみよう

小石をひっくり返す

嘴や足、首が長い種が多いシギ類の中では珍しく、足も首も短くずんぐりした体型のシギ類。採食行動に特徴があり、下を向いてせわしなくとことこ歩きながら、水辺の小石などを嘴でひっくり返して食べ物を探す。

オバシギ【尾羽鷸】

Calidris tenuirostris / Great Knot

●全長29cm／旅鳥

ずんぐりした横長体型のシギ

ずんぐりとした体型で体が横長に見えるシギ類。旅鳥として春と秋の渡り期に全国に渡来するが数は多くない。干潟、岩礁海岸、砂浜など主に沿岸部で見られ、数羽程度の群れでいることが多い。昆虫類、甲殻類などを食べる。体型やのそのそとした動きから姥(うば)を連想したのが和名の由来という説がある。雌雄同色で、嘴は黒く、足は黄緑色がかった灰色。夏羽は頭部から首、体下面は白く、黒い縦斑があるが、胸では帯状に太く、体下面では粗い。体上面は軸斑が黒く羽縁は白、肩羽には橙色の斑がある。冬羽は体上面が灰色で、黒く細い軸斑がある。幼鳥は全体に白っぽく、頭部から首の縦斑は胸で密になり、体上面の軸斑は濃い。

観察してみよう

貝を丸のみ

干潟を歩きながら甲殻類などを採食するが、特に貝類を好んで食べる習性がある。潮が引いた干潮時を狙い、表層部に残った小さな貝類を見つけては、丸のみにする行動が見られる。

チドリ目シギ科オバシギ属

エリマキシギ【襟巻鷸】

Calidris pugnax / Ruff

●全長オス28cm　メス22cm／旅鳥

襟巻きのような飾り羽

繁殖期のオスに襟巻き状の飾り羽が生えるシギ類。旅鳥として春と秋の渡り期に渡来するが、越冬する個体もいる。主に水田などの淡水域に生息。秋に冬羽や幼鳥が観察され、春に飾り羽が出かかった個体がまれに見られる。オスはメスよりも一回り大きく、繁殖期にさまざまな色の飾り羽が出るが、国内で見ることは難しい。メスは嘴が黒く、頭部から体上面は灰色みのある褐色。首から胸は横斑があり、軸斑は黒く体下面は白い。雌雄ともに冬羽は灰色みが強くなり、羽縁は白い。幼鳥は黄褐色を帯び、体上面の黒い羽軸と白い羽縁が目立つ。いずれも目の前後で途切れる白いアイリングがあり、足は暗緑黄色などで個体差が大きい。

観察してみよう

襟巻きを見たい

繁殖地ではレックと呼ばれる集団求愛場で、オスは互いに競い合うように襟巻きを広げて求愛行動を行う。残念ながら国内で完全な襟巻きを見るのは難しい。写真はノルウェーで5月末日に撮影。

チドリ目シギ科オバシギ属

ウズラシギ【鶉鷸】

Calidris acuminata / Sharp-tailed Sandpiper　●全長22cm／旅鳥

飛び立ち

赤いベレー帽をかぶったようなシギ

ずんぐりした体型のシギ類。大きさや体型がウズラに似ていることが和名の由来。旅鳥として春と秋の渡り期に見られるが、渡来数は減少傾向にある。沿岸部で見られることはまれで、水田、ハス田などの淡水域を好み、貝類や甲殻類を捕食する。大きな群れにはならず、単独または数羽でいることが多い。雌雄同色で、足は緑色を帯びる黄色。夏羽は頭部から胸、体上面が赤みのある褐色で軸斑が黒い。アイリングは白く、不明瞭な白い眉斑がある。体下面は白く、脇や腹に黒いV字形の斑がある。冬羽は体上面の赤みがなくなり、灰色みが強くなる。胸から腹にかけての斑は不明瞭。幼鳥は白い眉斑が明瞭で、脇や腹のV字形の斑がない。

観察してみよう

ずんぐりした体型

その名のとおり、ウズラのような体型で、淡水域で見られるシギ類では、最も ずんぐりしている。夏羽で赤みが強いことも特徴。頭頂はベレー帽状に見え、特に赤みが強い。写真は幼鳥。

チドリ目シギ科オバシギ属

オジロトウネン【尾白当年】

Calidris temminckii / Temminck's Stint

● 全長14.5cm／冬鳥・旅鳥

飛び立ち

近年、越冬個体が増えている小形シギ

トウネン(p127)に似るが外側尾羽が白いことが和名の由来。主に旅鳥として春と秋に九州以北に渡来し、本州中部以南では越冬する個体もいる。主に水田、ハス田、湿地など淡水域を好む傾向があり、10羽程度の小群で見られることが多い。雌雄同色。静止時は尾の突出が顕著。夏羽は頭部から体上面が褐色で羽軸は黒く、羽縁は橙色みがある。体下面は白く、足は黄色。冬羽は頭部から体上面、胸が一様に灰色で白い腹との境界が明瞭。幼鳥は体上面の羽縁が白く、その内側に黒いサブターミナルバンドがある。食性は動物食で、水深の浅い湿地状の場所を歩き回って昆虫類、甲殻類などを捕食する。飛翔時「チリリリ」と鳴く。

探し方

小形シギ類は足が短いため、水深のある場所を好まない。水深が浅い湿地状のハス田や休憩ができるとまり木、とまり場があるような場所を丹念に探すとよい。写真は幼鳥。

チドリ目シギ科オバシギ属

ヒバリシギ【雲雀鷸】

Calidris subminuta / Long-toed Stint

● 全長15cm／旅鳥

ヒバリのようなシギ

旅鳥として春と秋に全国に渡来するが、数は少ない。南西諸島では越冬個体が見られる。干潟などで見られることはまれで、水田などの淡水域で見られることが多く、単独か数羽でいることが多い。主に昆虫類や甲殻類を捕食する。大きさや色、形がヒバリ(p287)に似ていることが和名の由来。雌雄同色で、夏羽は頭部から体上面に赤みがあり、背に白いV字斑がある。頭頂は赤褐色で、首、胸に黒い縦斑、体上面は黒い軸斑が目立つ。体下面は白く、足は黄色。冬羽は頭部から体上面に赤みはなく、灰色みを帯びる。幼鳥は夏羽よりも赤みが弱く、首から胸の縦斑は不明瞭。白い眉斑が明瞭に見える傾向がある。

観察してみよう

前傾姿勢で採食

トウネン(p127)に比べて首が長く、頭が小さい。足が比較的長いため、採食行動は深い前傾姿勢になる。トウネンのように下を向いたまま地面をつつき、ゆっくり歩くのではなく、活発に歩きながら採食する。

チドリ目シギ科オバシギ属

ヘラシギ【篦鷸】

Calidris pygmaea / Spoon-billed Sandpiper

●全長15cm／旅鳥

嘴がへら形の小さなシギ

へら形の黒い嘴をした小形シギ類で、特徴的な嘴が和名の由来。まれな旅鳥として春と秋の渡り期に各地で記録があるが、数はとても少ない。記録の多くは秋の西日本で、まれに越冬することもある。個体数が減少傾向にある世界的希少種で、種全体の推定個体数は数百羽ともいわれる。干潟、砂浜などを好む傾向があり、歩き回って嘴を左右に振りながら採食する。雌雄同色。夏羽は顔から胸、体上面が赤みのある褐色で軸斑が黒く、羽縁は白い。胸には黒い縦斑があり、体下面は白い。冬羽は頭頂から体上面が灰色で、体下面は白い。幼鳥は頭頂に黒褐色の縦斑があり、眉斑は白く、目先からほおは褐色。体上面は黒い軸斑が目立つ。

観察してみよう
へらの使い方に注目

本種は同じようにへら形の嘴をもつヘラサギ類(p197~198)と同じように、泥の中で嘴を左右に素早く振って採食する。ハマシギ(p129)の群れに混じることが多いが、嘴を左右に振る個体がいれば本種だ。

トウネン【当年】

Calidris ruficollis / Red-necked Stint

●全長15cm／旅鳥

小さくて横長の体型

体型が横長に見える小形のシギ類。旅鳥として春と秋の渡り期に見られるが、関東地方以西では越冬する個体もいる。干潟などの沿岸部、水田などの内陸部の両方で見られ、数十羽程度の群れで見られることが多い。かつては数千〜万単位の大群が見られた。和名は「今年生まれたもの」という意味で、当年生まれの子供のように小さいことに由来する。雌雄同色。夏羽は顔から胸、体上面が赤みのある褐色で軸斑が黒く、羽先は白い。体下面は白く、嘴と足は黒い。冬羽は頭頂から体上面が灰褐色で、体下面は白い。幼鳥は体上面が褐色で黒い軸斑が明瞭。羽縁は橙色みを帯びる。

観察してみよう
せわしない採食行動

首を立てて行動することが少なく、常に下を見ながら、せわしなくとことこと動き回って採食する。動物食で、泥の中に潜む昆虫類、ゴカイ、甲殻類などを捕食する。写真は幼鳥。

チドリ目シギ科オバシギ属

ミユビシギ【三趾鷸】

Calidris alba / Sanderling

●全長19cm／冬鳥・旅鳥

地鳴き

三本指のシギ

首と嘴が短いシギ類。旅鳥または冬鳥として主に砂浜のある海岸、干潟に渡来し、ときに数百羽の大群を形成する。後ろ指がなく足指が3本なのが和名の由来だが、わずかに後ろ指の痕(あと)が認められる個体もまれにいる。雌雄同色で、嘴は黒くて太く短く、足も黒い。冬羽は体上面が淡い灰色で、全体に白っぽく見える。翼角(よくかく)は黒く、ほかのシギ類と見わけるポイントになる。夏羽は頭部から胸、体上面は赤褐色で軸斑が黒く、体下面は白い。幼鳥は頭頂、過眼線が黒く、体上面の軸斑の黒が目立つ。類似種のハマシギ(p129)は嘴が長く、先端がやや下に曲がっており、夏羽の体下面には大きな黒斑がある。

観察してみよう

波打ち際で走り回る

砂浜などに群れ、波打ち際で採食する。波が打ち寄せると採食をやめて素早く逃げ、波が引くと再び採食することを繰り返す。波の満ち引きに合わせて、忙しそうに走り回る様子がかわいらしい。

ハマシギ【浜鷸】

Calidris alpina / Dunlin

● 全長21cm／冬鳥・旅鳥

鳴き声

大群をつくるシギ

最も多く見かけるシギ類の一種。旅鳥または冬鳥として全国の水辺に渡来し、海水域、淡水域の両方で見られる。大群を形成することが多く、数百羽で越冬することも珍しくない。雌雄同色で、冬羽は白い眉斑があり、体上面は灰色で、体下面は白い。嘴と足は黒く、嘴は長めで、やや下に曲がっている。夏羽は頭頂と体上面が橙色で、軸斑は黒い。顔から体下面は白く、首から脇に黒い縦斑があり、体下面に大きな黒斑が出る。類似種のミユビシギ(p128)は嘴が太く短く、翼角(よくかく)が黒い。

観察してみよう

巨大生物のよう

越冬期には大群を形成し、統率がとれているように揃って群れ飛ぶ。大群の黒いうねりはまるで巨大生物のように動く。翻(ひるがえ)って体下面が見えると、白くきらきらと美しい。

チドリ目シギ科オオハシシギ属

オオハシシギ【大嘴鷸】

Limnodromus scolopaceus / Long-billed Dowitcher

●全長29cm／冬鳥・旅鳥

大きな嘴が和名の由来のシギ類

シルエットがタシギ(p134)に似ている。旅鳥、または冬鳥として渡来し、主にハス田の泥地や湖沼といった淡水域を好む傾向がある。数羽から数十羽の群れで見られ、茨城県霞ケ浦周辺のハス田では数十羽単位の群れが定期越冬している。雌雄同色。夏羽は顔から体下面がくすんだ橙色で頭頂、過眼線は黒い。体上面は黒っぽく、白や橙色の羽縁が鮮やか。嘴は黒く長く、足は黄緑色。冬羽は顔から脇が灰色で脇には黒い横斑がある。白い眉斑が目立ち体下面は白い。タシギに似た採食行動をとり、長い嘴を泥の中に差し入れて歩き回り、主に昆虫類や貝類を捕食する。

観察してみよう

警戒心が薄い個体が多い

ハス田での観察では農作業の邪魔にならないよう、車をなるべく離れた安全な場所に停め、まずシギたちに飛ばれない距離を保って観察する。警戒している気配がなければ徐々に接近するのだが、本種は逆にどんどん接近してきて驚かされることがある。

ヤマシギ【山鷸】

Scolopax rusticola / Eurasian Woodcock　●全長34cm／冬鳥・漂鳥

とがった形の頭と、ずんぐり体型

ずんぐりした体型のジシギ類。日本では本州中部以北、伊豆諸島で繁殖し、冬季は暖地に移動する。本州中部以南では冬鳥。山地の広葉樹林で繁殖し、冬季は低地の湿地、草地に生息する。主に夕方から夜間に活動し、長い嘴を土中に差し込んでミミズや昆虫を捕食する。雌雄同色。頭はややとがった形で大きく、ずんぐりした体型で嘴が長い。頭頂と過眼線は黒く、目の下にも線があり、目が頭頂寄りにあるのが特徴的。頭部から首、体下面は灰色を帯びた褐色でこげ茶色の横斑がある。体上面は赤みのある褐色で、黒、白、灰色の斑からなる複雑な模様になっている。嘴は肉色で先端は黒く、長くてまっすぐ。足は肉色で太く短い。

観察してみよう

暗くなると行動開始

夜行性のため日中はじっとしているうえ、複雑な羽色が隠蔽色となっていて、見つけることはかなり難しい。ただ薄暗くなった頃に合わせて活動をはじめ、「チキッ、チキッ」と鳴きながら飛び回ったりする。

チドリ目シギ科オオハシシギ属

アオシギ【青鷸】

Gallinago solitaria / Solitary Snipe

●全長31 cm／冬鳥

地鳴き

顔や体下面がうっすら青みを帯びる

流水域に生息するジシギ類。冬鳥として渡来し全国で記録があるが、本州中部以南では少ない。ジシギ類としては珍しく渓流や河川、湿地に生息し、水深の浅いよどみで昆虫類を捕食する。整備された水路にいることもある。頭部や体下面にある白斑が青みを帯びることが和名の由来。雌雄同色。頭頂、過眼線、首から体上面は赤みのある褐色で、体下面は白く、褐色の横斑が密にあるので暗色に見える。体上面には羽縁がつながって白い2本の帯状になった模様があるほか、ジシギ類特有の複雑な模様になっている。嘴は細長く、肉色で先端は黒色。足は黄緑色。類似種のタシギ(p134)は小さく、体上面が黄色みを帯びる。

探し方

流れの速い場所や水深のある場所は好まないので、流れが緩くカーブしているような、よどんだ浅瀬を探すとよい。

観察してみよう
通称「アオシギダンス」

普段は岩のようにじっとしているものの、採食行動がはじまるや否や、体をリズミカルに上下にゆする行動をはじめる。

チドリ目シギ科タシギ属

オオジシギ【大地鷸】

Gallinago hardwickii / Latham's Snipe

●全長30cm／夏鳥

さえずり

にぎやかで、カミナリシギとも呼ばれる

大形のジシギ類で、それが和名の由来。夏鳥として渡来し、北海道、本州、九州の草原などに生息する。春と秋の渡り期には平地の水田、草地などでも見られる。高い木のこずえや杭、電柱などの上にとまることが多い。雌雄同色。ほぼ全身が黄色みのある褐色で、ジシギ類では最も明るく見える。頭側線、過眼線は黒く、頭側線は頭頂で太く、額では細くなり、過眼線も細い。目は頭部のやや後方、頭頂寄りについている。体上面には羽縁がつながって白い帯状になった模様があり、ジシギ類特有の複雑な模様。首から脇にかけては黒斑があり、下腹は白い。嘴はまっすぐで長く、尾羽もジシギ類では長めで静止時、翼端から突き出す。

観察してみよう

にぎやかなディスプレイ

飛翔しながら「ジッ、ジッ、ズビャーク、ズビャーク」という独特の声で鳴き、急降下しながら「ザザザザー」という羽音を出す、にぎやかなディスプレイ飛行をする。数羽で空中戦を繰り広げることもある。

チドリ目シギ科タシギ属

タシギ【田鷸】

Gallinago gallinago / Common Snipe ●全長27cm／冬鳥・旅鳥

鳴き声

長い嘴が目立つ

最も嘴の長いジシギ類。旅鳥として春と秋の渡り期に全国に渡来するが、本州中部以南では小群で越冬する個体も多い。水田、湿地など淡水域の泥地を好む。雌雄同色。ほぼ全身が黄色みのある褐色。頭側線、過眼線は黒く、頭側線は頭頂で太く、額では細くなり、過眼線は目先で太くなる。体上面には羽縁がつながって、黄白色の帯状になった模様が数本あって目立ち、複雑な模様になっている。首から脇にかけては黒斑があり、下腹は白い。嘴はまっすぐでとても長い。ジシギ類としては尾羽が長めで静止時、翼端から突き出す。ジシギ類は特有の複雑な模様でどの種も酷似するが、外側尾羽の色が識別ポイントの一つとなる。

探し方

その名のとおり、水田などの湿地を好む。泥地にある草の根周辺や畔（あぜ）付近を探すとよい。

観察してみよう
田んぼ向きの嘴

シギ類はその種の生息環境と食物に応じて進化した異なる嘴をもち、視覚ではなく、嘴を器用に使って食物となる生き物を探す。本種の体の割に長い嘴は、田んぼで効率よく採食するのに適している。

 飛び立ったときに「ジェッ」と鳴く。

チドリ目シギ科ソリハシシギ属

ソリハシシギ【反嘴鷸】

Xenus cinereus / Terek Sandpiper

● 全長23cm ／旅鳥

鳴き声

冬羽

褐色みが強く、羽縁の内側に黒い縦線がある。

干潟のスピードスター

小さな体の割に長く、上に反った嘴が特徴のシギ類。嘴の特徴が和名の由来となった。旅鳥として春と秋の渡り期に全国で見られるが、数は少ない。秋のほうが見られる個体数は多い傾向にある。主に干潟、砂浜などで見られ、ゴカイ、昆虫類、甲殻類などを捕食する。雌雄同色で、夏羽は顔から首、体下面が白く、褐色の縦斑がある。体上面が灰色みのある褐色で、肩羽の軸斑が黒く太いため、2本の帯状になる。足は橙色で、嘴は黒いが基部は橙色。冬羽は体上面が灰色になり、肩羽の軸斑が細い。幼鳥は体上面の褐色みが強く、羽縁の内側に黒い縦線があり、足の色も鈍くなる。

観察してみよう

走って逃げる

干潟や砂浜などを好むが、水に入っていることよりも水際や砂浜にいることが多い。危険を感じると、飛び立って逃げるのではなく、素早く走り去ることが多い。その際の足の動きが速く、ちょこまかとしておもしろい。

チドリ目シギ科ヒレアシシギ属

アカエリヒレアシシギ【赤襟鰭足鷸】

Phalaropus lobatus / Red-necked Phalarope

● 全長18cm／旅鳥

オス 夏羽

目の上に小さな白斑がある。

後頭から胸にかけて鮮やかなレンガ色。

嘴は細長くとがる。

体上面は黒灰色で、橙色の羽縁がある。

幼鳥

首から下面にかけて白く、上面は黒い。

オスよりメスのほうが美しいシギ

海洋上に多数渡来するシギ類。旅鳥として春と秋の渡り期に、主に沖合を通過する個体が観察され、春には数百羽の大群が見られる。台風後などは漁港内や内陸部でも見られることがある。オスよりもメスのほうが色彩が鮮やか。メスの夏羽は頭頂と後頭、胸の脇が青みを帯びた黒灰色で、目の上に白斑があり、喉と体下面は白い。後頭から胸にかけて鮮やかなレンガ色で、体上面には橙色の羽縁がある。飛翔時は白い翼帯が目立つ。オスの夏羽はメスに比べて首のレンガ色、頭部から体上面の色が淡い。冬羽は体上面が灰色で、体下面は白く、目の周囲と後方が黒い。幼鳥は頭頂と目の周囲から後方、体上面が黒く、褐色の羽縁がある。

観察してみよう
くるくる回る

主に海洋上で生活し、群れで沖にいることが多い。水面をくるくる回転するように泳ぎながら、海流に運ばれ流れてくる小さなものを水面で採食する。

チドリ目シギ科イソシギ属

イソシギ【磯鷸】

Actitis hypoleucos / Common Sandpiper

鳴き声

●全長20cm／留鳥

河原でも見られる最も身近なシギ

最も身近なシギ類。和名は「磯」シギだが、身近な河原でも見られる。九州以北に留鳥として分布し、本州中部以北では夏鳥として渡来する。日本で見られるシギ類の多くが渡り期に見られる旅鳥だが、本種は夏季にも見られ、日本で繁殖する。河原、湖沼、海岸、河口など、さまざまな水辺の環境に生息し、水辺を飛ぶハエ類やユスリカなどの昆虫、トビケラの幼虫などの水生昆虫を捕食する。雌雄同色。成鳥は頭部から体上面は褐色で、黒い軸斑が横斑となる。過眼線は黒く、眉斑、アイリングは白い。体下面は白く、白色部が胸の脇に食い込んで見える。風切の上部に白斑があり、飛翔時に翼帯となって目立つ。幼鳥は体上面に淡色羽縁がある。

観察してみよう
活発な動き

水辺で尾羽を上下に激しく振りながら活発に歩き回る。飛翔時には翼を下げた状態で、先端を細かく震わせながら、水面すれすれを直線的に飛ぶ。このとき、「チーリーリー」という鋭い声で鳴く。

チドリ目シギ科クサシギ属

クサシギ【草鷸】

Tringa ochropus / Green Sandpiper

●全長22cm／冬鳥・旅鳥

鳴き声

地味ながらアイリングが目立つ

草に隠れて見つけづらいシギ類。旅鳥として春と秋の渡り期に全国に渡来し、関東以西では冬鳥として越冬する個体が見られる。「ツィツィツィ」「チュイリー」と鳴く。水田やハス田など、淡水域の泥地で尾羽を振りながら歩き、昆虫類、甲殻類、貝類などを捕食する。海辺で見ることはなく、内陸の草原の水辺で見かけるシギというのが和名の由来。雌雄同色で、白いアイリングが目立ち、嘴は黒く、基部が黄色で、足は黄緑色で短め。夏羽は頭部から胸に褐色斑があり眉斑は不明瞭。胸以下の体下面は白い。体上面は暗褐色で小さな白斑が散在する。幼鳥は白く短い眉斑があり、体上面が一様に暗褐色で、小さな白斑が散在する。

観察してみよう

尾羽を上下に振る

尾羽を上下に振る行動を見せ、警戒時には首を立ててより大きく振る。これがイソシギ(p137)と重なり、大きさや姿も似るが、白色部が胸の脇に食い込んでいないことで識別できる。写真は幼鳥。

チドリ目シギ科クサシギ属

キアシシギ【黄足鷸】

Tringa brevipes / Grey-tailed Tattler

● 全長25cm／旅鳥

鳴き声

黄色い足が特徴のシギ

和名の由来の黄色い足と胸の横斑が特徴のシギ類。旅鳥として春と秋の渡り期に全国で見られるが、九州や南西諸島では越冬する個体もいる。干潟や砂浜などの沿岸部、水田などの内陸部のどちらでも見られ、春には数百羽の群れを見ることもある。採食が済むと、テトラポットなど周囲よりも高い場所にとまって休息することが多い。雌雄同色で、嘴は黒く、基部は黄色みがある。黄色く目立つ足が和名の由来。夏羽は頭部から体上面が一様に灰色で、眉斑は白く、過眼線は黒い。喉から体下面は白く、胸から脇まで灰色の波状の横斑がある。冬羽は胸や体上面がやや暗色になる。幼鳥は体上面が灰色で細かい白斑があり、胸の横斑はない。

観察してみよう
走り回って採食する

首が短く胴体が横に長いため、低く伏せた体勢のように見える。干潟や砂浜を好み、浅瀬や水際を素早く走り回って採食する。あまりに足が速いため、食べ物を見つけたにも関わらず、思わず通過してしまい戻ることもある。

「ピュイー」「ピピピピ」と鳴く。

チドリ目シギ科クサシギ属

アカアシシギ【赤足鷸】

Tringa totanus / Common Redshank

● 全長28cm／夏鳥・旅鳥

鳴き声

足と嘴基部が赤いシギ

夏羽で嘴基部と足が鮮やかに赤いシギ類。旅鳥として春と秋の渡り期に全国で見られるが、数は多くない。少数が北海道東部で繁殖し、南西諸島では越冬個体も見られる。繁殖地以外ではほぼ単独で見られる。沿岸と内陸の両方で見られ、歩き回りながらゴカイ、昆虫類、甲殻類を捕食する。雌雄同色で、夏羽は頭部から体上面が褐色で黒い縦斑がある。体下面は白く、同様に縦斑がある。嘴はまっすぐで上下基部が赤く、足も赤い。冬羽は頭頂から後頸、体上面が一様に褐色になり、小さな白斑がある。顔から胸、体下面は白い。嘴基部と足は橙色。背から腰、次列風切の一部が白く、飛翔時に目立つ。

観察してみよう
嘴基部に注目

識別が難しい秋から冬は、本種と同じように足と嘴基部が赤いツルシギ(p143)と間違いやすいが、ツルシギは下嘴基部だけが赤いのに対し、本種は嘴基部が上下とも赤いことで識別できる。

チドリ目シギ科クサシギ属

コアオアシシギ【小青足鷸】

Tringa stagnatilis / Marsh Sandpiper

● 全長24cm／旅鳥

鳴き声

嘴が細長くとがる

嘴が細長く、足も長くスタイルのよいシギ類。旅鳥として春と秋の渡り期に全国に渡来するが数は少ない。本州以南では越冬する個体もいる。淡水域を好む傾向が強く、ハス田などの泥場を好む。単独、または数羽の小群で見られることが多い。「ピッピッピッピッ」「ピョーッ」と鳴き、特に飛翔時によく鳴く。雌雄同色で、嘴は黒く、とがっている。夏羽は頭部から胸が淡い灰色で、黒く細かい斑がある。体上面は茶色みがあり、黒斑が目立ち、体下面は白い。足は黄緑色で長い。冬羽は体上面が灰色で白い羽縁があり、顔から胸、体下面は白く目立つ。足は黄緑色だが夏羽ほど鮮やかではない。類似種のアオアシシギ(p144)は大きく、嘴が太めで、やや上に反っている。

観察してみよう
深い前傾姿勢

足と首が長く、体も細めなため静止時はスマートな印象を受ける。嘴はかなり細いもののそれほど長くないため、採食行動時の前傾姿勢がより深くなる傾向がある。動物食で、昆虫や甲殻類を捕食する。

チドリ目

シギ科

チドリ目シギ科クサシギ属

タカブシギ【鷹斑鷸】

Tringa glareola / Wood Sandpiper

●全長20cm／冬鳥・旅鳥

鳴き声

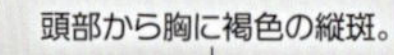

尾羽がタカ類の模様

体上面の細かい白斑が目立つスマートなシギ類。旅鳥または冬鳥として全国に渡来し、関東以西では越冬個体が普通に見られる。越冬中は数羽から数十羽の群れを形成する。水田などの淡水域で、泥の中を嘴で探りながら昆虫類、貝類を捕食する。尾羽にタカ類の翼下面にある鷹斑（たかふ）と呼ばれる模様があることが和名の由来。雌雄同色で、夏羽は頭部から胸に褐色の縦斑があり、眉斑は不明瞭。体上面は褐色で白斑が散在する。体下面は白く、脇に褐色の横斑がある。冬羽は頭部から胸の斑が不明瞭で、体上面の羽縁が白い。足は黄色。

観察してみよう
首も上下に振る

歩きながら尾羽を上下に振る行動をするが、振るのは尾羽だけではない。非常に警戒心が強く、警戒すると首を上下にぴくぴくと振り、「ピッピッピッピッ」とよくとおる声で鳴きながら、飛び去ってしまう。

チドリ目シギ科クサシギ属

ツルシギ【鶴鷸】

Tringa erythropus / Spotted Redshank

●全長32cm／旅鳥

鳴き声

夏羽は黒い独特の姿

足が長い中形のシギ類。日本では旅鳥として春と秋の渡り期に見られるが、秋よりも春の渡来数が多く、数羽から十数羽程度の小群で見られることが多い。本州以南では越冬する個体もいる。水田や湿地などの淡水域に生息し、比較的に水深のある場所で見ることが多く、ハス田のような泥地を好む。雌雄同色で、成鳥の夏羽は全身が黒く、体上面には白斑が散在する。アイリングは白く、前後で途切れている。嘴は細長く、先端が少し下に曲がっており、黒くて下嘴基部が赤い。冬羽は頭部から体上面が褐色で白斑が散在し、眉斑、体下面は白い。幼鳥は冬羽に似るが、全体に褐色みが強く、体下面には褐色の斑が密にある。

探し方

水田の中でも泥地を好む傾向があるので、特にハス田を探すのがよい。ハス田の減少に伴って渡来数も減っている。

観察してみよう

水深があっても平気

シギ類では足が長いほう。足がすっぽり隠れるほどの水深のある場所にも入り、ときには泳ぐこともある。

チドリ目シギ科クサシギ属

アオアシシギ【青足鷸】

Tringa nebularia / Common Greenshank　●全長35cm／旅鳥

鳴き声

夏羽

頭部から首に黒く細かい縦斑。

嘴は先端がやや上に反る。

体上面は灰色みのある褐色で、白い羽縁がある。

喉から体下面は白く、胸には黒い縦斑がある。冬羽は、顔から胸の縦斑がない。

足は黄緑色。

幼鳥

褐色で羽縁は白い。

黄緑色の足

細身でスマートな中形のシギ類。旅鳥として春と秋の渡り期に全国に渡来し、本州中部以南では越冬する個体もいる。干潟、河口、水田、湖沼など、海水域、淡水域の両方で見ることができ、単独または数羽の小群でいることが多い。「チョーチョーチョー」という甲高い声で鳴く。雌雄同色で、嘴は先端がやや上に反っていて、足は黄緑色。背から腰が白っぽく、飛翔時に目立つ。夏羽は頭部から首が淡い灰色で、黒く細かい縦斑がある。体上面は灰色みのある褐色で、白い羽縁がある。喉から体下面は白く、胸には黒い縦斑がある。冬羽は顔から胸の縦斑がなくなり、体上面は褐色みが強くなる。幼鳥は体上面が褐色で羽縁の白がより目立つ。類似種のコアオアシシギ(p141)は小さく、嘴は細くてまっすぐ。

観察してみよう

頭ごと水中へ突っ込む

体が浮き上がってしまうような深い場所でも普通に採食行動し、嘴だけでなく頭ごと水中に突っ込んでいることも多い。動物食で昆虫類、甲殻類、小さな魚も捕食する。警戒すると首を上下にゆらすような動作をする。

● シギ・チドリ類を見わけるポイント ●

地味な羽色の多いシギ・チドリ類の識別は、初心者にとって難解です。春の渡り期に見られる、繁殖地へ向かう途中の個体は、鮮やかな色彩の夏羽に換羽した個体が多いので特徴がつかみやすく、識別は比較的容易です。しかし、秋から冬にかけて成鳥は地味な冬羽になり、地味な羽色であるその年生まれの幼鳥も混在した状況になると、識別はとても難解になります。ここでは、難解なシギ・チドリ類を見わけるポイントを紹介します。

シギとチドリの違い

まずはシギかチドリかを見わけましょう。ダイシャクシギやオオソリハシシギのように嘴が長い種が多いのがシギ類で、コチドリ、シロチドリ、タゲリのように嘴が短い種が多いのがチドリ類です。食べ物の探し方の違いにも着目しましょう。主に歩きながら目で食べ物を探すチドリ類に対して、シギ類は嘴を巧みに使って食べ物を探します。チドリ類が採食行動中に急に方向転換するのは、目で食べ物を探しているためです。

生息地の違い

生息地が淡水域か海水域かという点も考慮しましょう。コチドリ、タゲリ、タカブシギ、コアオアシシギ、オオハシシギ、タシギなどは主に淡水域に生息する種です。シロチドリ、オバシギ、ソリハシシギなどは主に海水域に生息する種です。ただし、トウネン、ハマシギ、オオソリハシシギのように両方の環境で見られる種もいます。

大きさや姿勢、動き

チドリ類はコチドリ、シロチドリのような小形種が多いですが、ダイゼンのように一回り大きい種、さらに干潟を離れて畑地に行けばタゲリやケリのように、さらに大形の種も見られます。

シギ類は小形のトウネンから大形のダイシャクシギまで、大きさによる違いはさまざまですが、姿勢や動きも考慮します。トウネンやオバシギのように伏せた姿勢で採食を続ける種もいれば、コアオアシシギ、タカブシギ、オオソリハシシギのように採食行動中に首を伸ばして、立った姿勢をとる種もいます。また、ソリハシシギ、キアシシギのように走り回ることが多い種もいます。

シギ類の嘴の形

シギ類の特徴的な嘴の形を見ることも重要です。ダイシャクシギやチュウシャクシギのように大きく下に湾曲している種、ハマシギのようにやや下に湾曲している種、オオソリハシシギやアオアシシギのように上に反っている種、ツルシギやキリアイのように先端が下に曲がっている種、タシギやオオハシシギのようにまっすぐでとても長い種などがいます。

足の長さ、色

足の長さや色も重要なポイントです。ただし、水深のある場所を好む種は足の長さを判断することが難しい場合や、足そのものが見えにくい場合があります。また、泥地を好む種は足が泥で汚れてしまうため、正確な色彩が判断できない場合がありますから、状況に応じて注意が必要です。

●足が完全に水に隠れている

ツルシギ

p143

チドリ目ツバメチドリ科ツバメチドリ属

ツバメチドリ【燕千鳥】

Glareola maldivarum / Oriental Pratincole　●全長25cm／夏鳥・旅鳥

鳴き声

ツバメを大きくしたようなシルエット

飛翔形が特徴的で、先端が細く尖った翼と尾羽の形がツバメ(p292)に似ていることが和名の由来。主に旅鳥として春と秋の渡り期に全国に渡来し、特に3月～4月の南西諸島では見る機会が多く、地上に群れていたり、群れで飛び回ったりしている。関東地方以南では局地的に繁殖し、畑地、草地など開けて乾いた環境を好む。雌雄同色、夏羽は頭部から胸、体上面が赤みのある褐色で、目の下側に白斑がある。喉は黄色みがあり、黒い縁取りが目先の黒とつながっている。嘴は黒いが、基部は赤い。翼下面は赤みが強く、下腹と腰は白、尾羽はV字状になる。冬羽は全体的に赤みがなくなり、嘴基部は黒い。幼鳥は体上面が灰色みがある褐色で、白い羽縁と、内側にサブターミナルバンドが明瞭。

観察してみよう
見事なフライングキャッチ

日中は乾いた草地や農耕地の地上にたたずんでいることが多く、意外に目立たない。ただ、時折飛び立っては、すいすいと飛翔しながら空中に浮遊している昆虫類を捕食し、また地上に戻るフライングキャッチ行動を繰り返す。細長く、先端がとがった翼が美しい。

チドリ目カモメ科クロアジサシ属

クロアジサシ【黒鯵刺】

Anous stolidus / Brown Noddy

●全長42cm／夏鳥

チョコレートのように滑らかな羽色

全身つややかなチョコレートブラウンに見えるアジサシ類。夏鳥として小笠原群島、硫黄列島、宮古島などに渡来する。そのほかの地域でも記録があるが、ほとんどが台風通過などによる迷行例。主に海上に生息し、小島や岩礁に集団繁殖地を形成し繁殖する。海上を飛翔しながら魚類を探し、ダイビングして捕食する。求愛行動では雌雄が首を上下させる。この行動が英名の"Noddy"（うなずく者）の由来。雌雄同色。ほぼ全身がこげ茶色で、額から頭頂は灰色。目の上下に白斑があり、下側が目立つ。尾羽は長めで先端が2本に分かれているが、飛翔時は1本に見える。翼は長く、先端がとがって見える。

探し方

海上では黒っぽい姿をミズナギドリ(p180〜187)と混同しやすい。直線的な飛翔、羽ばたきの力強さ、翼のしなやかな動き、比較的高い位置を飛翔することなどを頭に入れておくとよい。

聴いてみよう

警戒声

ほとんど鳴かないが、警戒したときなどは「アッ、アッ、アッ」と連続して鳴くことがある。

チドリ目カモメ科ミツユビカモメ属

ミツユビカモメ【三趾鷗】

Rissa tridactyla / Black-legged Kittiwake

●全長41cm／冬鳥

翼の先は黒い三角形

外洋性のカモメ類。晩秋から冬季の北航路では最も普通に見られる。冬鳥として九州以北に渡来するが、北海道では越夏個体がしばしば見られる。東北地方以北の沿岸部では11月が南下期のピークのため、おびただしい数が見られる。主に飛翔しながら海面付近に浮上した魚類を捕食する。後ろ指が目立たず、足指が3本しかないように見えるのが和名の由来。雌雄同色で、成鳥の夏羽は頭部が白く、冬羽では頭頂から目の後方にかけて黒斑がある。嘴は黄色く、体上面は青灰色で初列風切先端は黒い。体下面と尾羽は白く、足は黒く短い。若鳥は嘴と後頭、後頸が黒く、尾羽の先端も黒い。初列風切外側と雨覆の黒斑がM字に見える。

観察してみよう
翼の色のコントラスト

漁港内などで見る機会は少ないが、晩秋の航路上では飛翔する姿を見る機会が多い。翼上面の色は淡い青灰色で、翼の先は黒いためコントラストが鮮やかに見える。独特のふわふわした軽い羽ばたきで飛翔する。

チドリ目カモメ科ユリカモメ属

ユリカモメ【百合鷗】

Chroicocephalus ridibundus / Black-headed Gull

全長40cm／冬鳥

鳴き声

都鳥（みやこどり）と呼ばれたカモメ

最も身近なカモメ類。冬鳥として北海道から南西諸島の海岸、干潟、河口、漁港などに渡来。海岸付近だけでなく内陸部の河川にも生息し、魚類のほか、昆虫類も捕食する。和名の由来は内陸部にも生息することから「入江鷗」（いりえかもめ）が転じたといわれる。雌雄同色。体上面は青みのある灰色で、首から体下面は白く、初列風切先端は黒い。成鳥の冬羽は頭部が白く、目の上と耳羽後方に黒斑がある。嘴と足は赤く、嘴先端は黒い。成鳥の夏羽は頭部がこげ茶色で目の周囲が白い。嘴と足は長めで濃い赤色。若鳥は雨覆に褐色斑があり、足と嘴は橙色。夏羽の黒い頭巾が本種に似るズグロカモメ（p152）は嘴が短く黒い。

探し方

小形カモメ類で最も個体数が多く、普通に見られる。漁港ではさまざまな種類のカモメ類が群れるが、本種の成鳥は足が光沢ある赤色のため容易に見つかる。

観察してみよう

都鳥はユリカモメ?

平安時代につくられた『伊勢物語』や現存最古の歌集『万葉集』など、日本の古典文学に登場する「都鳥」は、ミヤコドリ科のミヤコドリ（p101）ではなく、本種を指すとされる。

「ギャー、ギャー」「ギューイ、ギューイ」などと騒がしく鳴く。

チドリ目カモメ科ズグロカモメ属

ズグロカモメ【頭黒鷗】

Saundersilarus saundersi / Saunders's Gull

●全長32cm／冬鳥

鳴き声

黒い頭巾をかぶったようなカモメ

頭部に丸みがあり、嘴が小さいため表情が可愛らしく見えるカモメ類。冬鳥として主に関東地方以西に渡来し、特に九州北部に多い。ほかのカモメ類と異なり、干潟を好む傾向が強く、主にカニを好んで捕食する。夏羽で頭巾をかぶったように頭部が黒くなることが和名の由来。雌雄同色で、成鳥の冬羽は頭部が白く、頭頂と耳羽後方に黒斑がある。体上面は青みのある灰色で、首から体下面は白い。静止時は初列風切の白斑が目立ち、飛翔時は初列風切の下面に黒斑が見える。成鳥の夏羽は頭部が黒く、目の周囲が白い。若鳥は雨覆に褐色斑がある。嘴は黒く、太く短く、足は濃い赤色。類似種のユリカモメ(p151)は嘴が長く、赤い。

観察してみよう

カニ好きなカモメ

干潟で潮が引きはじめると、どこからともなく、ひらひらと飛翔しながら現れる。カニを見つけると急降下して捕食し、器用に足を振り落としてから食べる。ゴカイを海水で洗ってから食べる習性がある。

ウミネコ【海猫】

Larus crassirostris / Black-tailed Gull　●全長46cm／留鳥・漂鳥

ネコのような声で鳴く

飛翔時に尾羽の黒い帯状斑が目立つカモメ類。留鳥または漂鳥として沿岸部、漁港などに生息。北海道では夏鳥。若鳥は繁殖地には行かず、各地の沿岸部でそのまま越夏する個体が多い。雑食性で魚類、昆虫類、動物の死骸にも集まる。繁殖地ではコロニーを形成し、和名の由来でもあるネコに似た声でよく鳴く。雌雄同色で、嘴は黄色で先端が赤く、その内側に黒斑がある。体上面は濃い灰色で初列風切は黒い。尾羽は白く、黒く太い帯状斑がある。足は光沢ある黄色。夏羽は頭部から体下面は白く、冬羽は頭部に褐色斑がある。ひなは褐色の産毛に覆われていて、巣立ち後は親鳥を追って歩き回ったり、食べ物をねだったり活発に動き回る。

観察してみよう
尾羽に黒帯がある

野鳥の中でも、カモメ類は識別が難しいが、それだけに基準となる種の特徴や、決定的な識別点はぜひ覚えたい。ウミネコの成鳥の尾羽には明瞭な黒帯があり、これは成鳥に限っていえば、日本産カモメ類の中で本種だけなので、よい識別点になる。

チドリ目カモメ科カモメ属

カモメ【鷗】

Larus canus / Common Gull

全長45cm／冬鳥

ウミネコよりも表情がやさしく見える

カモメという名のカモメ類。冬鳥として九州以北に渡来。海岸、漁港などのほか、内陸部の湖沼にも生息し、主に魚類を捕食する。越冬期は群れで生活するが、大形カモメ類といることは少なく、大きさが同等のウミネコ(p153)、ユリカモメ(p151)と群れることが多い。雌雄同色で、冬羽は頭部から首にかけて明瞭な褐色斑がある。嘴は黄色いが、先端近くに黒斑がある個体も多く、虹彩は暗色。体上面は灰色で、ウミネコよりも淡い。体下面、尾羽は白い。静止時は翼先が黒く、白斑がある。足は緑色を帯びる黄色。成鳥の夏羽は頭部が白い。幼鳥は全身褐色を帯び、静止時は翼先が黒く、褐色の縁取りがある。嘴はピンク色で先端が黒く、足もピンク色。

観察してみよう

第一印象で識別

大きさや足の色、背の灰色が似ていることから、ウミネコによく間違われる。ただ虹彩が白っぽいウミネコに比べ、黒っぽいカモメは第一印象が異なるため、慣れてくると第一印象で識別できるようになる。

ワシカモメ【鷲鷗】

Larus glaucescens / Glaucous-winged Gull

● 全長65cm／冬鳥

鳴き声

ワシのように太い嘴

太い嘴の先端が膨らんで見えるカモメ類。冬鳥として主に北海道、東北地方に渡来し、関東地方以西では少ない。海岸、漁港、河口などに生息し、岩礁海岸を好む傾向がある。主に魚類を捕食し、死骸にも集まる。雌雄同色。成鳥の冬羽は頭部から首にかけて褐色斑があるが、点状にならない傾向がある。太い嘴は黄色く、下嘴の先端近くに赤斑がある。体上面は灰色でセグロカモメ(p157)よりも淡く、シロカモメ(p156)よりも濃い。体下面、尾羽は白い。静止時は翼先が体上面と同じ灰色で白斑がある。足はピンク色。成鳥の夏羽は頭部が一様に白い。幼鳥は全身が一様に淡い灰褐色で、嘴は黒く、足はほかの大形カモメ類よりも赤色みが濃く、紫色を帯びる。

観察してみよう
顔の違いに注目

最初はどれも同じように見えるカモメ類も、慣れてくると顔の違いがわかるようになる。本種は嘴が大きく前に突き出していることから、目が顔の後寄りについているように見える。また頭の大きさに比べて目が小さく見える。

チドリ目カモメ科カモメ属

シロカモメ【白鷗】

Larus hyperboreus / Glaucous Gull

●全長71cm／冬鳥

成鳥は真っ白ではない

背の色が淡い大形カモメ類。静止時には初列風切の白が目立つ。冬鳥として主に北海道、東北地方に渡来。関東地方以西では少ない。海岸、漁港、河口などに生息し、魚類、貝類などを食べる。雌雄同色。成鳥の冬羽は頭部から首にかけて褐色斑がある。嘴は黄色く、下嘴の先端近くに赤斑がある。体上面は灰色で、大形カモメ類では最も淡く、体下面、尾羽は白い。静止時は翼先が白く、足はピンク色。成鳥の夏羽は頭部が白い。若鳥は年齢により純白の個体や全身淡い褐色の個体がいるが、嘴がピンク色で先端が黒く、初列風切は白い。類似種のセグロカモメ(p157)は体上面の灰色が濃く、静止時、翼先は黒く白斑がある。ワシカモメ(p155)は翼先が灰色で白斑がある。

観察してみよう

白いのは若鳥

和名からは純白のカモメと思われがちだが、純白に近い個体は若鳥。成鳥の体上面は淡い灰色で、冬羽では頭部から首にかけて褐色斑がある。若鳥の嘴はピンク色で先端は黒い。写真は幼鳥。

チドリ目カモメ科カモメ属

セグロカモメ【背黒鷗】

Larus vegae / Vega Gull

● 全長61cm／冬鳥

鳴き声

背は黒ではなく灰色

背が灰色の大形カモメ類。冬鳥として全国に渡来。北海道では主に旅鳥で、春と秋に見られる。海岸、漁港、河口、湖沼などに生息し、大形カモメ類の中では最も普通に見られる。動物食で、魚類のほか、動物の死骸にも集まる。雌雄同色で、成鳥の冬羽は頭部から首にかけて褐色斑がある。嘴は黄色く、下嘴の先端近くに赤斑がある。体上面は灰色で体下面、尾羽は白い。静止時の翼先は黒く、白斑がある。足はピンク色だが、黄色みを帯びる個体もいる。成鳥の夏羽は頭部が白い。若鳥は全身淡い褐色で、こげ茶色の軸斑がある。翼先は黒く、縁取りは不明瞭。嘴は黒く、基部はピンク色。類似種のオオセグロカモメ(p158)は体上面が本種より濃い。

観察してみよう
灰色の濃さを覚える

多くの大形カモメ類の体上面は灰色だが、種によって濃さが異なる。最も普通に見られるセグロカモメの体上面の灰色は、最初に覚えたい大形カモメ類の基本となる。

チドリ目カモメ科カモメ属

オオセグロカモメ【大背黒鷗】

Larus schistisagus / Slaty-backed Gull　●全長64cm／冬鳥・留鳥

鳴き声

背の灰色は濃く、黒みが強い

背の灰色が濃い大形カモメ類。虹彩が淡色で目の周囲が黒いことから目つきが悪く見える。北海道、東北地方北部では留鳥として分布。東北地方以南では冬鳥として渡来し、海岸、漁港、洋上などに生息する。魚類、甲殻類、鳥の卵やひな、漁獲物や魚の死骸も食べる。雌雄同色。成鳥冬羽は頭部から首にかけて褐色斑があり、目の周りの斑が濃い傾向にある。嘴は黄色く、下嘴の先端近くに赤斑がある。体上面の灰色は黒みが強く、大形カモメ類で最も濃い。体下面、尾羽は白い。翼先は黒く、白斑がある。夏羽は頭部が白い。幼鳥は全身褐色だが、頭部は白っぽい個体が多い。静止時、体上面や翼先の羽縁が明瞭。

観察してみよう
街中でも繁殖

もともとは防波堤の上など、漁港付近の人工建造物に営巣していた。最近は繁殖期に北海道の札幌や苫小牧（とまこまい）の街中でも見られるようになり、ビルの屋上にある立体駐車場で繁殖する例が増えている。

• イラストで比較する •

主なカモメ類の見わけ方

比較的観察機会の多い代表的なカモメ類６種の、成鳥冬羽の見わけ方を紹介します。セグロカモメの上面の色を基準に、上面の色の濃淡を見わけの基準の一つにします。

チドリ目カモメ科コアジサシ属

コアジサシ【小鯵刺】

Sternula albifrons / Little Tern

● 全長 28cm/夏鳥

鳴き声

身近な環境で見られるアジサシ

公園の池など身近な環境でも見られるアジサシ類。水上をホバリングして獲物を探し、ダイビングして捕食する。夏鳥として本州以南に渡来して、海岸、河川、河口、湖沼などに生息し、主に魚類を捕食する。「キリッ、キリッ」と鋭い声を発しながら飛翔する。埋立地や砂浜にコロニーを形成し、地上に営巣するが、繁殖環境の減少により個体数が減少しているため、繁殖地の保護、繁殖環境の整備が各地で行われている。雌雄同色で、夏羽は額が白く、過眼線と頭頂、後頭が黒い。体上面は淡い灰色で、喉から体下面は白い。尾羽も白く燕尾形。嘴は黄色で先端は黒く、足は橙色。冬羽は額から前部が白くなり、嘴と足が黒い。幼鳥は、頭頂と体上面に褐色の羽毛がある。

観察してみよう
とことこ歩いて求愛給餌

繁殖期にオスは「キリッ、キリッ」と激しく鳴きながら海上に飛んでいっては小魚を捕り、それをメスに与える求愛給餌を頻繁に行う。この際、オスは魚をくわえたまま地上に降り、とことこ歩いてメスに接近して魚を渡す。

ベニアジサシ【紅鰺刺】

Sterna dougallii / Roseate Tern

●全長33cm／夏鳥

地鳴き

夏羽

嘴と尾羽が細長く、スマートな鳥

赤い足と嘴が目立ち、尾羽が長くスマートなアジサシ類。夏鳥として南西諸島に渡来するほか、九州、四国、本州の一部でも繁殖が確認された。そのほかの地域での記録は、ほとんどが台風通過などによる迷行。海岸、海上に生息し、無人島や岩礁にコロニーを形成して繁殖する。主に魚類を捕食する。嘴や足が赤いのが和名の由来で、繁殖期に胸が赤みを帯びる個体もいる。雌雄同色。夏羽は額から後頭が黒く、体上面は淡い灰色で、喉から体下面、腰と尾羽は白い。尾羽は燕尾形で、静止時は尾羽の先端が翼先を大きく越える。嘴は赤く、先端が黒いが、繁殖期には先端まで赤くなる個体もいる。冬羽では嘴が黒くなる。

おもしろい生態

6000km以上の渡り

これまで、日本で繁殖する個体の越冬地はさだかではなかったが、オーストラリア北東岸で捕獲した個体から、日本で装着された足環が確認された。これにより、繁殖地と越冬地間の距離は6000km以上もあることがわかった。

チドリ目カモメ科アジサシ属

エリグロアジサシ【襟黒鰺刺】

Sterna sumatrana / Black-naped Tern

●全長30cm／夏鳥

地鳴き

夏羽

過眼線から後頭が黒い。

体上面は淡い灰色。

嘴は黒い。

尾羽は燕尾形で、静止時は尾羽の先端が翼先を越える。

南国の海に映える白いアジサシ

ほぼ純白ながら、過眼線から続くように後頭が黒く、これを襟に見立てたことが和名の由来。夏鳥として奄美諸島以南の南西諸島に飛来。北海道、本州、四国、九州などでも記録があるが、ほとんどが台風通過などによる迷行。海岸、岩礁帯、漁港、海上などに生息し、周辺の小島や岩礁で繁殖する。飛翔しながら「ギュイ、ギュイ」「キッ、キッ」とよく鳴く。海面上を飛翔しながら主に魚類を探し、巧みな飛翔で急降下したり、ホバリングしたりして捕食する。雌雄同色。成鳥は過眼線から後頭が黒く、嘴と足も黒い。体上面は灰色がかるが、ほぼ全身が白く見える。白い尾羽は燕尾形で、静止時は尾羽の先端が翼先を越える。

観察してみよう 青い海に映える

南西諸島の海上や河口、漁港では、集団で乱舞しながら魚を捕る姿がよく見られる。集団でひらひらとホバリングしながら少しずつ場所を横にずらし、次々に海面にダイビングする光景は、青い海に映えて美しい。

チドリ目カモメ科アジサシ属

アジサシ【鰺刺】

Sterna hirundo / Common Tern

●全長35cm／旅鳥

地鳴き

大きな群れになるアジサシ

渡り期に砂浜で群れ飛ぶアジサシ類。旅鳥として春と秋の渡り期に全国の海岸、干潟、河口などに渡来。富山県、群馬県、東京都で繁殖した例がある。ダイビングして、魚を嘴で刺すように捕食することが和名の由来。雌雄同色で、夏羽は嘴と額から後頸にかけて黒く、体上面は灰色で、ほおから首は白い。体下面は淡い灰色。深い燕尾形の尾羽は白いが、尾羽の外側は黒く、静止時、翼の端を越えない。足は黒いが、赤い個体もいる。冬羽は額が白く、頭頂から後頸は黒いが、斑模様になる個体がいる。頭部が似ている類似種のベニアジサシ(p161)は嘴が赤く、体上面がより白っぽくて、静止時は尾羽が翼端を越える。

観察してみよう

数百羽の群れも

主に春と秋の渡り期に見られ、特に春は数百羽の群れが海岸や干潟に飛来して大きな群れをつくる。群れは落ち着きがなく、一斉に飛び立ってはまた戻る行動を繰り返す。

「キッ、キッ」と鳴く。

チドリ目カモメ科アジサシ属

キョクアジサシ【極鰺刺】

Sterna paradisaea / Arctic Tern

●全長35cm／迷鳥

北極圏と南極圏を行き来する鳥

尾羽が長く、足が非常に短いアジサシ類。最も長距離を移動する鳥の一つで、北極圏と南極圏を行き来する。国内では迷鳥あるいはまれな旅鳥として主に夏季に、茨城県、千葉県、神奈川県、静岡県などで記録がある。海岸、河口、干潟、海上などに生息し、主に魚類を捕食する。雌雄同色。夏羽は額から後頭がベレー帽状に黒く、ほおから首は白い。体上面、体下面は灰色。白く長い尾羽は燕尾形で、静止時には尾端が翼先を越える。嘴と足は赤く、足は地上に降りていると見えにくいほど短い。初列風切後縁が黒いため、飛翔時には黒帯状に見える。類似種のベニアジサシ(p161)は本種より嘴、足が長く、体上面の灰色がより淡く、体下面は白い。

おもしろい生態

驚異の長距離移動

キョクアジサシはその名のとおり、北極圏と南極圏を1年かけて往復する。衛星を利用した調査によって、大西洋上を直線的に飛行するのではなく、アフリカや南アメリカを経由することがわかった。その移動距離は4万～9万kmにも及ぶという。

チドリ目カモメ科クロハラアジサシ属

クロハラアジサシ【黒腹鰺刺】

Chlidonias hybrida / Whiskered Tern

● 全長25cm／旅鳥

地鳴き

主に淡水域で見られる沼アジサシ

成鳥夏羽は腹が黒っぽいことが和名の由来。コアジサシ(p160)よりやや小さい。旅鳥として春から初夏にかけて全国で記録があり、南西諸島では秋に大きな群れで見られることがある。干潟、海岸、河口部でも見られるが内陸部の湖沼など、比較的淡水域を好む。雌雄同色。成鳥夏羽は全身がほぼ灰色で体下面は黒っぽい。ほおは白く、頭頂が帽子をかぶったように黒い。嘴と足はくすんだ赤色。冬羽は体下面が白くなり、頭頂は白黒の細かい斑になる。嘴は黒く、足はくすんだ赤色。幼鳥は額や背、肩羽に褐色斑がある。食性は動物食で魚を狙ってダイビングをする反面、アジサシ類としては珍しく、畑や草地を飛び回って昆虫も捕食する。

観察してみよう
草地でも採食

アジサシ類といえば干潟や湖沼など、水辺で生活している印象が強い。ただ本種のような沼アジサシ類と呼ばれる種は、草地でも巧みな飛翔で採食行動をする。写真は幼鳥。

チドリ目トウゾクカモメ科トウゾクカモメ属

トウゾクカモメ【盗賊鷗】

Stercorarius pomarinus / Pomarine Jaeger

●全長49cm／冬鳥・旅鳥

横取りして盗むのが得意

洋上でカモメ類の群れにつきまとい、獲物を奪い取る海鳥。この習性が和名の由来で、飲み込んだものを吐かせることもある。旅鳥または冬鳥として主に海上で観察され、特に太平洋上では晩秋から初冬にかけて多く観察される。繁殖地では海鳥の卵やひなも捕食する。雌雄同色で、淡色型から暗色型まで個体差がある。淡色型の夏羽は目先から頭頂が黒く、喉から後頸にかけて黄色みがあり、胸に帯状の模様がある個体が多い。暗色型は全身が黒っぽい。いずれも初列風切下面の基部に明瞭な白斑があり、夏羽では中央尾羽が長く、ねじれてスプーン状になる。冬羽は中央尾羽が短く、体下面や上尾筒、下尾筒に横斑がある個体が多い。

観察してみよう

カモメの群れに紛れる

洋上でカモメ類の群れが着水していると、紛れ込んで着水していることが多い。カモメ類が一斉に飛び立つと、やや高い場所を直線的に飛翔し、カモメ類から獲物の横取りを狙う。翼の先がとがって見える。

チドリ目ウミスズメ科ウミガラス属

ウミガラス【海鳥】

Uria aalge / Common Murre

● 全長43cm／冬鳥

白黒ツートーンの羽色

その鳴き声からオロロン鳥とも呼ばれる海鳥。北海道天売島で少数が繁殖する。非繁殖期は冬鳥として主に本州北部から北海道沿岸の海上で見られ、まれに漁港内でも見られる。巧みに潜水して魚類やイカなどを捕食する。天売島ではかつて数万羽のコロニーがあったが、漁業による混獲、オオセグロカモメ(p158)などの天敵の増加により繁殖群が減少していった。雌雄同色で、夏羽は頭部、首、体上面が黒いが、順光ではチョコレートブラウンに見える。嘴基部と目の後方に細い灰色の線がある。胸から体下面、三列風切、次列風切先端が白く、脇には黒い横斑がある。冬羽はほおから前頸が白くなり、目の後方に黒い線がある。嘴と足は黒い。

考えてみよう 保護活動について

天売島では繁殖地の消失が懸念されている。コロニー（集団繁殖地）再生に向けて、繁殖地の断崖にデコイ（鳥の模型）を設置したり、音声を流したりして個体誘引を行い、繁殖個体群の回復を試みている。

「アアアアア……」「グァァァァ」と鳴き、「オロローン」「ウルルーン」と聞こえる。

チドリ目ウミスズメ科ウミバト属

ウミバト【海鳩】

Cepphus columba / Pigeon Guillemot

● 全長33cm／冬鳥

冬羽

亜種 ウミバト

亜種 亜種アリューシャンウミバト

名前はハトでもウミスズメ

日本では冬鳥として東北以北の海上で見られ、陸地に近い海域を好む傾向がある。根室半島周辺海域では安定して渡来している。日本では亜種ウミバト、亜種アリューシャンウミバトが渡来していると思われる。雌雄同色。亜種ウミバトの冬羽は額から後頭にかけて黒く、後頸は灰色。体上面は黒く小さな白斑がある個体もいる。白いアイリングがあり、喉から体下面は白い。亜種アリューシャンウミバトの冬羽は全体に白っぽく、目の周囲が黒い。頭頂から頸には細かい黒斑があり、雨覆の白斑に黒い切れ込みがある。なお、本書では雨覆の白斑がないものを亜種ウミバト、雨覆に白斑があるものを亜種アリューシャンウミバトとして記載した。

観察してみよう
警戒心が薄い

ウミスズメ類を小型船から観察していると、種によって警戒心が異なることに気づく。本種やウミガラス（p167）やエトピリカ（p173）は特に警戒心が薄く、船を寄せても潜水したり飛んだりせず、のんびりと浮いている個体が多い。写真は亜種アリューシャンウミバト。

チドリ目ウミスズメ科ウミバト属

ケイマフリ【海鳩】

Cepphus carbo / Spectacled Guillemot　●全長37cm／冬鳥・留鳥

赤い足が和名の由来

赤く目立つ足と、目の周囲の白い斑が特徴の海鳥。赤い足をアイヌ語で「ケマフレ」といい、和名の由来となった。北海道天売島、ユルリ島、モユルリ島、下北半島などで繁殖し、非繁殖期は主に本州北部から北海道沿岸の海上で見られ、まれに漁港内でも見られる。波の穏やかな入江などに集まり、潜水してイカナゴなどの魚類、甲殻類を捕食する。海岸付近の断崖の岩穴や岩の隙間に営巣する。繁殖期には「ピーピー」「ピピピピ……」と鳴く。雌雄同色。夏羽は全身が光沢のある黒で、目の周囲が勾玉状に白く、上嘴と下嘴の基部も白い。冬羽は白いアイリングが目立ち、ほおから首、体下面が白い。嘴は黒く、鋭く長い。

観察してみよう

求愛行動

繁殖期にはどこからともなく海面上に集まり、向かい合って「ピピピピ……」と鳴きながら嘴を上げる行動を頻繁に行う。またウミスズメ類としては珍しく、高い場所をつがいで飛翔する、求愛行動を行う。

チドリ目ウミスズメ科ウミスズメ属

ウミスズメ【海雀】

Synthliboramphus antiquus / Ancient Murrelet　●全長26cm／冬鳥・留鳥

ペンギンが浮いているよう!?

　外洋に生息し、ほぼ船上からしか観察できない小形の海鳥。北海道周辺の島々で少数が繁殖し、非繁殖期は九州以北の海上で10羽ほどの小さな群れで行動する。外洋が荒天の日は漁港や湾内で見られることもある。捕食行動時は深く潜水し、魚を追いかけるが、定置網や刺し網に引っ掛かり、脱出できずに命を落とすケースが増え、問題になっている。雌雄同色。夏羽は頭部から喉、後頸が黒く、目の上から後方に白斑がある。体上面は灰色で、体下面は白い。嘴はピンク色。冬羽は頭部の白斑がなくなり、喉の白が目の後方まで食い込む。嘴のピンク色も淡くなる。類似種のカンムリウミスズメ(p171)は嘴が青みのある灰色。

探し方

海上では浮いている海鳥類が比較的多く、波の状況などの影響からそれぞれを混同しやすい。ウミスズメは首の立ち上がりはほとんどなく、長方形の箱が浮いているように見える点で、小形カイツブリ類などと識別できる。

 ホオジロ(p376)の地鳴きに似た「チッチッ」という声で鳴く。

チドリ目ウミスズメ科ウミスズメ属

カンムリウミスズメ【冠海雀】

Synthliboramphus wumizusume / Japanese Murrelet

全長24cm／夏鳥・漂鳥

地鳴き

冠羽がキュートなウミスズメ

その名のとおり、小さな冠羽があるウミスズメ類。国の天然記念物に指定されている。本州、四国、九州の島々や伊豆諸島で繁殖し、非繁殖期も周辺海域に残る個体がいるほか、秋に三陸沖などで多くの個体が観察され、北上する個体もいると思われる。油による海洋汚染、漁業による混獲、繁殖地におけるドブネズミによる捕食などにより、個体数が減少している。雌雄同色。夏羽は頭部から喉は黒く、後頭が白い。嘴は青みのある灰色で、頭頂には黒い冠羽がある。体上面は灰色だが初列風切は黒く、体下面は白い。冬羽では冠羽がなくなり、頭頂から体上面は一様に灰色になる。類似種のウミスズメ(p170)の夏羽は嘴がピンク色。

観察してみよう

尾羽をぴんと立てる

海面に浮かび、波間を漂いながら頻繁に潜水しては、魚類や甲殻類などを捕食する。警戒したときなどには、しばしば顎を上げ、首をぐっと伸ばした姿勢で、短い尾羽をぴんと立てる独特の行動を見せる。

チドリ目ウミスズメ科ウトウ属

ウトウ【善知鳥】

Cerorhinca monocerata / Rhinoceros Auklet　●全長38cm／漂鳥

地鳴き

嘴基部の突起が名前の由来

ユーモラスな顔の大形ウミスズメ類。北海道天売島（てうりとう）、ユルリ島、モユルリ島などで繁殖し、天売島は約100万羽が繁殖する世界最大の繁殖地とされる。非繁殖期は九州以北の海上で見られる。主に魚食でイワシ、イカナゴ、イカなどを潜水して捕食する。「ウトウ」はアイヌ語で突起の意味で、嘴基部の突起が和名の由来とされる。雌雄同色で、ほぼ全身がこげ茶色だが、顔から前頸、脇は色がやや淡い。下腹から下尾筒は白い。嘴は太く、夏羽では鮮やかな橙色で、基部には白い突起がある。目の後方と嘴基部から白い飾り羽が生える。冬羽では嘴の色が淡くなり、突起はなくなり、飾り羽も目立たなくなる。

観察してみよう

魚をくわえて巣に戻る

天売島では日没に合わせて、総数80万羽といわれるウトウの親鳥が集団で巣に戻ってくる様子が観察できる。嘴にイワシ、キビナゴなどをくわえ、地上に掘られた巣穴に戻って行く様子を間近に見ることもできる。

チドリ目ウミスズメ科ツノメドリ属

エトピリカ【花魁鳥】

Fratercula cirrhata / Tufted Puffin

●全長39cm／漂鳥

橙色の大きく美しい嘴

頭部が鮮やかなことから花魁鳥(おいらん)とも呼ばれるウミスズメ類。北海道ユルリ島、モユルリ島、霧多布(きりたっぷ)周辺の海に面した断崖で少数が繁殖し、非繁殖期は主に本州北部から北海道沿岸の海上で見られる。接近する船舶に対して警戒心が弱い個体が多い。潜水して魚やイカを捕食する。和名はアイヌ語での、エトゥ（鼻や鳥の嘴の意味）ピリカ（よいや美しいなどの意味）を意味する。雌雄同色で、夏羽は全身黒く、顔は化粧をしたように白い。目の周囲は赤く、両目後方に黄色い飾り羽があり、後頸に垂れ下がっている。嘴は大きく縦に扁平で、橙色が目立ち、上嘴基部は色がくすんでいる。冬羽は全身こげ茶色で、目の周囲は褐色。嘴は赤みが淡くなり、上嘴基部は褐色で、足は橙色。

観察してみよう
高い位置を飛ぶ

多くのウミスズメ類は、水面すれすれを飛翔する傾向がある。しかし本種は、比較的高い場所を飛翔し、航行する船舶に対して接近し、周囲を繰り返し旋回飛翔するなど、あたかも偵察しているような行動をする。

ネッタイチョウ目ネッタイチョウ科ネッタイチョウ属

アカオネッタイチョウ【赤尾熱帯鳥】

Phaethon rubricauda / Red-tailed Tropicbird

● 全長96cm／迷鳥

真っ赤な長い尾羽は意外に目立たない

日本では夏鳥として硫黄列島、小笠原諸島、中御神島(なかのうがんじま)に渡来し、北硫黄島、西之島、南鳥島、南硫黄島で繁殖記録がある。近年では夏季に北上する個体が増え、八丈島に向かう定期航路からの観察例が増えている。本州でも各地で記録があるが、ほとんどが台風通過後の迷行によるもの。パタパタとした羽ばたきと短い滑翔を織り交ぜて飛び、比較的高い位置を飛ぶことが多い。雌雄同色。成鳥は全身がほぼ純白で、嘴は赤く、目先から目の後方に黒斑がある。尾は白くくさび形で、中央尾羽は赤色で非常に長い。幼鳥も全身ほぼ純白で目先から目の後方に黒斑がある。頭頂から翼上面には黒斑が散在し、嘴は黒く基部は灰色。

観察してみよう

偵察行動?

航行する船舶に警戒しているのか? 興味を示しているのか?　かなり高い位置を飛翔しながらみるみる接近してきて、真上をぐるぐると旋回飛翔する行動がよく見られる。近縁種のシラオネッタイチョウでは、同様の行動を見たことがない。

アビ【阿比】

Gavia stellata / Red-throated Loon

●全長63cm／冬鳥・旅鳥

流線形で大形の海鳥

夏羽で喉の赤斑が目立つ外洋性のアビ類。冬鳥として九州以北の沿岸部に渡来する。北海道では旅鳥で、特に春の渡り期に目にする機会が比較的多い。アビ類では最小。魚食(うおは)みの「はみ」がなまったのが和名の由来といわれる。雌雄同色。虹彩は赤色で、嘴がやや上に反っている。冬羽は頭頂から後頸、体上面は黒っぽく、白い斑が散在し、ほおから前頸、体下面は白い。夏羽は頭部が灰色で喉に大きな赤斑があり、後頭から後頸には黒い縦斑がある。体上面は濃い灰色。足が体後方についているため、潜水行動に適しているが歩行は苦手。類似種のシロエリオオハム(p176)は体も頭部も大きく、冬羽では喉にリング状の斑があり、嘴も反らない。

探し方

外洋性で、陸地からの観察は難しいが、外洋が荒れている日は漁港や湾内に避難してくる個体が多い。春先の渡り期には沿岸部で数百羽の群れを見ることもある。

観察してみよう

上を向く

嘴がやや上に反っているだけでなく、首を伸ばして上のほうを見るような姿勢で浮いているため、遠くの個体もこの姿勢で識別することができる。

アビ目アビ科アビ属

シロエリオオハム【白襟大波武】

Gavia pacifica / Pacific Loon

● 全長65cm／冬鳥

地鳴き

瀬戸内海の伝統漁で使われた

観察機会の多いアビ類。瀬戸内海で行われていたアビ漁のアビは、多くが本種。冬鳥として主に九州以北の沿岸部に渡来。外洋性が強いが、面積が広い湖沼でも見られ、頻繁に潜水して魚類を捕食する。雌雄同色。冬羽は額から頭頂、後頸から体上面が茶褐色で体下面は白く、喉にリング状斑があり、虹彩は赤い。夏羽は顔から喉にかけて黒く、前頸には紫色の光沢があり、側頸には白い縦縞がある。頭頂から後頸は灰色。体上面はほぼ黒く、白く四角い斑が並ぶ。夏羽、冬羽ともに同属のオオハムに似るが、オオハムは嘴が長く、脇に白斑があり、夏羽では前頸に緑色光沢があり、冬羽では喉にリング状斑がないなどの点で見わけられる。

? 考えてみよう
できなくなったアビ漁

かつて瀬戸内海では本種を使ったアビ漁が盛んだった。群れがイカナゴの群れを追い込み、イカナゴを追ってきたタイやスズキを一本釣りするという漁法である。しかし、環境改変によりイカナゴも本種も激減し、過去の話になってしまった。

コアホウドリ【小信天翁】

Phoebastria immutabilis / Laysan Albatross　● 全長80cm／翼開長200cm／漂鳥

黒いアイシャドウが目印

晩秋に多いアホウドリ類。北太平洋に分布し、小笠原諸島聟島（むこじま）などで繁殖するが、非繁殖期はベーリング海、アラスカ湾などで過ごす。晩秋から初冬の太平洋航路では個体数が多いため観察頻度が高く、荒天の日には数百羽が乱舞する様子が観察できる。操業中の漁船の周囲に集まる傾向がある。雌雄同色で、成鳥は頭部から体下面、上尾筒が白く、体上面と尾羽の先端が一様にこげ茶色。目先がアイシャドウのように黒いため、アホウドリ類では表情がきつく見える。嘴は淡いピンク色で、先端は色が淡い。翼下面は白く、黒い縁取りがあるが、模様には個体差がある。足はピンク色。幼鳥や若鳥は嘴が灰色みがかるほかは成鳥とほぼ変わらない。

観察してみよう
不格好な飛び立ち

まったく羽ばたかず、長距離を移動できるアホウドリ類の飛翔は優雅だが、飛び立ちは不格好。着水状態から、まずたたまれている長い両翼をゆっくりと伸ばし、大きく羽ばたきながら水面を音を立てて走り、助走して飛び立つ。

ミズナギドリ目アホウドリ科アホウドリ属

クロアシアホウドリ【黒足信天翁】

Phoebastria nigripes / Black-footed Albatross　●全長70cm／翼開長210cm／夏鳥・漂鳥

嘴と足が黒いアホウドリ

日本近海では夏に多い、嘴の黒いアホウドリ類。北太平洋に分布し、伊豆諸島鳥島(とりしま)、小笠原諸島、尖閣諸島(せんかくしょとう)などで繁殖するが、最近は伊豆諸島八丈小島(はちじょうこじま)でも営巣数が増えている。非繁殖期はベーリング海、アラスカ湾などで過ごす。雌雄同色。成鳥はほぼ全身がこげ茶色で、体下面は色がやや淡く、顔の前面と初列風切基部の羽軸が白い。嘴と足は黒いが、嘴はやや肉色がかって見える個体もいる。上尾筒、下尾筒の白さには個体差があるが、若鳥は暗色で、成鳥はより白い傾向にある。夏の太平洋航路、東北～北海道沖では、個体数が多いため観察頻度が高く、穏やかな日には数十羽の群れが着水している様子が観察できる。

探し方

洋上で漁船が漁網を下ろして操業しているときをチェック。アホウドリ類が群がっていることが多い。カモメ類も群がるが、アホウドリ類のほうが大きいので見わけられる。

観察してみよう　黒い足

和名の由来である黒い足を見ることは難しいが、水面から飛び立つときには簡単に見られる。

ミズナギドリ目アホウドリ科アホウドリ属

アホウドリ【信天翁】

Phoebastria albatrus / Short-tailed Albatross

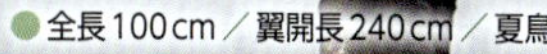

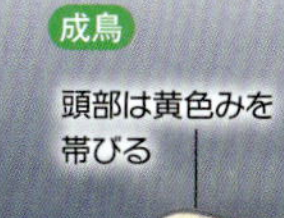

絶滅の危機から復活

翼開長が、240cmにも及ぶ巨大な海鳥。北太平洋に分布し、主に伊豆諸島鳥島で繁殖する。繁殖期は繁殖地周辺や太平洋沖で見られ、非繁殖期はベーリング海、アラスカ湾などで過ごす。和名は地上での動きが鈍く、容易に捕獲できたことから。乱獲により絶滅が危惧されたが、鳥島での保護増殖活動により個体数が回復してきた。2008年からは、小笠原諸島の聟島（むこじま）に繁殖地を移す計画が進められ、鳥島から移送したヒナを5年間で69羽巣立たせている。雌雄同色。完全な成鳥羽になるまでに10年以上を要する。成鳥は頭部に黄色みがあり、翼の一部と尾羽先端が黒い以外はほぼ全身が白い。幼鳥は全身が黒く、年齢とともに白色部が増えてくる。

観察してみよう
ダイナミックソアリング

風下に向かって降下しながら速度を上げ、直後に方向転換して風上に向かい上昇する。これを繰り返す飛翔をダイナミックソアリングと呼ぶ。アホウドリはこの方法を用いることで羽ばたきを極限まで減らし、効率よく長距離移動することができる。

ミズナギドリ目ミズナギドリ科フルマカモメ属

フルマカモメ【管鼻鸌】

Fulmarus glacialis / Northern Fulmar　●全長49cm／翼開長107cm／夏鳥・留鳥

ずんぐりしたミズナギドリ

頭部が大きく翼が太く短いため、ずんぐりとした体型に見えるミズナギドリ類。本州中部以北から北海道沿岸でほぼ1年中見られるが、東北地方以北の太平洋上では夏に多く見られる。北大西洋、北太平洋の島々で繁殖する。雌雄同色で、日本近海では暗色型が多いが、褐色みのある中間的な色合いの個体や、ほぼ純白に近い淡色型までさまざまな個体がいる。暗色型はほぼ全身が濃い灰色、淡色型は頭部から体下面が白く、背、翼上面などに褐色みがある。嘴は黄色で太く短く、管鼻(かんび)が発達している。属名の*Fulmarus*は悪臭がするという意味で、本種が口から悪臭のする液体を吐き出す防御行動に由来する。

観察してみよう

ぜんまい仕掛けのよう

羽ばたきと、羽ばたかずに飛ぶ滑翔を交えて飛翔するが、翼にしなやかさがなく、ぱたぱたと羽ばたき、ぜんまい仕掛けの人形の動きのように見える。強風時は弧を描くような飛翔をすることがある。

ハジロミズナギドリ【羽白水薙鳥】

Pterodroma solandri / Providence Petrel　●全長40cm／翼開長100cm／迷鳥

晩秋の北航路の主役

フルマカモメ(p180)に似た印象でややずんぐりした海鳥。主に夏から秋の東北以北、北海道東部の沖合で見られる。青森県八戸港から北海道苫小牧(とまこまい)港へ向かうフェリー上からは、数百羽単位で見られることが多いが、まんべんなく見られるわけではなく、特定の海域で一気に集中して見られる傾向がある。雌雄同色。全身くすんだ灰色で、背は灰色がかり、体下面はやや色が薄い。嘴は黒く、基部が白い。翼下面に特徴があり、初列風切、下雨覆の基部が白く、2つに分かれて見える。尾はくさび形。パタパタした羽ばたきと、やや長めの滑翔を繰り返しながら飛翔し、大きく弧を描くようにして海面よりも高い位置を飛翔することが多い。

観察してみよう
換羽中の個体に注意

晩秋の東北航路では、翼がきれいに揃った個体よりも、むしろ換羽中の個体が数多く、特に初列風切が換羽している個体は内弁の白色がはっきり見えるため、翼上面に白斑があるように見えるので注意が必要。

ミズナギドリ目ミズナギドリ科シロハラミズナギドリ属

シロハラミズナギドリ【白腹水薙鳥】

Pterodroma hypoleuca / Bonin Petrel　● 全長31cm／翼開長69cm／迷鳥

体下面の純白と黒のコントラストが美しい

小笠原を代表する美しいミズナギドリ類。小笠原諸島の北之島（きたのしま）と硫黄列島の南硫黄島（みなみいおうとう）で繁殖し、夏から秋にかけて移動して、本州中部以北まで北上する個体もいる。雌雄同色で、顔前面から喉、胸から体下面は白く、目の周囲から頭頂は黒い。体上面は灰色で、黒いM字形の模様があるが不明瞭な個体もいる。体面同様、翼下面も白く、濁りのない透き通るような純白に見える。翼角に三角形の黒斑と斜めの黒線があり、純白と黒のコントラストが美しい。嘴は黒く、足はピンク色。単独で見られることが多く、航行する船舶に接近することはまれ。

探し方

上面が灰色のため、海面に溶け込んでしまい見つけにくいが、翻（ひるがえ）って体下面が見えると、澄んだ白色が目立ち、見つけやすい。

観察してみよう
巧みな飛行術

海上の風を利用して、羽ばたきと滑翔を織り交ぜながら飛翔する。ぱたぱたと軽く羽ばたき、滑翔時はしばしば大きく上下動しながら飛んでいく。

ミズナギドリ目ミズナギドリ科オオミズナギドリ属

オオミズナギドリ【大水薙鳥】

鳴き合い

Calonectris leucomelas / Streaked Shearwater ●全長49cm／翼開長122cm／留鳥

日本で最も大形のミズナギドリ

最も普通に見られるミズナギドリ類で、日本で見られるミズナギドリ類で最も大きい。北海道から八重山諸島近海まで広く分布し、陸地から観察することもできる。非繁殖期も群れで生息し、体上面は黒っぽく、体下面は白っぽいため、黒と白の鳥が混在して飛翔しているように見える。冬季はオーストラリア北部海域で越冬するが、日本近海にとどまる個体もいる。雌雄同色で、頭部に白黒の斑模様があり、嘴も白っぽい。体上面はこげ茶色で白い波状斑があり、喉から体下面は白い。翼下面は白いが、風切と下雨覆の一部がこげ茶色。足は肉色。御蔵島（みくらじま）に大規模な繁殖地があるため、春の伊豆諸島航路では数万羽もの大群が見られる。

おもしろい生態

地表から飛び立つことができないため、繁殖地では斜面を利用して助走したり、木に登って、そこから飛び降りたりして飛び立つ。

観察してみよう

滑翔の使い方を見よう

ミズナギドリ類は海上に吹く風を利用して、羽ばたきと滑翔を交えて飛翔する。本種は羽ばたきが深く大きく、滑翔時間が短いが、海上の風が強い日は長くなる。

ミズナギドリ目ミズナギドリ科ハシボソミズナギドリ属

オナガミズナギドリ【尾長水薙鳥】

Ardenna pacifica / Wedge-tailed Shearwater ●全長42cm／翼開長100cm／夏鳥

小笠原海域で最も普通に見られるミズナギドリ類

伊豆諸島沖で数多く見られるオオミズナギドリに似るが、小笠原諸島沖ではオナガミズナギドリが数多く見られる。夏鳥として小笠原諸島、硫黄列島に渡来する。ただ秋から冬も同海域で見られる。雌雄同色。淡色型と暗色型があるが日本の近海では主に淡色型が観察される。淡色型は頭部から体上面が褐色で尾はとがっていて長い。体下面、翼下面は白く、前縁、後縁ともに褐色の明瞭な縁取りがある。嘴はピンク色で先端は黒い。食性は動物食で海上を飛び回りながら主に魚類を探して捕食する。繁殖期には周辺海域の小島の斜面に横穴を掘って営巣し繁殖する。

観察してみよう

群れで見られる

春の太平洋航路は海鳥の北上期であることから海鳥を群れで見る機会が多い。一方、夏の小笠原航路は海鳥を群れで見ることはまれで、本種が唯一群れで見られるといっても過言ではない。

ミズナギドリ目ミズナギドリ科ハシボソミズナギドリ属

ハシボソミズナギドリ【嘴細水薙鳥】

Ardenna tenuirostris / Short-tailed Shearwater ●全長42cm／翼開長97cm／夏鳥

嘴は
細く短い。

長旅をするミズナギドリ

長距離を旅する鳥類の代表格。年間の累計飛翔距離は約32000kmにも及ぶ。オーストラリア南東部のタスマニア島周辺で繁殖し、非繁殖期はベーリング海を越えて北極海まで渡る個体もいる。日本の太平洋沿岸では4月末から7月にかけて数万羽の大群が見られるが、さらに北方の海域では数十万羽の大群が獲物を求めて移動しながら採食する、アリューシャンマジックと呼ばれる行動が見られる。雌雄同色で、ほぼ全身がこげ茶色だが、翼下面は銀白色や灰色など個体差があり、嘴は黒い。幼鳥は背や翼上面に褐色の羽縁がある。類似種のハイイロミズナギドリは額がなだらかで嘴が長く、翼はより長く幅が広い。

観察してみよう

風を利用する達人

海上の風を利用して、羽ばたきと、羽ばたかずに飛ぶ滑翔を織り交ぜながら飛翔する。羽ばたきは浅く、速く、翼の先端部だけを使っているように見える。滑翔する時間は比較的長い。

ミズナギドリ目ミズナギドリ科ハシボソミズナギドリ属

アカアシミズナギドリ【赤脚水薙鳥】

Ardenna carneipes / Flesh-footed Shearwater

● 全長48cm／翼開長109cm／迷鳥

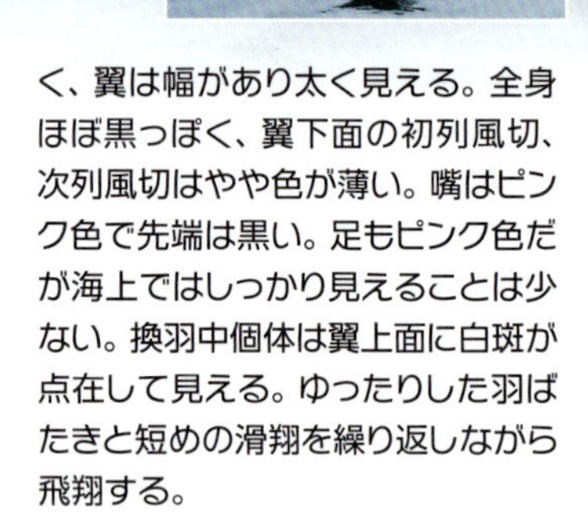

黒さが際立つミズナギドリ類

日本近海で見られるハシボソミズナギドリ(p185)、ハイイロミズナギドリと並んで、俗にクロナギと呼ばれるミズナギドリ類。この3種の中では特に黒色が濃い印象がある。日本近海ではほぼ1年中見られ、日本海側でも記録が多い。特に春から夏に多く、北海道羅臼(らうす)町沖合では、盛夏の頃に観光船から数十羽単位の群れが見られる。雌雄同色。尾は短く、翼は幅があり太く見える。全身ほぼ黒っぽく、翼下面の初列風切、次列風切はやや色が薄い。嘴はピンク色で先端は黒い。足もピンク色だが海上ではしっかり見えることは少ない。換羽中個体は翼上面に白斑が点在して見える。ゆったりした羽ばたきと短めの滑翔を繰り返しながら飛翔する。

観察してみよう

赤い足を見る

和名からもわかるように本種は足が赤い。厳密にいえばピンク色だが、洋上ではなかなか見る機会がない。ただし、着水姿勢から飛び立つ際には、海面を走るような動作をするため見ることができる。

アナドリ【穴鳥】

Bulweria bulwerii / Bulwer's Petrel

● 全長27cm／翼開長65cm／夏鳥

ウミツバメ類のようなミズナギドリ

夏の伊豆諸島から小笠原群島まで、まんべんなく見られる夏の海鳥の代表種。夏鳥として伊豆諸島、小笠原群島、硫黄列島、奄美諸島、八重山諸島などの島々の崖の隙間などで繁殖し、周辺海域で見られる。雌雄同色。全身ほぼ黒褐色で、嘴は黒く、風切はやや色が濃い。翼上面には逆八の字の褐色斑があるが、遠目にはそれほど目立たない。ウミツバメ類と誤認されがちだが、翼が長いため翼開長はウミツバメ類よりもずっと長く、長くとがった尾は広げるとくさび形。しなやかで力強く深い羽ばたきと、長めの滑翔を織り交ぜ、波間をぬうようにジグザグに低く飛ぶ。滑翔時には大きく体を左右に振ったり、急に方向転換したりもする。

観察してみよう
胸を反らせるような動作

本種が飛翔している様子を観察していると、突然、キュッと頭を持ち上げるようにして胸も反らせ、同時に尾をやや持ち上げてから、方向転換する独特の動作をする。変化に富んだ飛翔をするため、がんばって双眼鏡で追って見よう。

大きさで見わける

繁殖期以外を、ほぼ洋上で生活している鳥を総称して海鳥と呼んでいます。洋上を長距離移動しながら生活している種が多いため、生活圏を区分けすることは難しいのですが、夏季に本州以北の海域で見られる種と本州以南の海域で見られる種に大ざっぱに分けることが一般的です。

海鳥は陸地から観察することもありますが、ほとんどの場合、船上からの観察になります。船上からの観察では乗船する船の大きさによって、海鳥の大きさの見え方の感覚が変わります。例えば大型船は観察デッキから海面までの距離が長いですから、鳥が小さく見えるというわけです。

まずは大きさ（翼開長（よくかいちょう））の「ものさし」を決めて覚えましょう。

例えば、コアホウドリは200cmで、フルマカモメやハシボソミズナギドリはその半分の約100cmです。日本近海でほぼ1年中見られるオオミズナギドリは日本で見られるミズナギドリ類中最大で約120cmです。これらを船上から観察したとき、どれくらいの大きさに見えるのかを早い段階で感覚的につかむことがまず重要です。

コアホウドリ ➔p177
ハシボソミズナギドリ ➔p185
フルマカモメ ➔p180
オオミズナギドリ ➔p183

コウノトリ目コウノトリ科コウノトリ属

コウノトリ【鸛】

Ciconia boyciana / Oriental Stork

●全長112cm／冬鳥

クラッタリング

幸せを運ぶ鳥

ツルと混同されやすい大形の鳥。以前は全国に生息していたが、乱獲、営巣場所の消滅、農業の近代化による採食場所の減少から、国内繁殖の野生個体は一度絶滅した。まれな冬鳥として大陸から渡来する個体が、北海道から南西諸島まで記録されるほか、2015年以降、保護増殖事業で人工飼育した個体を放鳥している。2022年には、飼育個体182羽、屋外個体が309羽に増えている。雌雄同色で、全身が白く、風切は黒い。嘴は黒く長く、足は赤く長い。虹彩は淡い黄色で目の周囲が赤い。混同されやすいツル類とは採食方法に違いがある。魚類などを捕食する点は共通だが、ツル類が嘴で細かくついばむのに対し、本種は丸のみにする点が異なる。

観察してみよう
人工建造物を利用して営巣

本来、コウノトリは高い木の上に枝を組み合わせて営巣する。だが、現在は営巣に適した高木が減ってしまったため、繁殖のために立てられた人工巣塔をはじめ、電柱や鉄塔、高さ30mを超える携帯電話の電波塔などの人工物を利用して営巣する例が増えた。

カツオドリ目カツオドリ科カツオドリ属

アカアシカツオドリ【赤脚鰹鳥】

Sula sula / Red-footed Booby ●全長75cm／翼開長143cm／夏鳥

青い海に純白が映えるカツオドリ類

真っ赤な足が和名の由来。日本では夏鳥として飛来し、八重山諸島の中御神島（なかのうがんじま）で繁殖が確認され、近年では南硫黄島（みなみいおうとう）でも集団が確認されているため、繁殖している確率が高い。夏季の小笠原航路でも船舶を追う姿が見られ、近年では八丈島に向かう航路でも同様に船舶を追う姿が頻繁に見られるようになっている。雌雄同色。成鳥白色型は全身が白く、頭頂にやや黄色みがある。成鳥褐色型は全身が褐色で、初列風切、次列風切は黒く、嘴は青色で基部に赤みがある。若い個体は全身が褐色で腹は白っぽい。初列風切、次列風切は黒褐色で、嘴はピンク色。近年、全身が褐色で嘴が青色の褐色型成鳥の観察例が増えている。カツオドリ（p191）同様、ダイビングして主に魚類を捕食する。

観察してみよう
赤い足を見る

カツオドリ類は、航行する船舶に驚いてトビウオが飛ぶことを学習しているため、船舶に集まる習性がある。そのため、同時にさまざまな羽色の個体が見られることが多い。写真は褐色型の成鳥。

カツオドリ目カツオドリ科カツオドリ属

カツオドリ【鰹鳥】

Sula leucogaster / Brown Booby　●全長70cm／翼開長145cm／夏鳥・漂鳥

地鳴き

亜種 シロガシラカツオドリ（オス）

魚の群れを教えてくれる鳥

マスコットなどに描かれ、小笠原ではシンボルバード的存在の海鳥。伊豆諸島、小笠原諸島、硫黄列島(いおうれっとう)、尖閣諸島(せんかくしょとう)などで繁殖し、近海で見られる。非繁殖期は四国、九州で記録され、近年は東北での記録もあり、北上する傾向がある。カツオなどの魚群の存在を知らせてくれる鳥とされたことが和名の由来。魚群を見つけると、「グワッ、グワッ、グワッ」と鳴きながら急降下して捕食する。翼をすぼめ、細長い体勢になることで、水中に高速で飛び込む際の衝撃を最小限に抑える。雌雄ほぼ同色。成鳥は頭部から胸、体上面が一様にこげ茶色で、胸以下の体下面は白い。嘴と足は黄色。オスは目の周りの裸出部が青い。幼鳥の下面は褐色の斑模様が入る。

探し方

多くの海鳥類が水面すれすれを飛翔するが、本種は比較的高い位置を飛翔するので見つけやすい。

観察してみよう
矢のような急降下

魚の群れを見つけると、体を矢のような形にして急降下し、嘴から海中に飛び込んで捕食する。大群が次々に急降下する様子は、矢の雨のようで迫力がある。

カツオドリ目ウ科ヒメウ属

ヒメウ【姫鵜】

Urile pelagicus / Pelagic Cormorant

●全長73cm／冬鳥・留鳥

ねぐら

黒くて細身の鵜

日本で見られるウ類で最小。北海道、本州北部、九州の一部で繁殖し、繁殖地周辺では留鳥。それ以外の場所では冬鳥として渡来する。主に岩礁海岸に生息し、沿岸から離れることは少ない。断崖などに小規模のコロニーを形成して繁殖する。雌雄同色で、ほかのウ類に比べ、嘴、首、胴体が細め。ほぼ全身が黒っぽいが、緑色や紫色の光沢を帯びる。夏羽は目の周囲の裸出部が赤くなり、頭部には短い冠羽があり、腰の両側に白斑が出る。冬羽は目の周囲の裸出部が小さくなり、冠羽もなくなる。若鳥は全身が黒く、より若い個体や幼鳥は褐色みが強い。類似種のカワウ(p194)とウミウ(p193)は口角が黄色く、ほおは白い。

観察してみよう
色とスタイルを見る

沿岸や河口では本種とカワウ、ウミウの3種が同時に見られることがある。本種は嘴、首、体など全体的にカワウやウミウより細く、顔に口角の黄色や白い裸出部がないので、容易に見わけられる。

カツオドリ目ウ科ウ属

ウミウ【海鵜】

Phalacrocorax capillatus / Japanese Cormorant　全長84cm／冬鳥・留鳥

鵜飼(うかい)で使われる鵜

その名のとおり、海に生息するウ類。九州以北で局地的に繁殖し、繁殖地周辺では留鳥。それ以外の場所では冬鳥として渡来し、南西諸島まで記録がある。鵜飼に用いられるのは本種である。雌雄同色。全体に光沢のある黒色で、背や翼は緑色光沢を帯びる。口角(こうかく)の黄色い部分はとがる傾向があり、その外側の裸出部は白く、目の後方で盛り上がる。繁殖期に見られる婚姻色では頭部が白くなり、足のつけ根に白斑が出る。幼鳥は全体に褐色で、喉から前頸、胸や体下面が白っぽい。類似種のカワウ(p194)は口角の黄色い部分が丸い傾向があり、白い裸出部は目の後方で盛り上がらず、上面の羽は緑色光沢を帯びない。

観察してみよう

宝石のような虹彩

ウミウもカワウも全体に黒っぽい羽色で地味だが、よく見ると美しい色彩もある。両種とも、虹彩は宝石のように美しいエメラルドグリーン。フィールドスコープなどで拡大して観察してみよう。

カツオドリ目ウ科ウ属

カワウ【川鵜】

Phalacrocorax carbo / Great Cormorant

●全長82cm／留鳥

鳴き声

黒く大きなダイバー

ほぼ全身が黒色で大形の水辺の鳥。留鳥として本州から九州まで分布するが、北海道では夏鳥、九州南部以南では冬鳥。近年、環境の水質改善などに伴い、食べ物となる魚が増えて個体数が増加した。東京湾周辺では数百羽の群れが潜水、浮上を繰り返す様子が見られる。雌雄同色。全体に光沢のある黒色で、背や翼には褐色みがある。口角（こうかく）の黄色い部分が丸い傾向があり、その外側の裸出部は白い。繁殖期に見られる婚姻色では頭部が白くなり、足のつけ根に白斑が出る。幼鳥は全体に褐色で、胸から体下面が白い個体もいる。類似種のウミウ（p193）は口角の黄色い部分がとがり、白い裸出部は目の後方で盛り上がる。

観察してみよう
翼を広げてポーズ？

カメラマンにポーズをとっているように見えるが、そうではない。潜水を繰り返して魚を捕獲する生活を送るカワウの羽は水をあまり弾かないので、潜水した後に翼を広げて乾かす行動を頻繁に繰り返す。

• イラストで比較する •

カワウとウミウの違い

カワウとウミウはよく似ていますが、いくつかのポイントを確認することで見わけることができます。

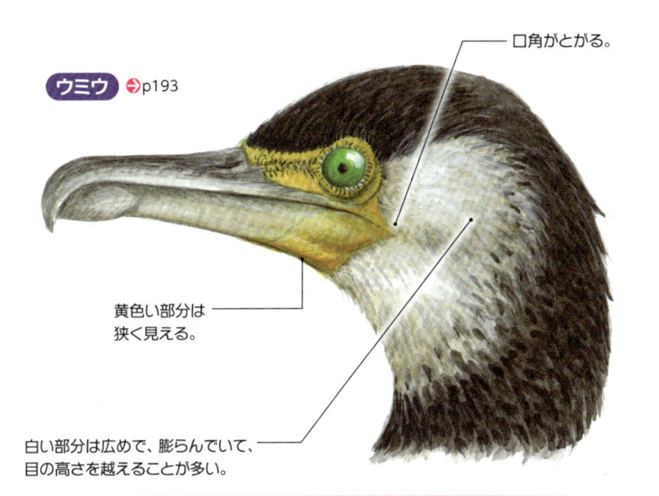

頭部以外にも、カワウの体上面は茶褐色なのに対し、ウミウは緑色光沢を帯びるという違いがあります(p193~194)。

ペリカン目トキ科トキ属

トキ【朱鷺】

Nipponia nippon / Crested Ibis

● 全長75cm／留鳥

飛翔中の声

学名はニッポニア・ニッポン

かつては日本各地で見られたが明治時代以降、狩猟により激減し、わずかに生き残った捕獲個体も繁殖には至らず、2003年に日本産トキは絶滅した。現在は1999年に中国から贈呈された個体を人工増殖させ、2008年に佐渡島で10羽が放鳥された。現在も野生復帰に向けた放鳥が続けられ、2023年12月時点での野生下のトキの生息数は532羽。雌雄同色。顔の裸出部が赤く、虹彩は黄色。黒く長い嘴は先端が湾曲している。夏羽は頭頸部から分泌された色素を嘴で体に塗り付けるため、頭部や体上面が灰色みを帯びる。冬羽は全身が白く、冠羽や尾、翼下面が淡い朱鷺色(ときいろ)を帯びる。

観察してみよう
朱鷺色とは？

トキは静止時には夏羽は黒っぽく、冬羽は白っぽく見えるが、飛翔時に見ることができる翼下面の淡い桃色のグラデーションは朱鷺色（鴇(とき)色）と呼ばれ、一年を通して見ることができ、美しい。

ペリカン目トキ科ヘラサギ属

ヘラサギ【篦鷺】

Platalea leucorodia / Eurasian Spoonbill

●全長83cm／冬鳥

長いしゃもじのような嘴

しゃもじのような嘴のヘラサギ類。冬鳥として各地で記録があるもののまれ。九州地方にはほぼ毎年、数羽が渡来する。世界的希少種のクロツラヘラサギ(p198)よりも観察頻度が低い。水田、湖沼、干潟などに生息し、クロツラヘラサギの群れに混じっていることが多い。へら形の扁平な嘴が和名の由来。雌雄同色で全身が白く、足は黒い。特徴的なへら形の嘴は黒く、先端が黄色みを帯びる。成鳥の夏羽は後頭に黄色の冠羽があり、胸は黄色みを帯びる。冬羽は冠羽がなく、胸の黄色みもなくなる。幼鳥は嘴が黒いが赤みを帯び、外側初列風切と風切先端が黒い。類似種のクロツラヘラサギは目先の黒い裸出部が幅広く、目と嘴が一体に見える。

観察してみよう

首を伸ばして飛ぶ

サギ類は通常、首を縮めた状態で飛翔することが知られているが、本種はトキ類で、首を伸ばした状態で飛翔する。干潟、水田などの浅瀬で嘴を水につけて左右に振りながら歩き回り、嘴に触れた魚類、甲殻類を捕食する。

ペリカン目トキ科ヘラサギ属

クロツラヘラサギ【黒面箆鷺】

Platalea minor / Black-faced Spoonbill

●全長77cm／冬鳥

黒いマスクをかぶったようなヘラサギ

繁殖地が朝鮮半島西海岸の島々に限定される世界的に希少なヘラサギ類。まれな冬鳥だが、九州地方には毎年ある程度の数が渡来する。水田、湖沼、干潟などに小群で生息し、浅瀬で嘴を水につけて左右に振りながら歩き回り、魚類や甲殻類を捕食する。羽づくろいのときにも、嘴を振り子のように振る行動をする。

雌雄同色で、ほぼ全身が白く、嘴と足は黒い。目と嘴が一体に見えるほど目先の黒い裸出部が広く、嘴がへら形なのが和名の由来。裸出部の広さは、類似種のヘラサギ(p197)との識別点。夏羽は後頭に黄色の冠羽があり、胸にも黄色いバンド状の模様が出る。冬羽では冠羽も、胸の黄色みもなくなる。

観察してみよう

黒い顔の面積で識別

本種とヘラサギはよく似ているが、ヘラサギは目先の黒い裸出部が小さく、嘴基部から目が離れて見えるが、本種は目先の黒い裸出部が大きく、目と嘴が一体に見える。写真は冬羽。

サンカノゴイ【山家五位】

Botaurus stellaris / Eurasian Bittern

●全長70cm／冬鳥・留鳥

ヨシ原に潜む大きなサギ

爬虫類を思わせる独特の姿のサギ類。北海道では夏鳥、本州以南では冬鳥だが、茨城県、千葉県、滋賀県などの繁殖地では留鳥としてとどまる個体もいる。開けた場所に出てくることは少なく、日中はほとんどヨシ原に潜んでいるため出会うのが難しい。まれにヨシ原から飛び立って水田まで行くことがあり、時折、首を伸ばして警戒しながら、のっしのっしと歩き回って採食行動をとることがある。繁殖期以外は単独で行動する。雌雄ほぼ同色で、ずんぐりした体型。全身が黄色みがかった褐色で、黒斑が散在する。頭頂は黒く、長い顎線がある。首から胸にかけては黒い横斑があり、体上面には黒い縦斑と、ぎざぎざの虫食い斑がある。婚姻色では目先が水色になり、オスのほうがより濃い色で、虹彩は黄色。

探し方

日中はヨシ原に潜み、じっとしているため、見ることは難しい。水辺で採食するため、水路沿いや、田植え後の水田を探すとよい。

聴いてみよう

ウシガエルのような声

鳥の声とは思えない、まるでウシガエルのような重低音の響く声で「ウッ、ブォー、ブォー」と、うなるように鳴く。

ペリカン目サギ科ヨシゴイ属

ヨシゴイ【葦五位】

Ixobrychus sinensis / Yellow Bittern

● 全長36cm／夏鳥

鳴き声

忍者のような日本最小のサギ

日本最小のサギ類。夏鳥として全国に渡来するが北海道では少ない。本州中部以南では越冬する個体もいる。水田、湖沼、沼などヨシ原がある環境に生息することが和名の由来。主に待ち伏せ型の狩りをし、小魚などを捕食する。オスは頭頂に青みがあり、顔から後頸、体上面は褐色で喉から体下面は色が淡く、首には1〜2本の縦斑がある。メスはオスに比べて全体に黄色みがあり、頭頂に青みはないか、あっても後頭にわずか。首から胸にかけて褐色の縦斑が5本前後ある。雌雄ともに嘴は黄色いが、上嘴は黒い。飛翔時、黒い風切が目立つ。虹彩は黄色。幼鳥は全身が黄褐色で、体上下面とも縦斑が顕著で目立つ。

探し方

早朝や夕方はヨシ原の縁にとまって魚を捕食するので、湿地の縁を丹念に探すとよい。飛翔する姿をしっかり目で追って、どこにとまるか確認しよう。

観察してみよう　ヨシ原の忍者

ふわふわした独特の羽ばたきでヨシ原の上を飛翔し、ハスの葉を軽快に渡り歩く。危険を感じると上を見上げて首と体を伸ばし、自らの姿をヨシに見せかける「擬態（ぎたい）」を行う。まるでヨシ原の忍者のようだ。

ミゾゴイ【溝五位】

Gorsachius goisagi / Japanese Night Heron

全長49cm／夏鳥

里山を歩くサギ

おおよそ標高1000m以下の広葉樹林や里山環境の薄暗い森に生息するサギ類。夏鳥として本州、四国、九州に渡来し、北海道では迷鳥。渡り期には都市公園や日本海側の離島でも見られる。近年は生息環境の破壊により個体数が減少傾向にある。薄暗い沢沿いや、寺社林、水田などを歩きながら昆虫、ミミズ、甲殻類などを捕食する。樹上に枯れ木を組んで営巣するが、谷のようになっている地形の場所を好む傾向がある。雌雄ほぼ同色。頭部から後頸は栗色で頭頂はやや紫色がかり、後頭に短い冠羽がある。体上面は赤みの強い栗色で、細かい黒斑が密にある。嘴は黒く、体下面はやや黄色みがあり、喉から腹部にかけて黒く明瞭な縦斑が数本ある。風切は黒く、先端は褐色がかる。足は青みがかる。虹彩は黄色。繁殖期には目の周囲と目先が水色になり、オスのほうがより濃くなる。身の危険を感じると首を伸ばして静止し、首から体下面の複雑な羽色で周囲の樹木や草と一体化し、自らの姿を背景に溶け込ませて危険を回避する隠蔽的擬態（いんぺいてきぎたい）を行う。繁殖期には夜間、「オッ、ボォーッ、ボォーッ」という声で鳴くが、最初の「オッ」は声量がないため聴き取れないことが多い。また声が遠いと「ポーッ、ポーッ」と聞こえる。類似種のズグロミゾゴイ(p202)は頭頂が濃紺で冠羽が長い。

ペリカン目サギ科ミゾゴイ属

ズグロミゾゴイ【頭黒溝五位】

Gorsachius melanolophus / Malayan Night Heron ● 全長47cm ／ 留鳥

黒っぽい頭頂と冠羽のミゾゴイ

留鳥として八重山諸島と宮古島に分布するサギ類。よく茂った常緑広葉樹林の林床部に生息し、歩きながら昆虫類、両生類、爬虫類などを捕食する。日中はあまり活動しないが、曇天時や雨天時は日中でも採食行動を行う。頭頂が黒っぽい濃紺なのが和名の由来。繁殖期には「ポォー、ポォー」と鳴く。雌雄ほぼ同色で、顔から体上面は褐色で橙色みがあり、翼には細かい黒斑がある。頭頂は黒っぽい濃紺で、後頭に冠羽があり、オスのほうが長い傾向がある。体下面は色が淡い。目の周囲は青く、虹彩は黄色。嘴は黒く太く短い。幼鳥は全身に白と黒の複雑な斑紋が入る。類似種のミゾゴイ(p201)は頭頂の暗色部がわずかで冠羽は目立たない。

観察してみよう
抜き足差し足忍び足

「抜き足差し足忍び足」を絵に描いたようなスローモーションを駆使した動きで歩き回り、土中に潜むミミズなどを捕食する。獲物を見つけると首を伸ばして凝視し、捕食する行動を見せる。

ペリカン目サギ科ゴイサギ属

ゴイサギ【五位鷺】

Nycticorax nycticorax / Black-crowned Night Heron

●全長58cm／留鳥

鳴き声

帝から正五位を賜ったサギ

白く長い冠羽が印象的なサギ類。留鳥として本州以南に広く分布しているが、冬季は暖地に移動する個体もいる。東北地方以北では夏鳥。日中は水辺の薄暗い林で休んでいることが多く、日が暮れると水田、河川、池などに出てきて採食する。平家物語で、醍醐天皇の命により捕らえられ、正五位を賜った故事が和名の由来という。雌雄同色で、額は白いが、頭頂から背にかけて紺色で、後頭に白くて長い2本の冠羽がある。翼と腰、尾羽は青みのある灰色で、顔から胸、体下面は白い。嘴は黒く、足は黄色、虹彩は赤い。幼鳥は全体に褐色で斑に覆われ、虹彩は黄色く、足は黄緑色。類似種のササゴイ(p204)は虹彩が黄色く、冠羽は紺色で、背は灰色。

観察してみよう

ホシゴイもゴイサギ

幼鳥の羽色は全体に褐色で、白や黄褐色の細かい斑が入り、俗に「ホシゴイ」と呼ばれる。成鳥と一緒にいることが多く、別種だと誤解されることが少なくない。完全な成鳥の羽衣に換羽するまでに、長い期間を要する。

日没後、「クワッ」と一声鳴いて飛び立ち、移動する。その後も飛翔しながら時折「クワッ」と鳴く。

ペリカン目サギ科ササゴイ属

ササゴイ【笹五位】

Butorides striata / Striated Heron

● 全長52cm／夏鳥

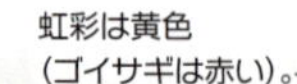

全身やや青みのある灰色。

紺色の長い冠羽。

羽縁にササ類の葉のような模様。

足は黄色。

鳥類界きっての釣り名人

長く鋭い嘴が特徴のサギ類。夏鳥として本州以南に渡来。北海道ではまれ。九州南部以南では越冬する個体もいる。河川、湖沼などに生息し、主に魚類を捕食する。流れの速い場所での狩りも得意とし、昆虫や木の葉を疑似餌にして魚を捕る個体もいる。翼にある白い羽縁がササ類の葉のような模様に見えるのが和名の由来。雌雄同色。全身がやや青みのある灰色で、嘴は鋭く長い。頭頂から後頭、ほおの線は紺色で、後頭には長い冠羽がある。胸の中央には白い縦線があり、虹彩と足は黄色。幼鳥は全身が濃い褐色で、体上面には白斑が点在し、喉から体下面は白く、褐色の縦斑がある。類似種のゴイサギ（p203）は虹彩が赤く、冠羽は白く、背は紺色。

観察してみよう

ルアー釣りもする！

一部の個体は、昆虫や葉、羽毛などを水面に落として魚をおびき寄せ、それにつられてやってきた魚を捕食する。生き餌釣りだけでなく、疑似餌を巧みに使ったルアー釣りもするわけだ。鳥類界きっての釣り名人である。

ペリカン目サギ科アカガシラサギ属

アカガシラサギ【赤頭鷺】

Ardeola bacchus / Chinese Pond Heron ● 全長45cm／冬鳥・旅鳥

レンガのような赤みのある頭が特徴

夏羽の頭部がレンガ色のサギ類。数少ない旅鳥または冬鳥として各地で記録があり、近年、観察記録は増加傾向にある。秋田県、千葉県、熊本県では繁殖記録もある。水田、池などの湿地に生息し、のそのそと歩きながら昆虫、カエル、ドジョウなどを捕食する。雌雄同色。夏羽は頭部から後頸がレンガ色で、長い冠羽がある。背は濃い青灰色で翼と体下面、尾羽は白い。虹彩と目先は黄色く、足は黄緑色。飛翔時は翼の白が目立つ。冬羽は頭部から首、胸が灰色みのある褐色で、こげ茶色の縦斑がある。背は赤みのある褐色。ササゴイ(p204)の幼鳥は本種冬羽に似るが、全体に色が濃く、翼に白斑がある点が異なる。

探し方

食べ物となる小魚などが多い水田の畔(あぜ)ぎわを好む傾向があるので、畔沿いを探すとよい。渡り期には都市公園の池に現れることも。

観察してみよう 羽色の違い

春の渡り期の南西諸島では比較的観察しやすい。同時に複数の個体が見られることもあり、換羽の進行の差による羽色の違いを見ることができる。

ペリカン目サギ科アマサギ属

アマサギ【黄毛鷺】

Bubulcus ibis / Cattle Egret

● 全長51 cm／夏鳥

名の由来は亜麻色か飴色か

その名のとおり、夏羽の亜麻色が特徴的なサギ類。亜麻色ではなく飴色が和名の由来ともいわれる。夏鳥として本州以北に渡来するが、九州以南では多数が越冬する。ほかのサギ類と異なり、乾燥した草地、牧草地のような場所を好み、バッタなどの昆虫を捕食する。牧場では家畜の背中にとまり、寄生虫を捕食する姿もよく見かける。雌雄同色で全身が白く、夏羽は頭部から首、胸、背が橙黄色で、背には飾り羽があり、嘴は橙色。婚姻色では嘴、嘴基部、目先、アイリングが赤みを帯びる。足は黒いが、婚姻色では赤みを帯びる。冬羽は全身が白色だが、体の一部に橙色の羽毛が残る個体もいる。

観察してみよう
農作業に群がる

作業をしている農業機械の周囲に近づき、掘り出された昆虫類を労せずして捕食する様子を見かける。ときには数十羽がついて回り、なかにはコンバインやトラクターに轢(ひ)かれそうになっている個体もいる。

ペリカン目サギ科アオサギ属

アオサギ【蒼鷺】

Ardea cinerea / Grey Heron

●全長93cm／留鳥

鳴き声

青灰色の大きなサギ

しばしば、ツルと間違われる大形のサギ類。留鳥として全国に分布し、九州以北で繁殖する。北海道では夏鳥。南西諸島では冬鳥。水田から海岸まで、さまざまな水辺の環境に生息する。動物食で、魚類、両生類、爬虫類などを捕食し、ときには鳥類や小さな哺乳類を捕食することもある。雌雄同色。夏羽は顔から首、体下面が灰色で、首には濃紺の縦斑があり、胸と背には飾り羽がある。目の後方から後頸に濃紺の線があり、長い冠羽へとつながる。体上面は青みのある灰色。嘴と足は橙色または黄色で、婚姻色では嘴基部と足が赤くなる。飛翔時、黒い風切が目立つ。冬羽は飾り羽がなく、冠羽も短くなり、全体に色彩が鈍くなる。

観察してみよう

高層タワーのよう?

首を伸ばして直立し、両翼を下げるポーズを見せることがある。まるで高層タワーのような体勢は日光浴。羽毛が濡れていないときにも見られるので、主に羽毛についた寄生虫を干していると考えられる。

「クワーッ」「グワッ」などと大声で鳴く。

ペリカン目
サギ科

ペリカン目サギ科アオサギ属

ムラサキサギ【紫鷺】

Ardea purpurea / Purple Heron

全長79cm／留鳥

地鳴き

細長く、紫色の線が目立つ

八重山諸島を代表する大形のサギ類。八重山に留鳥として分布し、西表島（いりおもてじま）、池間島（いけまじま）で繁殖が記録されている。単独で見られることが多く、水田、湖沼、河川などの湿地、マングローブ林、草地などさまざまな環境に生息する。夏羽の首などに紫色の部分があることが和名の由来。雌雄同色。顔から首、胸にかけては赤みのある茶色で、頭頂は青紫色、後頭には2本の冠羽がある。首の側面には青紫色の縦線がある。体上面は灰色で、青灰色や茶色の飾り羽があり、首のつけ根にも灰色の飾り羽がある。下腹から下尾筒は黒く、嘴は黄色で長め。婚姻色は目先と足が赤くなる。類似種のアオサギ(p207)は首に赤みがない。

観察してみよう

ヘビの逆襲?

大形のサギ類は、魚類や昆虫類をよく捕食するほか、両生類や爬虫類、小さな哺乳類も捕食する。また、カイツブリやカモ類のひな、小さな鳥類も捕食する。ヘビを捕食する際には、嘴に巻きつかれてしまうことがある。

飛翔中などに「グワァー」「ガー」と鳴く。

鳴き声

ダイサギ【大鷺】

Ardea alba / Great Egret

● 全長90cm／夏鳥・冬鳥

嘴は長め。

口角(こうかく)の切れ込みは目の後方まで伸びる。

亜種 ダイサギ（夏羽に移行中）

目先が緑になり、嘴が黒みを帯びてきている。

足が黄色っぽい。

亜種 チュウダイサギ（夏羽）

日本のシラサギで最大級

全身が白い大形のサギ類。国内には2亜種が生息する。亜種チュウダイサギは夏鳥として関東以南で繁殖し、一部は越冬する。北海道ではまれな夏鳥。亜種ダイサギは冬鳥として渡来する。水田から干潟までさまざまな水辺の環境に生息し、魚類、両生類、昆虫類などを捕食する。雌雄同色。全身が白色で首も足も長く、口角(こうかく)の切れ込みは目の後方まで伸びる。亜種チュウダイサギの夏羽は、嘴が黒く目先は青緑色。胸や背にレース状の飾り羽がある。冬羽は嘴と目先が黄色くなる。足は黒く、足指裏も黒いが、脛に黄色みを帯びる個体もまれにいる。亜種ダイサギはやや大きく、脛は黄肉色で、足指裏も黄色っぽい。嘴は冬羽で黄色、夏羽で黒。

観察してみよう
サギも渡る

日本国内に生息する野鳥のほとんどが、規模や距離はさまざまながらも渡りをしている。サギ類も同様で、本種は特に秋になると数十羽程度の群れをつくって海上低く飛び、渡って行く姿が見られる。

「ガァー」「ゴァー」と濁った声で鳴く。

ペリカン目サギ科アオサギ属

チュウサギ【中鷺】

Ardea intermedia / Intermediate Egret

全長69cm／夏鳥

飛翔中の声

目先は黄色。

口角(こうかく)の切れ込みは目の後方を越えない。

嘴は短く黒い。

胸と背の後部にレース状の飾り羽。

夏羽

冬羽

嘴は黄色く、先端がわずかに黒い。

足は全体が黒い。

中間的な大きさで嘴が短いシラサギ

コサギ(p211)とダイサギ(p209)の中間的な大きさのサギ類。夏鳥として渡来し、本州、四国、九州で繁殖。九州南部以南では越冬する個体もいる。北海道ではまれな夏鳥。ほかのシラサギ類と同じように水田や湖沼などの湿地に生息するが、本種は水辺よりも草地を好む傾向がある。雌雄同色。全身白色のサギ類の中では首も嘴も太くて短く、ずんぐりとしている。夏羽は嘴が黒く、目先は黄色。胸と背にレース状の飾り羽が出る。婚姻色では目先が黄緑色になる。冬羽の嘴は黄色だが、先端が黒い個体もいる。夏羽、冬羽ともに足は黒い。類似種のダイサギは本種よりも嘴が長く、口角(こうかく)の切れ込みが目の後方を越える。

観察してみよう

嘴と首に注目

本種はダイサギによく似るが、嘴の長さと首の太さで見わけるとよい。嘴と首がいずれも太く短い点を見ることで、遠くからでも本種を識別できる。写真は夏羽。

ペリカン目サギ科コサギ属

コサギ【小鷺】

Egretta garzetta / Little Egret

● 全長61 cm ／ 留鳥

威嚇

白鷺の代表格

最もよく見かけるサギ類。首を縮めて水辺にたたずむ姿がなじみ深い。留鳥として本州以南に分布し、北海道ではまれな夏鳥。水田から海岸までさまざまな水辺の環境に生息する。同じサギ科の他種とともに「サギ山」と呼ばれる集団繁殖地を形成する。魚類を中心にカエル、ザリガニなども捕食する。雌雄同色で全身が白く、細長い嘴は通年黒い。足は黒いが足指は黄色で、まるで靴を履いているように見える。目先と虹彩は黄色。夏羽では後頭に2本の長い冠羽があり、婚姻色では目先と足指が赤くなる。冬羽では冠羽がなくなる。類似種のチュウサギ(p210)には冠羽がなく、足指が黒い。冬羽では嘴が黄色い。

観察してみよう
静と動の狩り

水辺で静止し、足を震わせるように細かく動かして、物陰から獲物を追い出して捕食する追い出し漁をする。それとは対照的に、水辺を走り回りながら、機敏に動いて獲物を捕食することもする。

ペリカン目サギ科コサギ属

クロサギ【黒鷺】

Egretta sacra / Pacific Reef Heron

● 全長62cm／留鳥

鳴き声

黒色型

白くてもクロサギ?

クロサギという種名ながら、実は白いクロサギもいてややこしい。留鳥として本州以南に分布。東北地方以北では夏鳥、北海道ではまれ。海水域の岩礁海岸に生息し、頭を下げて伏せたような姿勢でのそのそと大股で歩きながら移動し、主に待ち伏せ型の狩りをして魚類を捕食する。雌雄同色。黒色型は全身が濃い灰色で黒っぽいが、対照的に全身が白い白色型もおり、まれに中間的な色合いの個体もいる。足は太く短く、色は黒から黄緑色まで個体差が大きいが、足指は黄色。嘴は基部から太くがっしりとしていて、色は黒から黄色まで個体差がある。ほかのシラサギ類に比べて嘴が太く、足は太くて短い。

おもしろい生態

九州以北では黒色型が分布するが、南西諸島では白色型の割合が増える。これは北方では黒っぽい岩礁に、南方では白い砂浜に、それぞれの環境に適応しているからという説がある。写真は白色型。

• イラストで比較する •

シラサギ3種の見わけ方

俗にシラサギと呼ばれる、代表的なサギ類３種を見わけるポイントを、夏羽・冬羽それぞれについて紹介します。

タカ目ミサゴ科ミサゴ属

ミサゴ【鶚】

Pandion haliaetus / Osprey ●全長オス54cm メス64cm／翼開長155〜175cm／留鳥

鳴き声

魚好きなタカ

翼の先端がとがり、細長く見える魚食性のタカ。留鳥として全国に分布するが南西諸島では冬鳥。魚食性なので湖沼、河川、沿岸などに生息する。捕まえた魚の頭を前にしてタオルを絞るように足を前後させ、握って持ち運ぶ。断崖などに営巣し、継続利用される巣は毎年巣材を積み上げていくため巨大になっていく。ダイビングして足で獲物をつかみ捕ることから「水さぐる」が和名の由来とされる。精悍な姿だが、「ピョッ、ピョッ、ピョッ」と意外にかわいい声で鳴く。雌雄ほぼ同色。頭頂、過眼線から続く体上面、尾羽はこげ茶色で、額から眉斑、後頭は白く、ぼさぼさと冠羽状になっている。体下面は白く、胸には褐色の帯状斑がある。虹彩は黄色で、足は灰色。

探し方

湖沼や河口などの水面から飛び出している木や杭、人工建造物などの上を探すと見つけやすい。捕まえた魚を食べている場面をよく見かける。

観察してみよう

魚捕りの名人

飛翔またはホバリングしながら獲物を探し、見つけると急降下する。水面近くで足を伸ばし、ダイビングして両足で大小さまざまな獲物を捕らえる。魚を運ぶ様子も観察してみよう。

ハチクマ【蜂角鷹】

Pernis ptilorhynchus / Crested Honey Buzzard ●全長オス57cm メス61cm／翼開長121〜135cm／夏鳥

鳴き声

ハチが大好きなタカ

ハチを好んで食べ、クマタカ(p217)に似ているのが和名の由来。夏鳥として九州以北に渡来し、平地林から山地林に生息する。ハチを好むが、鳥類、両生類、爬虫類なども捕食する。秋には大規模な渡りが見られ、国内を縦断し、長崎県の福江島を飛び立ち、東シナ海を渡り、大陸を南下して東南アジア方面に渡る。雌雄、幼鳥ともに体上面はほぼ褐色だが、体下面に個体差がある。オスは体下面に個体差があるが、顔が青灰色で、虹彩は暗色。次列風切後縁と尾羽にある2本の太い帯状斑が目立つ。メスは体下面の個体差がそれほどなく、虹彩が黄色で体全体に太い帯状斑がない。幼鳥は体下面、翼下面に最も個体差があり、暗色型から白色型までさまざま。羽毛に欠損がなくきれいに揃っている個体が多く、蠟膜の黄色が目立ち、翼先は暗色の傾向がある。

タカ目タカ科カンムリワシ属

カンムリワシ【冠鷲】

Spilornis cheela / Crested Serpent Eagle ● 全長55cm ／ 翼開長110〜123cm ／ 留鳥

鳴き声

最も見やすい特別天然記念物

八重山諸島に生息するタカ類。特別天然記念物だが、電柱にとまっているなど容易に見られる。留鳥として石垣島と西表島（いりおもてじま）の平地林から山地林、農耕地、水田、湿地帯、マングローブ林などに生息する。動物食で、両生類、爬虫類などを捕食するが、ヘビを好む傾向がある。雌雄同色。成鳥は頭頂が黒く、後頭には冠羽があり、先端に白斑がある。嘴は灰色で、目先の裸出部と足は黄色。ほぼ全身がこげ茶色で白い斑模様がある。飛翔時は翼をやや立て、浅いV字型になる。翼に2本の黒帯があり、尾羽に黒い帯状の模様がある。虹彩は黄色だが、黒い個体もいる。幼鳥は頭部から顔、体下面が白い。

探し方

待ち伏せ型の狩りをするため、電柱の上など視界のよい目立つ場所にいることが多い。道路沿いの電柱などを探してみよう。

観察してみよう
降りて襲う

待ち伏せ型の狩りをするが、獲物を見つけても直接は捕らえず、いったん獲物のそばに降りてから襲いかかる。

タカ目タカ科クマタカ属

クマタカ【角鷹】

Nisaetus nipalensis / Mountain Hawk-Eagle　● 全長オス72cm　メス80cm／翼開長140〜165cm／留鳥

鳴き声

巨大なタカを連想するが、大きさはトビと変わらない

山地林の大形のタカ類。留鳥として九州以北の森林に生息する。主に樹上で獲物が通りかかるのを待って襲いかかる待ち伏せ型の狩りを行い、ヒミズからノウサギ、ヤマドリ(p64)まで幅広く捕食する。和名は大形の鷹を意味するという説、力強さを熊に例えたとする説があり、漢字名は冠羽が角のように見えることに由来する。雌雄同色で、成鳥は頭頂が黒く、後頭には短い冠羽がある。背、体上面はこげ茶色で淡色の羽縁がある。体下面は白く、喉には1本の黒い線があり、胸には縦斑、下腹には横斑がある。翼下面は風切に横縞模様があり、尾羽には数本の帯状斑があり、虹彩は橙色。幼鳥は体下面が白く、胸には細い縦斑があり、虹彩は暗色。

観察してみよう

波状飛行

クマタカは繁殖期を中心に、翼をすぼめて急降下し、上昇することを繰り返す、波状飛行を行う。メスへの求愛や、なわばりを主張する行動だ。小鳥は求愛やなわばり主張をさえずりなどで表現するが、クマタカは体で豪快に表現するのだ。

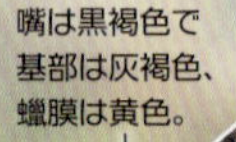

タカ目タカ科イヌワシ属

イヌワシ【狗鷲】

Aquila chrysaetos / Golden Eagle　●全長オス81cm　メス89cm／翼開長170～213cm／留鳥

威嚇

山にすむ、空の王者

　山地に生息する大形のタカ類。留鳥として九州以北に分布するが個体数は少なく、北海道、四国、九州では極めて少ない。国内における推定生息数は約500羽。つがいごとにテリトリーをもって1年を通じてその中で生活する。崖地や岩場のある山地の森林を好み、巧みに風をとらえて空中の1点に浮揚して獲物を探すこともあり、翼をすぼめて急降下してヤマドリ(p64)やキジ(p65)などの大形鳥類、ノウサギなどの哺乳類を捕食する。天狗に見立てて「狗鷲」と表記したのが和名の由来とされる。雌雄同色で、成鳥はほぼ全身がこげ茶色だが、換羽状態によって白や褐色の羽毛が混じることが多い。後頭と後頸には金色の羽毛がある。虹彩は褐色。

観察してみよう

通称、「三ツ星」

イヌワシの幼鳥は全身が黒っぽく、両翼の初列風切基部と尾羽基部に大きな白斑があり、飛翔時には白斑が3つ見えることから「三ツ星」と呼ばれることもある。

ツミ【雀鷹】

Accipiter gularis / Japanese Sparrowhawk ●全長オス27cm メス30cm／翼開長51〜63cm／夏鳥・留鳥

住宅街でも繁殖する小形のタカ

オスはヒヨドリ大、メスはハト大の小形タカ類。留鳥または夏鳥として全国に分布。秋には暖地に移動する個体の渡りが見られる。山地林から平地林、公園や住宅地付近の緑地などでも繁殖する。主に小鳥類を捕食するが、昆虫も捕食する。「キーッ、キッキッキッキッ」と尻下がりに鳴き、とまっているときだけでなく飛翔時もよく鳴く。オスは頭部から体上面が青みのある灰色で、喉から体下面は白く、橙色の横斑がある。虹彩は濃い赤色。メスは頭部から体上面が褐色で、喉から体下面は白く、褐色の横斑がある。虹彩は黄色。雌雄ともに嘴は黒く、蠟膜と足、アイリングは黄色。翼指（翼の先）は5枚に分かれる。幼鳥は胸が縦斑、胸以下は横斑がある。

観察してみよう
スズメを食べる

都市部に進出した鳥の代表種。猛禽類とは思えないほどの小形の体を活かして、公園林や住宅街を飛び回り、主にスズメを捕食する。豊富にいて捕りやすい獲物を積極的に利用しているといえる。

求愛や繁殖時には少し甘い声で「キョンー、キョンー」と鳴く。

タカ目タカ科ハイタカ属

ハイタカ【灰鷹】

Accipiter nisus / Eurasian Sparrowhawk ●全長オス31cm メス39cm／翼開長61〜79cm／留鳥・漂鳥

地鳴き

尾羽が長めのタカ

森林への依存度が高い小形のタカ類。秋の渡り期以外に見ることは難しい。留鳥または漂鳥として北海道、本州、四国の平地林から山地林で局地的に繁殖し、秋には小規模な渡りが見られる。冬季は平地へ移動する個体が多く、農耕地などで見られる。主に小鳥類を捕食する。「疾(はや)き鷹」が転じたのが和名の由来。オスは頭部から体上面、尾羽が濃い灰色。喉から体下面は白く、橙色の横斑がある。虹彩は黄色か橙色。メスは頭部から体上面、尾羽が灰色みのある褐色で、明瞭な白い眉斑がある。喉から体下面は白く、褐色の横斑がある。虹彩は黄色。オスよりもメスの体のほうが一回り大きい。幼鳥はより太く明瞭な白い眉斑がある。

観察してみよう
飛翔形を見る機会が多い

翼下面の模様は黒い横斑や横縞模様が明瞭で、オオタカ（p221）と異なる。羽ばたきはひらひらと軽い感じで、オオタカのような力強さはなく、羽ばたく回数が多くて滑翔時間は短い。尾羽が長めで、先端は角尾。翼指（翼の先）は6枚に分かれる。

タカ目タカ科ハイタカ属

オオタカ【蒼鷹】

Accipiter gentilis / Eurasian Goshawk

● 全長オス50cm　メス59cm／翼開長105～130cm／留鳥

警戒声

全体に茶褐色を帯び、こげ茶色の縦斑。

都市に進出したタカ

カラス大のタカ類。留鳥として九州以北に分布。平地から山地のアカマツ林などで繁殖し、農耕地などで越冬する。近年は都市適応が進み、市街地で繁殖・越冬する例が増えている。主にカモ類やキジバト（p77）などを捕食するが、都市部の個体は公園や市街地のドバト（p390）を主食にしている。青灰色の羽色から古名は「蒼鷹（あおたか）」と呼ばれ、転じたのが和名の由来といわれる。雌雄ほぼ同色。成鳥は頭部から上面、尾羽まで濃い灰色で、メスは褐色みがある。下面は白く、黒く細い横斑がある。虹彩と足は黄色。飛翔時、翼指（翼の先）は6枚に分かれる。幼鳥はほぼ全身が褐色で、体下面にはこげ茶色の縦斑がある。

観察してみよう　ときにはサギも襲う

狩りの経験値が低く、獲物にありつけない幼鳥は、水辺でカモ類を襲いつつも、うまく狩りができなければ、サギ類を捕食することもある。上から押さえつけて水没させ、その後、引きずるようにして陸地まで運んで食べる。

ツミ、ハイタカ、オオタカの見わけ方

ハイタカ属でよく見かける3種で、似ている幼鳥同士、メス同士の見わけ方のポイントを紹介します。

幼鳥

成鳥
黄色く太めのアイリング。
不明瞭な眉斑。
頭部の頭巾は深く、
耳羽まで。
粗い横斑。
ツミのメス
p219
明瞭な眉斑。細い。
頭部の頭巾は浅く、
目の線まで。
横斑は
細め。
尾羽は
長めで
ほぼ角尾。
ハイタカのメス
p220
太く明瞭な眉斑。
頭部の頭巾は浅く、
目の線まで。
細かい
横斑。
オオタカのメス
p221

タカ目タカ科チュウヒ属

チュウヒ【沢鵟】

Circus spilonotus / Eastern Marsh Harrier

●全長オス48cm メス58cm／翼開長113〜137cm／冬鳥・留鳥

鳴き声

ヨシ原を低く飛ぶタカ

採食、繁殖、ねぐらなど生活の多くをヨシ原に依存するタカ類。留鳥または冬鳥として全国に分布。本州中部以北で局地的に繁殖し、暖地で越冬する個体と冬季に大陸から渡ってくる個体がいる。ヨシ原を低く飛翔する姿を「宙飛」や「中飛」としたのが和名の由来とされる。日中は翼をV字に保った姿勢でヨシ原上をゆらゆらと飛び、主に両生類、小型哺乳類などを探し、見つけると急降下して捕らえる。ねぐらもヨシ原で、夕方になると次々に飛んできてヨシ原内の地上をねぐらにする。羽色には個体差が大きく、成鳥は虹彩が黄色、幼鳥は暗色の個体が多い。嘴は黒く、蠟膜は黄色。足は比較的長く黄色。幼鳥は全体にこげ茶色で頭頂が白い個体が多い。

観察してみよう

大陸型チュウヒ

チュウヒには国内型、大陸型と呼ばれる2つのタイプがある。国内型は全体に褐色みが強い個体が多く、冬鳥として渡来する大陸型は、灰色と黒の個体が多く、頭部が頭巾をかぶったように黒いのが特徴。

タカ目タカ科チュウヒ属

ハイイロチュウヒ【灰色沢鵟】

Circus cyaneus / Hen Harrier　●全長オス45cm　メス51cm／翼開長98〜124cm／冬鳥

明るい灰色と黒のコントラストが美しい

ヨシ原で越冬するタカ類。冬鳥として全国に渡来するが、局地的で渡来数にも変動がある。平地から山地の草原、牧草地、農耕地、干拓地など開けた場所を好み、ヨシ原の地上をねぐらにする。飛翔能力が高く、巧みに飛翔してネズミ類を捕食したり、地上すれすれを飛翔して驚いて飛び立った小鳥類を捕食したりする。オスは頭部から胸、体上面、尾羽が明るい灰色で、腰と体下面は白い。初列風切数枚が黒く、風切後縁は黒っぽい。メスは体上面と尾羽がこげ茶色で、眉斑、顔、体下面は白っぽい。頭頂から首、胸には褐色の縦斑がある。腰は白く飛翔時に目立つ。翼下面も白っぽく、黒い縞模様が明瞭。成鳥の虹彩は黄色く、幼鳥は暗色。

観察してみよう
高い飛翔能力

チュウヒ(p224)は翼をV字に保ってゆらゆらと飛翔しながら獲物を探すが、本種は小形のタカ類を思わせる力強い羽ばたきで飛び回り、小鳥類を追い回す。くるりと回るように方向転換するなど飛翔能力が高い。

タカ目タカ科トビ属

トビ【鳶】

Milvus migrans / Black Kite

●全長オス59cm メス69cm／翼開長157〜162cm／留鳥

鳴き声

トンビではなくトビ

俗にトンビと呼ばれる最も身近なタカ類。留鳥として全国の山地林から平地林、市街地、農耕地、海岸などさまざまな場所に生息するが、南西諸島ではまれ。雑食性で、動物の死骸、魚から昆虫までさまざまな食物を捕食する。飛翔しながら獲物を探し、見つけると急降下して足ですくうように捕獲する。一部の観光地では人の食べ物を狙う個体もいる。雌雄同色で、成鳥はほぼ全身がこげ茶色で褐色斑があり、目の周囲は黒い。飛翔時、翼下面の初列風切基部にある白斑が目立ち、尾羽はバチ状になる。日本の猛禽類で凹尾なのは本種のみで見わけのポイント(p233)。幼鳥は色が淡く、頭部から背、体下面に白く明瞭な縦斑がある。

観察してみよう
翼先が下がる

タカ類の多くは羽ばたいているときよりも、帆翔時により特徴が出る。イヌワシ(p218)などの大形猛禽類やノスリ(p231)は帆翔時に翼先が上がるが、トビは逆に翼先がだらりと下がる傾向がある。距離がある際に識別の手がかりになる。

オオワシ【大鷲】 *Haliaeetus pelagicus* / Steller's Sea Eagle

● 全長オス88cm　メス102cm／翼開長220〜250cm／冬鳥

成鳥

嘴、蠟膜は橙黄色で、上嘴が大きく湾曲する。

足は橙黄色。

幼鳥

全体に白い羽が目立つ。

尾羽の外縁が黒色。

尾羽はくさび形（オジロワシよりも角度がある）。

翼の後縁は膨らみが大きい（オジロワシは直線的）。

黒と白の大きく美しい海ワシ

白、黒、黄色のコントラストが美しい巨大な海ワシ。極東地域にしか生息していない貴重なワシで、冬鳥として主に北海道に渡来する。北海道東部では個体数が多く、群れで見られる。少数が本州各地の湖沼、河口などで越冬する。動物食で、サケ、タラなど主に魚類を急降下して足ですくうように捕食する。雌雄同色で、成鳥は全身黒く、額、小雨覆、脛毛、上尾筒、下尾筒、尾羽が白い。嘴、蠟膜、足は鮮やかな橙黄色。幼鳥は全身こげ茶色で、体全体に白い羽が目立ち、斑模様に見える。嘴、足の黄色は鈍く、尾羽の外縁が黒色。完全な成鳥羽になるまでに6年を要する。類似種のオジロワシ（p228）に比べて嘴の湾曲が大きくて、尾羽が長く、翼後縁の膨らみが大きい。

観察してみよう
流氷に群れる

冬の北海道で流氷とオオワシが一緒に観察できるのが、知床で知られる羅臼（らうす）町。流氷は風任せで、風向きによって接岸したり離れたりを繰り返すため、よい条件になるタイミングを計ることが難しいが、世界で唯一の「流氷に群れるワシ」をぜひ一度は見てみたい。

群れで採食中や飛翔時に「グワッ」「クワッ」と鳴く。

タカ目タカ科オジロワシ属

オジロワシ【尾白鷲】

Haliaeetus albicilla / White-tailed Eagle　●全長オス80cm　メス94cm／翼開長199〜228cm／冬鳥・留鳥

鳴き声

魚好きな海ワシ

大形の海ワシ類。成鳥の純白の尾羽が和名の由来。冬鳥として主に北海道に渡来するが、全国の湖沼に局地的に渡来し、北海道東部や青森県では少数が繁殖する。主に魚類を捕食し、繁殖期にはカモメ類などの鳥類も捕食する。雌雄同色。成鳥は全身褐色で頭部から胸、雨覆はより淡い色に見える。下腹と風切はやや色が濃い。嘴、足、虹彩は黄色で、尾羽は白く、緩やかなくさび形。幼鳥はほぼ全身が褐色で、体全体に白い羽毛が目立ち、斑模様に見える。嘴は黒く、蠟膜は黄色。尾羽の外縁が黒く、完全な成鳥羽になるまでに6年を要する。オオワシ(p227)に比べて嘴が小さく、尾羽は短く、くさび形も緩やか。翼の後縁は膨らまず、飛翔形は長方形に見える。

考えてみよう　バードストライク

風力発電用の風車に衝突して落鳥するケース（バードストライク）が増えている。影響がありそうな立地を避けること、事前の環境影響評価と事後の調査の義務化のほか、風車の羽への着色も試みられている。

「カッカッカッカッ……」または「クワッ、クワッ」という甲高い声で鳴く。

タカ目タカ科サシバ属

サシバ【差羽】

Butastur indicus / Grey-faced Buzzard　●全長オス47cm　メス51cm／翼開長105〜115cm／夏鳥

里山を代表するタカ

奥山と里の間の里山を代表するタカ類。本州、四国、九州に夏鳥として渡来。南西諸島では越冬個体が見られる。動物食で、カエル、トカゲ、ヘビ、大形の昆虫類などを捕食する。タカ科ではよく鳴く種で、「ピックィー」と鳴く。この特徴的な鳴き声から本種を「ピックイダカ」という愛称で呼ぶ地方もある。生息環境の変化などによって、生息分布が縮小している。雌雄ほぼ同色で、頭部から体上面、胸は赤みのある褐色。喉は白く、黒い縦線がある。胸以下の体下面は横斑があるが、オスは胸が太い帯状になる。メスは白い眉斑が目立つ。雌雄とも虹彩と足は黄色。尾羽を広げると帯状の横斑が目立つ。幼鳥は体下面が縦斑。

観察してみよう

タカ柱を観察する

サシバは渡りをする代表的なタカ類で、秋には各地で大規模な渡りの様子が観察される。渡りのルート上にある山間部の峠などでは、群れが谷間から帆翔(はんしょう)しながら上昇し、しばしばタカ柱と呼ばれる状態になる。多いときには1日に数百から数千羽の大群になり、壮観だ。

タカ目タカ科ノスリ属

ケアシノスリ【毛足鵟】

Buteo lagopus / Rough-legged Buzzard

●全長オス55cm　メス59cm／翼開長129〜143cm／冬鳥

よくホバリングする白っぽいノスリ

足が羽毛で覆われた白っぽいノスリ。数少ない冬鳥として全国に渡来。北海道、本州中部以北で記録が多いが、ほとんどが単独での記録。農耕地、干拓地、草地など開けた場所に生息する。主にネズミ類を捕食し、昆虫類、鳥類も捕食する。雌雄ほぼ同色で、全体に白っぽい個体が多く、ふ蹠（しょ）まで羽毛で覆われる。成鳥は目の周囲、喉から胸が黒く、体上面には黒斑があり、下腹には黒い横斑がある。尾羽は白く、オスは数本の帯状斑があり、メスは1本。虹彩は暗色。幼鳥は頭部から胸が白く、胸には褐色の縦斑がわずかにある。下腹は赤褐色。尾羽は白く、数本の帯状斑がある。虹彩は黄色い個体が多い。類似種のノスリ(p231)は白色部に褐色みがあり、尾羽も白くない。

観察してみよう　ホバリング

ノスリやチョウゲンボウ(p258)は頻繁にホバリングして獲物を探すが、夕方や風の強い日であることが多い。本種はほとんど風がない日の日中でも頻繁にホバリングし、獲物を探すことが多い。

ノスリ【鵟】

Buteo japonicus / Eastern Buzzard ●全長オス52cm メス57cm／翼開長122〜137cm／留鳥・漂鳥

杭や電柱のてっぺんにとまる

ずんぐりとした体型のタカ類。留鳥または漂鳥として北海道、本州、四国の山地林で繁殖し、冬季は全国の農耕地、干拓地などに渡来する。単独で見られることが多い。電柱や杭の上で待ち伏せし、主にネズミ類を捕食し、風の強い日にはよくホバリングする。野を擦(す)るように低空で飛翔するのが和名の由来といわれる。雌雄同色で、羽色には変異が多い。成鳥は頭部から胸、体下面は白く、額、喉はこげ茶色で、後頸と胸には縦斑があり、脇から腹は斑が密になる。体上面はこげ茶色で淡色羽縁がある。嘴は黒く、蠟膜は黄色。飛翔時、暗色の翼角(よくかく)、翼先が目立つ。虹彩は暗色。幼鳥や若鳥は体下面がより白っぽく褐色斑も少なく、虹彩は淡黄色。

探し方

樹木のてっぺんにとまる傾向があることから、冬季は農耕地の杭や電柱の上を探すとよい。とまっている姿はトビよりもずんぐりしていて尾羽が短く見える。

観察してみよう 波状飛行

求愛のため、あるいは侵入者を威嚇するために、波状飛行することがある。翼をすぼめる姿勢を交えて、上昇と急降下を繰り返す。

• イラストで比較する •

主なタカ・ハヤブサ類の飛翔図

飛んでいるタカ・ハヤブサ類を見わけるための飛翔図。比較的に似ている種、見かける種を選んで比較します。

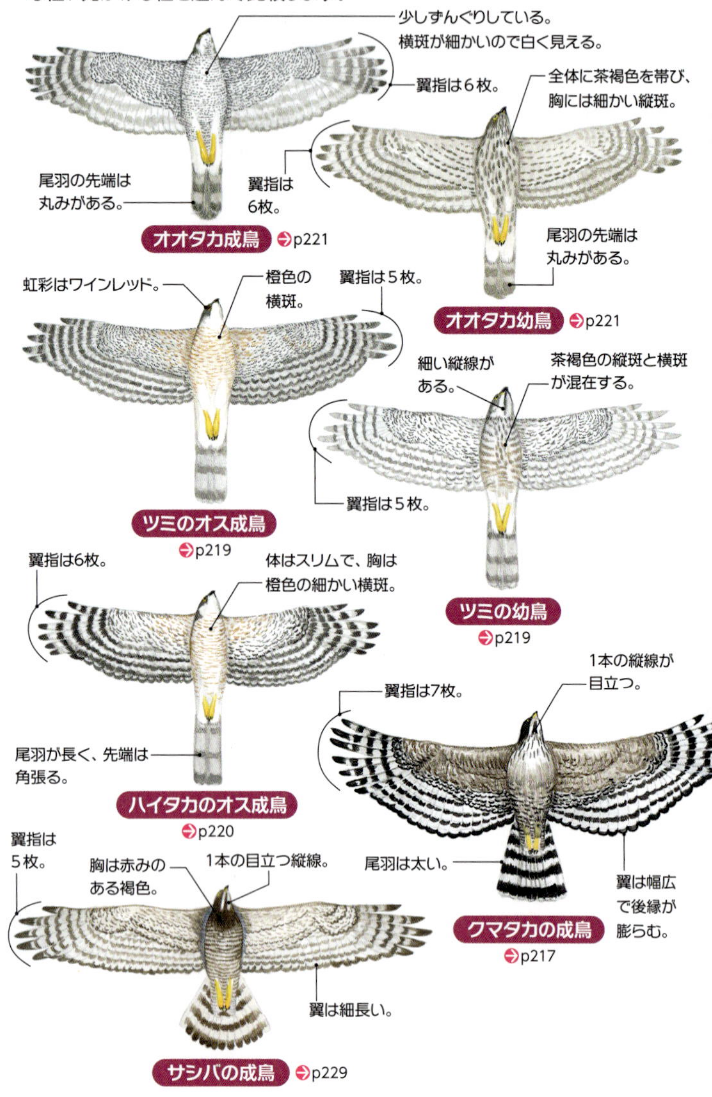

翼角で翼が曲がることが多い。
大きな白斑がある。
翼先が黒い。
尾羽先端が凹む（三味線のバチに例えられる）。
トビ
p226
大きな黒斑が目立つ。
翼先が黒い。
胴が太く、腹巻き状の茶褐色の斑がある。
頭部が小さく、首が細長く見える。
ノスリ
p231
尾羽はほぼ無斑で、扇形に広げることが多い。
翼指は6枚。
トビのように翼角で翼が曲がる飛翔形が多い。
頭部から下面にかけて白い。
翼は幅広で、後縁に丸みがある。
尾羽に2本の太い黒帯がある。
ハチクマのオス成鳥
p215
翼は細長く、翼指は５枚。
ミサゴ
p214
尾羽は短め。
細かい横斑（幼鳥は縦斑）。
胴はハヤブサより細めで、胸に縦斑がある。
胴が太め。
翼先はとがる。
ハヤブサ成鳥
p261
翼は細長く、翼先がとがる。
下腹・下尾筒がレンガ色を帯びる。
チゴハヤブサ成鳥
p260
細長い翼。
尾羽は長めで太い黒帯が目立つ。
チョウゲンボウのオス成鳥
p258
中央尾羽が長く、広げるとくさび形になる。

フクロウ目フクロウ科アオバズク属

アオバズク【青葉木菟】

Ninox japonica / Northern Boobook

●全長29cm／夏鳥

鳴き声

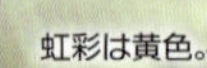

まん丸坊主頭と黄色い虹彩

羽角のない坊主頭のフクロウ類。夏鳥として九州以北に渡来。平地林や低山林、市街地の公園林や寺社林に生息し、樹洞(じゅどう)に営巣する。夜行性のため日中は林内で休んでいるが、比較的視界のよい場所にとまっていることが多く、見つけやすい。動物食で、主にカブトムシやセミ類などの昆虫を捕食する。青葉が茂る頃に渡来することが和名の由来。「ポーポー、ポーポー」と2声ずつ規則的に繰り返して鳴く。雌雄同色で、頭部に羽角はない。頭部から体上面は茶色で、光の加減で赤みを感じることがある。体下面は白く、茶色の太い縦斑がある。翼は茶色で細長く、尾羽は茶色で黒い横斑がある。嘴は黒く、虹彩と足は黄色。幼鳥は体下面に縦斑がない。

観察してみよう

大形の蛾を食べる

繁殖地ではカブトムシやセミ類をよく食べるが、これらの昆虫がまだ発生していない渡りの時期には、大形の蛾であるオオミズアオ（写真）やオナガミズアオをよく食べる。街灯の周囲などを探すと、複数の翅(はね)が落ちていることがある。

フクロウ目フクロウ科コノハズク属

コノハズク【木葉木菟】

Otus sunia / Oriental Scops Owl

全長20cm／夏鳥

鳴き声

仏法僧(ぶっぽうそう)と鳴くフクロウ

日本最小のフクロウ類。木の葉のように小さなミミズクというのが和名の由来。夏鳥として九州以北の森林に生息し、渓流沿いのよく茂った林を好む。春の渡り期には平地林や日本海側の島でも観察される。動物食で、甲虫やガ、クモなどを捕食する。雌雄同色。頭部から体上面は灰色みのある褐色で、羽角があるが、寝かせていて見えないことが多い。体上面には肩羽の白斑がつながって線状に見える模様がある。体下面は白っぽく、黒く細い縦斑がある。虹彩は黄色で、足指には羽毛がない。少数ながら、頭部から体上面が橙褐色を帯びる「赤色型」が見られることもある。類似種のオオコノハズク(p237)は大きく、羽角が長くて虹彩は橙色。

聴いてみよう 声のブッポウソウ

「ブッ、キョッ、コー」という声は「仏法僧(ぶっぽうそう)」と聞きなされるが、最初の「ブッ」が聞こえないこともある。繁殖期には日中も鳴く。かつて、ブッポウソウ(p245)がこの鳴き声の主だと誤認され、そのまま和名がつけられてしまった。声の本当の主である本種は「声のブッポウソウ」と呼ばれるようになった。

フクロウ目フクロウ科コノハズク属

リュウキュウコノハズク【琉球木葉木菟】

Otus elegans / Ryukyu Scops Owl

●全長22cm／留鳥

鳴き声

南の島のコノハズク

褐色や赤みの強いものなど羽色に個体差がある小形フクロウ類。留鳥としてトカラ列島以南の南西諸島に分布し、市街地や平地の林に生息する。夜行性で街灯に集まる昆虫類を捕食する。雌雄同色で、頭部から体上面は灰色みのある褐色だが、赤みの強い個体や褐色の個体もいる。頭部には羽角があるが、寝かせていて見えないことが多い。体上面には肩羽の白斑がつながって線状に見える模様があり、複雑な黒い模様がある。体下面は白っぽく、黒く細い縦斑がある。虹彩は黄色。かつてコノハズク(p235)の1亜種とされていたが、分類が見直され別種となった。類似種のオオコノハズク(p237)は大きく、羽角が長く、虹彩は橙色。

観察してみよう

体を伸ばして擬態(ぎたい)

基本的には夜行性だが、日中に見る機会もある。樹木に紛れてとまるので見つけるのは容易ではないが、外敵が近づくと羽角を立てて体を細く伸ばし、目を細め、木の枝に隠蔽的擬態(いんぺいてきぎたい)をするユニークな姿を見せる。

 オスは「コホッ、コホッ」と一定のリズムで鳴き続け、メスは「ニャ、ニャ」と鳴く。

フクロウ目フクロウ科コノハズク属

オオコノハズク【大木葉木菟】

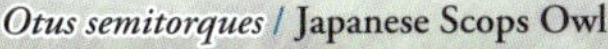

Otus semitorques / Japanese Scops Owl ●全長25cm／留鳥

鳴き声

ウサギの耳のような羽角と橙色の目

長い羽角と橙色の虹彩が特徴のフクロウ類。留鳥として小笠原諸島を除く全国に分布するが、北日本に生息している個体の中には冬季暖地へ移動する個体がいる。平地から山地のよく茂った林に生息し、秋冬には雑木林や竹林の中で数羽集まっていることがある。夜行性で、ネズミ、昆虫類、鳥類などを捕食する。樹洞(じゅどう)で繁殖するが、巣箱を利用することもある。雌雄同色。頭部から体上面は灰色みのある褐色で、顔盤は黒く縁取られている。虹彩は橙色。頭部には長い羽角があるが、寝かせていることもある。後頭には白い三日月斑があり、体上面には線状に見える白い模様がある。体下面は黒く細い縦斑がある。

探し方

冬期、周囲に自然の残った山野の雑木林で、本種が中に入れそうな樹洞を見つけるとよい。

観察してみよう

暗くなったら動く

明るさを感じる桿体細胞(かんたいさいぼう)の発達したフクロウ類の目に、日中の明るさはまぶしすぎるので、目を開けていられない。日没後、暗くなると樹洞から出て、目を大きく見開き、行動を開始する。

フクロウ目フクロウ科トラフズク属

巣立ちびなの声

トラフズク【虎斑木菟】

Asio otus / Long-eared Owl

●全長38cm／留鳥

トラではなく ウサギのような長い羽角

長い羽角と橙色の虹彩が特徴のフクロウ類。留鳥として本州中部以北の平地林から山地林で局地的に繁殖し、樹洞のほか、カラス類の古巣を利用することもある。それ以外の地域では冬鳥として農耕地、河川敷などに渡来し、日中は小群をつくって樹上のねぐらで休息し、夜間に小さな哺乳類、昆虫類などを捕食する。体が虎模様のミミズクというのが和名の由来。低い声で「ウーウー」と鳴く。雌雄同色。頭部から体上面は褐色で、黒やこげ茶色の複雑な模様がある。体下面は黄色みのある褐色で、黒く太い縦斑と細かい横斑がある。虹彩は橙色。類似種で顔盤の発達しているコミミズク(p239)の羽角はごく小さく、虹彩は黄色。

観察してみよう

ウサギの耳のような羽角

耳のような羽角は飾り羽で、聴覚機能はない。本当の耳は顔の左右に離れてあり、非対称。円盤状の顔盤で効果的に集音し、上下左右が非対称な耳によって獲物の位置を立体的に探査することができる。

フクロウ目フクロウ科トラフズク属

コミミズク【小耳木菟】

Asio flammeus / Short-eared Owl

全長38cm／冬鳥

地鳴き

虹彩は黄色い。

体上面は黄色みのある褐色。

こげ茶色の斑。

体下面は白っぽく、こげ茶色の縦斑。

明るい時間帯から活動するネズミ捕り名人

だるまのような体型のフクロウ類。冬鳥として全国の農耕地、牧草地、河川敷などに渡来し、草地の地上をねぐらにする。同じ場所に複数個体が生息することが多く、ネズミ類が多い状況では数羽が乱舞することもある。夜行性だが、日中から活動することも多い。動物食で、主にネズミ類を捕食する。雌雄同色で、小さな羽角があるが、目立たないことが多い。顔盤が目立つが、顔の模様や色には個体差がある。頭部から体上面は黄色みのある褐色で、こげ茶色の斑がある。体下面は白っぽく、こげ茶色の縦斑がある。虹彩は黄色で、目の周囲は黒い。類似種のトラフズク(p238)は羽角が長く、虹彩は橙色。フクロウ(p242)の虹彩は暗色。

探し方

獲物となるネズミ類のいる場所は、ノスリ(p231)やチョウゲンボウ(p258)が多いため、目印になる。杭や柵の上をチェックしよう。

観察してみよう

狩りはうまいが、けんかは弱い？

ネズミを捕るのはうまいが、トビ(p226)やノスリなどにことごとく獲物を横取りされてしまう。通常は低空を飛んでいるが、追われると空高く飛ぶ。写真は上の2羽がコミミズクで、下がトビ。

複数の個体がいる場所では、威嚇や争いのときに「ギャア」と鳴く。

フクロウ目フクロウ科ワシミミズク属

シロフクロウ【白梟】

Bubo scandiacus / Snowy Owl

●全長50〜60cm／迷鳥

ハリー・ポッターのヘドウィグ

羽角がない大形のフクロウ類。北極圏で繁殖し、冬季はユーラシア大陸や北アメリカなどまで南下する。日本ではまれな冬鳥として北海道のほか、各地で記録がある。北海道大雪山系では夏季にも記録がある。木にとまることはめったになく、草原内にある岩や倒木、切り株といったやや高い場所から獲物を探し、主にネズミやレミングなどの小さな哺乳類を捕食する。雌雄ともに虹彩は黄色く嘴は黒い。足の指まで羽毛に覆われている。オス成鳥は全身がほぼ白色。若い個体は翼の一部に細かい黒斑がある。メスの顔は白いが頭頂から体上面、体下面に黒斑がある。日本国内では動物園や花鳥園で飼育されている個体も多い。

観察してみよう
日中でも見られる

夏の北極圏は白夜のため昼行性になったといわれ、日中に河口などの流木にとまって休んでいる。獲物となる哺乳類の増減により個体数に変動が生じ、当たり年には数羽の群れで見られる。

フクロウ目フクロウ科シマフクロウ属

シマフクロウ【島梟】

Ketupa blakistoni / Blakiston's Fish Owl　●全長71cm／翼開長175〜185cm／留鳥

さえずり

長い羽角がある。

体は灰色みのある褐色。

体下面に縦斑と横斑。

村の守り神の大きなフクロウ

翼開長180cmを超える日本最大のフクロウ類。留鳥として主に北海道東部に生息し、川や湖沼沿いの林につがいでなわばりを持つ。川の浅瀬に足から飛び込んで魚類をわしづかみにして捕獲する。雌雄の鳴き交わしが知られ、オスが「ボボ」、間を置かずにメスが「ボー」と鳴くことから、「ボボボー」と一声に聞こえる。アイヌ語で「コタンコロカムイ(集落の守り神)」と呼ばれる。和名の「シマ」は北海道に分布することに由来する。雌雄同色。ほぼ全身が灰色みのある褐色で、頭部には長い羽角がある。体下面には黒く細い縦斑があり、交差するようにさらに細い横斑がある。体上面には黒い斑があるほか、複雑な細かい模様がある。虹彩は黄色。

考えてみよう
保護対策について

シマフクロウは個体数が極めて少ない。巣箱の設置や生けすによる給餌、生息地の森づくり、保護区指定などの対策が進められている。北海道で橋に黄色いのぼりが隙間なく立てられているのは、本種の交通事故防止のためだ。

フクロウ目フクロウ科フクロウ属

フクロウ【梟】

Strix uralensis / Ural Owl

● 全長50cm／留鳥

鳴き声

森の賢者と呼ばれる

ハート形の顔でおなじみのフクロウ類。留鳥として九州以北の平地林から山地林に生息する。国内に4亜種が分布するが、北海道に生息する亜種エゾフクロウ以外は分布域が不明確。神社林、屋敷林の大木の樹洞（じゅどう）に営巣する。夜行性のため、主に夕方から活動をはじめ、ネズミ類などを捕食する。積雪の多い地域では日中から活動する個体もいる。「ホーホー、ゴロスケホーホー」「ギャー」「ワン」などと鳴く。雌雄同色で羽角はなく、顔盤はハート形で白っぽく、こげ茶色の縁取りがあり、虹彩は暗色。頭部から背、体上面は褐色で、こげ茶色や灰色の斑がある。胸から体下面は白っぽく、こげ茶色の縦斑がある。

観察してみよう
待ち伏せ型の狩り

長時間、木の上でじっとしていて、時々首をかしげるような動作をしながら、すぐれた聴覚を活かして獲物を探す、待ち伏せ型の狩りを行う。ときにはふわふわとした羽ばたきで、ホバリングすることもある。

もっと知りたい!

森の賢者フクロウ

●闇夜の狩人

フクロウの目は、桿体細胞（かんたいさいぼう）が網膜に多く、明るさに対する感度は人間よりも高い。また、発達した顔盤が、パラボラアンテナのように機能して集音し、かすかな音も左右の耳に誘導することができる。左右の耳は離れ、上下が微妙にずれているので、左右方向だけでなく、上下方向の探査も可能で、音源の位置を立体的に把握できる。すぐれた視覚と聴覚で、暗い闇夜でも獲物の位置を正確に把握し、羽音をたてずに襲い、しとめることができる。

●ハート形の顔

顔盤を縁取るかたい毛には、私たちが聞き耳を立てるとき、手を耳の後ろに添えるような機能があり、集音に役立つ。

●羽音がしない秘密

フクロウの風切羽の縁は、くしの歯のようにぎざぎざになっていて、飛翔時に空気の渦が細かくなり、大きな羽音が出なくなる。この構造は新幹線の車輌設計にも応用された。

亜種 エゾフクロウ

夜行性のため日中は基本的に寝ているが、小さな哺乳類や小鳥がやってくると時々目を開けることがある。目を開けると意外に可愛く見えない。

頭掻きをすると頭がぐるりと回る。

北海道に分布する亜種エゾフクロウは全体に白っぽく、日中はねぐらにしている樹洞（じゅどう）の縁にとまっていることが多く、容易に観察できる。ただあくまで日中は寝ているので、近寄りすぎや長時間の観察は避けたい。

サイチョウ目ヤツガシラ科ヤツガシラ属

ヤツガシラ【八頭】

Upupa epops / Eurasian Hoopoe

●全長27cm／旅鳥

地鳴き

広げた冠羽は8本ではない

長い嘴と冠羽が目立つ人気種。開いた冠羽が8つに見えることが和名の由来とされるが、冠羽を髪飾りの載勝(やつがしら)に見立てたという説もある。まれな旅鳥として全国で見られるが、3～4月の春の渡り期が主。長野県、広島県では繁殖記録がある。やや下に曲がった長い嘴を巧みに使い、土中にいる昆虫や土壌生物を捕らえる。地上にいると目立つが、樹上では体色が隠蔽色となり、意外に見つけにくい。雌雄同色で、頭には広げると扇状になる冠羽があり、驚いたときや伸びをしたときに広げる。冠羽の先端は黒い。頭部から背は橙褐色で、翼と尾羽は白黒の横縞模様になっているため、飛ぶと目立つ。

探し方

芝生の環境を好む。春の渡り期に、公園、野球場、ゴルフ場、学校の校庭など比較的面積の大きい芝生や広場の地面を探してみよう。特に中央よりも隅をよく探そう。

観察してみよう
広げた冠羽と嘴芸を見たい

冠羽を広げた様子はぜひ観察したい。また、長い嘴を土中に差し込み、つまみ出した昆虫類をいったん空中に放り投げてくわえ直す行動も観察しよう。

ブッポウソウ目ブッポウソウ科ブッポウソウ属

ブッポウソウ【仏法僧】

Eurystomus orientalis / Oriental Dollarbird　●全長30cm／夏鳥

鳴き声

仏法僧とは鳴かない

光沢のある紫や緑に輝く美しい鳥。夏鳥として本州、四国、九州に渡来し、特に西日本に多い。低山や里山、大木がある社寺林などに生息し、東日本では主に樹洞(じゅどう)に、西日本では木製の電柱の穴や橋げたのすき間などに営巣する。開発や環境の変化に伴って営巣環境が失われ、個体数が激減したが、巣箱をかけて繁殖を手助けする活動によって近年は回復しつつある。動物食で、主にトンボやセミなどを捕食する。雌雄同色で、頭部は黒く、嘴は太く短く赤い。喉は紺色、体は青色や緑色を帯びた光沢があり、光の当たり方で微妙に変化して見える。翼が長いため、飛ぶと大きく見え、初列風切基部にある白斑が目立つ。飛翔時には「ゲッ、ゲッ」とよく鳴く。足は赤く短い。

観察してみよう
フライングキャッチ

見晴らしのよい電線などから飛び立って、宙返りなども交えながら巧みに飛ぶ。トンボやセミなどの昆虫を捕食し、また戻る、フライングキャッチ行動をする。ふわふわとした独特の飛び方にも注目。

「ブッポウソウ」と鳴くのは、「声のブッポウソウ」と呼ばれるコノハズク(p235)。

ブッポウソウ目カワセミ科アカショウビン属

アカショウビン【赤翡翠】

Halcyon coromanda / Ruddy Kingfisher

●全長27cm／夏鳥

さえずり

鮮やかな赤で長い。

頭部から体上面は赤褐色。

亜種 アカショウビン

体下面は橙色。

足は赤く短い。

亜種 リュウキュウアカショウビン

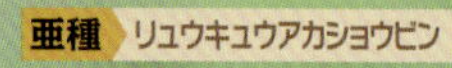

人気の赤いカワセミ

赤色系の中形カワセミ類。夏鳥として全国に2亜種が渡来する。カワセミ類だが、川沿いではなく、照葉樹林やブナ林など深い山地林に生息する。細い沢の周辺を好み、カエル、カニ、魚類、昆虫類などを捕食する。よく茂った薄暗い林の中では、鮮やかな赤い姿も意外に目立たない。雌雄同色で、長くて、鮮やかな赤い嘴が特徴。頭部から体上面は赤褐色で、赤紫色の光沢がある。喉は白く、体下面は橙色。腰にコバルトブルーの斑がある。足は赤く、とても短い。南西諸島に渡来する亜種リュウキュウアカショウビンは、九州以北に渡来する亜種アカショウビンよりも翼の赤紫光沢が濃く、腰のコバルトブルーの斑が大きい。

探し方

主に鳴き声を頼りに探すが、鳴くのは主に夜明けから早朝。日中はカエルの声が聞こえる沢沿いの林を探すとよい。横枝にじっととまっていることが多い。

聴いてみよう 雨恋鳥

さえずりは尻下がりに「キョロロロロロ……」と鳴き、飛翔時は間隔を狭めて連続して鳴く。雨が降る前後によく鳴くといわれ、「雨恋鳥」の別名がある。

ヤマショウビン【山翡翠】

Halcyon pileata / Black-capped Kingfisher

●全長30cm／旅鳥・迷鳥

赤くて太い嘴と青い羽

赤く長い嘴と派手な配色のカワセミ類。まれな旅鳥として各地に記録がある。観察されるのは、主に4月から5月にかけての春の渡り期。対馬では毎年数羽が記録されるが、ほかの地域では迷鳥。秋の渡り期に観察されることはまれ。2007年には福井県で日本初の営巣が確認された。河川、湖沼、海岸などに生息し、魚類のほか、カニ、トカゲ、カエル、昆虫類も捕食する。雌雄同色で、赤い嘴は太く長く、頭部はベレー帽状に黒い。喉から胸、後頸は白く、胸以下の体下面は橙色。体上面は光沢のある青で、初列雨覆以外の雨覆は黒い。足は短く赤い。直線的に飛び、飛翔時は初列風切基部にある白斑が目立つ。

観察してみよう
人工物にもとまる

主に河川、湖沼などで見られるが、カニを好む傾向があって、海岸付近や河口などにも生息する。水辺の樹木や海岸の岩の上のほか、電柱や電線などの人工物にもとまることが多い。

ブッポウソウ目カワセミ科カワセミ属

カワセミ【翡翠】

Alcedo atthis / Common Kingfisher

● 全長17cm／留鳥

鳴き声

水辺の青い宝石

青い羽が宝石のように輝く、嘴が細長い小鳥。かつて清流の鳥のイメージがあったが、今は都市公園の池でも観察できる。留鳥として本州以南に分布し、北海道では夏鳥。低地から山地の河川や湖沼、市街地の公園の池や河川にも生息し、離島では海岸付近で見られる。水辺の土崖に横穴を掘って営巣する。動物食で、ダイビングして小魚や甲殻類を捕食する。雌雄ほぼ同色で嘴は長く、オスの嘴は一様に黒く、メスの下嘴は橙色を帯びる。頭部から体上面は濃い青色で、背から上尾筒はより光沢のある青色。頭部には水色の小斑がある。目先と耳羽、体下面は橙色で、耳羽後方と喉は白い。足は赤くて、短い。幼鳥は全身が黒ずんだ色。

観察してみよう
ホバリングからダイビング

水辺の樹木や杭にとまって、待ち伏せ型の漁をする。とまった状態からダイビングするだけでなく、ヘリコプターのように停空飛翔するホバリングの状態からダイビングし、魚を捕らえることもある。

飛翔時に「チー」というよく通る声で鳴く。

ヤマセミ【山翡翠】

Megaceryle lugubris / Crested Kingfisher

● 全長38cm／留鳥

とさかのような冠羽と白黒鹿の子模様

日本最大のカワセミ類でキジバト(p77)よりも大きい。頭部のとさかのような長い冠羽が特徴。留鳥として九州以北に分布し、主に山地のダム湖、渓流に生息し、平地の川沿いでも見られる。魚類のほか、カエル、サワガニなども捕食し、河川や湖の土の崖を嘴で掘って営巣する。警戒心が強いため、飛ばしてしまってから存在に気づくことが多い。「キュッ、キュッ」と鳴き、ふわふわと羽ばたき飛翔する。雌雄ほぼ同色で嘴は太くて長く、黒い。頭部に長い冠羽があり、体上面、尾羽は白黒の鹿の子斑。足は黒く短め。体下面は白く、顎線と胸に黒斑があるが、オスはここに橙色の斑が混じる。メスは下雨覆が橙色。

探し方

主に魚食のため、川沿いにある木や杭、岩、電線などにとまっていることが多い。川の中上流部に多い。

観察してみよう
豪快なダイビング

獲物を見つけると、水中にダイビングして捕らえるが、ホバリングの状態からダイビングすることもある。体が大きいので、ドボンと豪快な音がする。

キツツキ目キツツキ科アリスイ属

アリスイ【蟻吸】

Jynx torquilla / Eurasian Wryneck

●全長18cm／漂鳥

鳴き声

ヘビのようなキツツキ

爬虫類のような姿の小形キツツキ類。長い舌を出した姿はヘビのよう。夏鳥として北海道、東北地方などで繁殖し、冬季は関東地方以西の低木のあるヨシ原などで越冬する。キツツキ類ではあるが、木の幹に垂直にとまることは少なく、普通の鳥と同じように枝に横にとまる。巣穴を掘ることもなく、樹洞(じゅどう)やキツツキ類の古巣、巣箱などで繁殖する。長い舌を使ってアリを好んで捕食することが和名の由来。雌雄同色。額から後頸、体上面、尾羽は灰色みのある褐色で、黒、茶色、こげ茶色などの複雑な模様になっている。過眼線はこげ茶色で、後頭から背、肩羽に黒い縦斑がある。喉から体下面は白っぽく、黒い横斑がある。

探し方

繁殖期は草原内の木にとまり、「キィキィキィキィ」と甲高い声で鳴くのが手がかりになる。また、木製の支柱にある穴などに営巣するので探してみるとよい。越冬期は、ヨシ原内に低木が点在する環境を好むが、地上付近での採食時は探すのが困難。

繁殖期には「キィー、キッキッキッ」と甲高い猛禽類のような声で鳴く。

キツツキ目キツツキ科コゲラ属

鳴き声

コゲラ【小啄木鳥】

Yungipicus kizuki / Japanese Pygmy Woodpecker

● 全長15cm／留鳥

最も身近な、小さなキツツキ

スズメほどの大きさで、日本最小のキツツキ類。留鳥として北海道から西表島（いりおもてじま）まで分布する。山地林から平地林、市街地の公園林にも生息し、都市部の街路樹で見かけることも多い。雑食性で、幹の中に潜む昆虫類を捕食するほか、秋には樹木の実も食べる。木の幹で採食するとき、耳を木の幹に押し当て、幹の中に潜む昆虫類の音を聴くような行動をする。

雌雄ほぼ同色。額から体上面はこげ茶色で、翼の白斑は横に並んだように見える。体下面は白く、胸と脇には褐色の縦斑がある。オスは後頭に小さな赤斑があるが、見られる機会は少ない。国内に9亜種が生息し、南に行くほど羽色が暗い色になる傾向がある。

観察してみよう
赤い羽を見よう

オスの後頭には赤い羽毛があるが、普段はほかの羽毛に隠れて見えない。そのため、風の強い日を狙って後頭を見てみるのがよい。警戒、威嚇、興奮するなどして頭部の羽毛を逆立てたときにも、見えることがある。

繁殖期を中心にドラミングすることがあるが、音が細く、カエルの声のように聞こえる。

キツツキ目キツツキ科アカゲラ属

アカゲラ【赤啄木鳥】

Dendrocopos major / Great Spotted Woodpecker　全長24cm／留鳥・漂鳥

ドラミング

ワンポイントで赤が入る白黒ツートーンのキツツキ

背に逆八の字形の白斑があるキツツキ類。留鳥または漂鳥として北海道、本州、四国に分布するが、四国では少ない。平地林から山地林に生息し、冬季には平地や暖地に移動する個体もいる。雑食性で、昆虫類のほか、秋には樹木の実も食べる。飛び方に特徴があり、大きな波状飛翔をする。オスは後頭が赤く、メスは黒い。ほかは雌雄ほぼ同色。額、顔から体下面は白く、黄色みのある個体もいる。後頭から体上面、胸と後頸につながる顎線は黒い。肩羽に逆「八」の字に見える大きな白斑があり、風切にも白斑がある。下腹から下尾筒は類似種のオオアカゲラ(p254)の淡紅色と異なり赤く、体下面には縦斑がない。幼鳥は雌雄ともに頭頂が赤い。

観察してみよう

家を提供する供給者

毎年新たな巣穴を掘るため、自ら巣穴を掘ることができないシジュウカラ類やムクドリ類、リス類やムササビ、ヤマネやヤマコウモリなど小動物への貴重な巣穴供給者になっている。写真は、アカゲラの古巣を利用するムササビの親子。

「キョッ、キョッ」や、こもった感じの「クォッ、クォッ」という声で鳴く。

キツツキ目キツツキ科アカゲラ属

ノグチゲラ【野口啄木鳥】

Dendrocopos noguchii / Okinawa Woodpecker ● 全長31cm／留鳥

鳴き声

オス
頭頂は黒ずんだ赤色。
背は黒ずんだ赤。
風切に小さな白斑。
下腹は黒ずんだ赤。

メス
頭頂は暗褐色。

沖縄の一部にしかいないキツツキ

1977年に国の特別天然記念物に指定されたキツツキ類で、日本固有種。留鳥として沖縄本島北部のごく限られた森林にのみ生息する希少種。スダジイ、タブノキからなる照葉樹林に生息し、倒木などをつつき、中にいるカミキリムシの幼虫などを捕食するほか、秋には樹木の実を採食する。天敵であるハシブトガラス(p277)の増加や、地上にいるところをマングースに襲われるなどして、個体数が減少傾向にある。雌雄ほぼ同色。オスは頭頂が黒ずんだ赤色で、メスは暗褐色。顔から喉は明るい褐色で、背、上尾筒、下腹、下尾筒は黒ずんだ赤色。翼と尾羽は黒く、風切には小さな白斑がある。嘴は青灰色。幼鳥の頭頂は雌雄ともに赤色。

観察してみよう
春はデイゴの花の蜜を吸う

キツツキ類は、樹林を徘徊しながら食べ物を探すことが多いため、なかなか狙って観察することができない。ただ本種は、春に鳥媒花であるデイゴの花の蜜を吸いにくるため、真っ赤に咲き誇ったデイゴの花を探して待つとよい。

「フィッ、フィッ」あるいは「ピッ、ピッ」と鳴く。

キツツキ目キツツキ科アカゲラ属

オオアカゲラ【大赤啄木鳥】

Dendrocopos leucotos / White-backed Woodpecker　● 全長28cm／留鳥

鳴き声

アカゲラよりも大きいアカゲラ

下面の淡紅色が美しい大形キツツキ類。留鳥として北海道から奄美大島まで分布し、主に山地林に生息して、積雪のある厳冬期でも山地林にとどまる傾向がある。キツツキ類の多くが樹木の比較的低い位置に営巣するのに対して、本種は高い位置に営巣することが多い。鋭い嘴で木をつつき、中にいる昆虫類を捕食するが、秋には樹木の実も食べる。アカゲラ(p252)に似た大形のキツツキというのが和名の由来。オスは頭頂が赤く、メスは黒い。ほかは雌雄ほぼ同色。腹から下尾筒は淡紅色で、胸以下の体下面には黒い縦斑がある。類似種のアカゲラよりも嘴が長く、肩羽の逆ハの字斑はない。幼鳥は雌雄ともに頭頂が赤い。

観察してみよう
好みが強い?

倒木や朽木で採食していることが多いが、食べる昆虫の種類に好みでもあるのか、一度採食しはじめると同じ場所にとどまって、長時間にわたってひたすらつつき回していることが多い。

アカゲラやアオゲラに似た「キョッ、キョッ」という声で鳴く。

キツツキ目キツツキ科クマゲラ属

クマゲラ【熊啄木鳥】

Dryocopus martius / Black Woodpecker

● 全長46cm／留鳥

鳴き声

カラス大の大きな黒いキツツキ

日本最大のキツツキ類。ハシボソガラス(p276)並みに大きく、和名のクマは大きいことを意味する。留鳥として北海道と東北北部に分布し、針葉樹やブナからなる原生林に生息するが、北海道では近年、市街地の林でも見る機会が増えている。雑食性で、主にアリや昆虫類の幼虫を捕食するが、樹木の実も食べる。食痕は縦に細長く掘られ、これが丸木舟のように見えることから、アイヌの人々は「チㇷ゚タチカㇷ゚（舟をつくる鳥）」と呼んでいた。ほぼ全身が黒く、オスは額から後頭が赤く、メスは頭頂の後部のみ赤い。雌雄はひなの段階で判別することができる。嘴は淡い黄色で先端が黒く、虹彩は淡い黄色で、足は灰色。

探し方

鳴き声が聞こえたときは、木の比較的高い位置を探すのがよい。採食時は、逆に木の根元や倒木など、比較的低い位置にいることが多い。

聴いてみよう　印象的な声

大形なので飛翔は迫力があり、動くと森の中でも目立つ。飛翔時は「コロコロコロ……」と一定の低い声で鳴き、木にとまると「キョーン、キョーン」と甲高い声で鳴く。

キツツキ目キツツキ科アオゲラ属

アオゲラ【緑啄木鳥】

Picus awokera / Japanese Green Woodpecker　●全長29cm／留鳥

鳴き声

オス

頭部は灰色で、額から
後頭と顎線が赤い。

やや褐色みの
ある緑色。

翼と腰は
黄緑色。

腹から下尾筒に
黒い横斑。

青色ではなく緑色のキツツキ

体上面が緑色で日本固有種の大形キツツキ類。留鳥として本州から九州、種子島、屋久島に分布。平地林から山地林の比較的よく茂った林に生息するが、東京近郊では公園林などにも生息する。雑食性で昆虫類を好み、地上でアリを捕食することもあり、秋には樹木の実も食べる。「キョッ、キョッ」「ピョー、ピョー」と鳴く。オスは額から後頭と顎線が赤く、メスは後頭の一部と顎線が赤い。ほかは雌雄ほぼ同色。頭部は灰色で目先は黒く、背はやや褐色みのある緑色で翼と腰、尾羽は黄緑色。体下面は白く、腹から下尾筒には黒い横斑がある。上嘴は黒く、下嘴は黄色。類似種のヤマゲラ（p257）は北海道に生息し、顎線が黒く、体下面に黒斑はない。

観察してみよう
樹液を舐める

キツツキ類は木の幹をつつき、昆虫類を捕食するイメージが強いが、本種はクヌギやコナラなどの幹に嘴で小さな穴をあけて樹液も舐める。この穴にメジロ（p315）やヒヨドリ（p288）がやってきて樹液を舐めていることも多い。

ヤマゲラ【山啄木鳥】

Picus canus / Grey-headed Woodpecker

● 全長30cm／留鳥

地鳴き

横斑のない緑色のキツツキ

姿や習性がアオゲラ(p256)に似ているキツツキ類。北海道のみに生息する留鳥だが、本州への迷行が数例ある。平地林から山地林に生息し、主に昆虫類を捕食するが、樹上だけでなく、地上に降りて採食することも多く、遊歩道脇や芝生広場でも見かける。オスは額から頭頂が赤く、類似種のアオゲラと異なり、メスには赤い羽毛がまったくない。雌雄とも上嘴は濃い灰色で、下嘴は黄色みがかる。頭部は灰色で、目先と顎線が黒い。体上面と尾羽は黄緑色で、初列風切は黒く、白斑がある。体下面は灰色みのある白で、下尾筒にはV字斑がある。虹彩は淡紅色や赤褐色など個体差がある。類似種のアオゲラは体下面に黒い横斑があり、顎線が赤く、虹彩は暗色。

観察してみよう 地上行動を見る

キツツキ類は、木の幹に垂直にとまる行動に特化したような形態だが、実際には横枝にとまることも多い。しかし、本種のように、頻繁に地上に降りて、ホッピングしながら採食したりすることも少なくない。

「ピョッ、ピョッ」と鳴く。

ハヤブサ目ハヤブサ科ハヤブサ属

チョウゲンボウ【長元坊】

Falco tinnunculus / Common Kestrel　● 全長オス33cm　メス39cm／翼開長68～76cm／留鳥

体は小さくても気が強い

都市部でも繁殖する小形ハヤブサ類。主に本州中部以北の崖地の穴、橋げたなど人工建造物の隙間で局地的に繁殖し、冬季は全国の農耕地や干拓地で見られる。ネズミ、モグラなどの小動物を捕食する。オスは頭部が灰色で、体上面は赤みのある褐色で黒斑があり、風切は黒い。体下面は白く、黒い縦斑があり、尾羽は灰色で先端は黒い。メスは頭部から体上面が赤褐色で、黒い横斑がある。体下面は褐色を帯びた白で、黒い縦斑があり、尾羽は赤褐色で先端は黒い。雌雄ともに目の下にひげ状斑があり、嘴は灰色で先端は黒い。蠟膜、足は黄色。類似種のコチョウゲンボウ(P259)のオスは体上面が灰色で、メスは体上面に赤みがない。

探し方

越冬期は農耕地や畑地、干拓地にある杭や低木、電柱の上など、地表よりも高い場所を探すとよい。

観察してみよう
ネズミの尿を見る?

特に風が強い午後や夕方にかけて頻繁にホバリングし、ネズミ類を捕食する。鳥類は4色型色覚で紫外線も見えるが、本種はネズミ類の尿が紫外線を反射するのを見て、狙いを定めるという。

ハヤブサ目ハヤブサ科ハヤブサ属

コチョウゲンボウ【小長元坊】

Falco columbarius / Merlin ●全長オス28cm メス32cm／翼開長64〜73cm／冬鳥

小鳥専門のハンター

主に小鳥類を捕食する小形ハヤブサ類。冬鳥として九州以北に渡来し、見晴らしのよい広大な農耕地や干拓地に生息する。主に待ち伏せ型の狩りをし、電線など高い場所から周囲をうかがい、飛翔中の小鳥を追い回して捕食したり、低空で飛翔して地上やヨシ原に潜む小鳥を飛び立たせて空中で捕食したりする。オスは頭部から体上面が青みのある灰色で、顔はやや橙色がかり、体下面は橙褐色でレンガ色の縦斑がある。メスは頭頂から体上面がこげ茶色で、淡色羽縁がある。目の下にはひげ状斑があり、体下面にはレンガ色の太い縦斑がある。類似種のチョウゲンボウ(p258)は雌雄とも体上面が赤褐色で、尾羽が長い。

観察してみよう
高速ハンターの狩り

狩り場では電線にとまって見張りをしていることが多い。チョウゲンボウに比べて尾が短いので、とまっているときはハト類に似る。急降下など高い飛翔能力を活かした狩りを行い、獲物を捕らえると地面で解体して食べる。

ハヤブサ目ハヤブサ科ハヤブサ属

チゴハヤブサ【稚児隼】

Falco subbuteo / Eurasian Hobby　● 全長オス34cm　メス37cm／翼開長72～84cm／夏鳥

鳴き声

成鳥

蠟膜は黄色。

明瞭な黒い縦斑。

レンガ色を帯びる。

かわいらしい、小さなハヤブサ

ツバメ(p292)のような飛翔形のハヤブサ類。夏鳥として北海道、本州中部のごく限られた地域に渡来し、平地の寺社林や山地林で繁殖する。渡り期には各地で観察される。ハヤブサ(p261)よりも小形なのが和名の由来。雌雄ほぼ同色。成鳥は額から頭部、体上面は濃い青灰色で、眉斑、ほお、喉から体下面は白く、胸以下には黒く明瞭な太い縦斑がある。蠟膜と足は黄色。下腹から下尾筒はレンガ色。オスはメスよりも小さく、体下面がより白い。幼鳥は額から頭部が成鳥よりも黒く、体上面には褐色羽縁がある。体下面も褐色みが強く、明瞭な黒い縦斑があり、蠟膜は青灰色。類似種のハヤブサは胴が太く、翼が太く短い。下腹に赤みはない。

観察してみよう

飛びながら食べる

高度な飛翔能力を活かして、飛翔しながら浮遊する昆虫類を捕食するという凄い技を得意としている。特に秋の渡り期には、乱舞するトンボを飛びながら足を使って捕らえ、帆翔(はんしょう)しながらそのまま口に運んで食べる。

ハヤブサ目ハヤブサ科ハヤブサ属

ハヤブサ【隼】

Falco peregrinus / Peregrine Falcon　●全長オス42cm　メス49cm／翼開長84〜120cm／留鳥

鳴き声

鳥類界最速のハンター

断崖に生息し、鳥類を狩るハヤブサ類。留鳥として九州以北に分布。海岸付近の断崖で繁殖するが、ビルなど建造物を利用する例が増加。秋には海岸線を渡るヒヨドリ(p288)の群れを襲うことが多く、翼をすぼめて急降下し、足で獲物を蹴り失神させて捕らえる。冬季は農耕地や干拓地でカモ類などを捕食する。雌雄同色で、メスのほうが大きい。成鳥は頭部から体上面が青みのある灰色で、目からほおにかけて特徴的なひげ状斑がある。喉から体下面は白く、黒い横縞模様がある。嘴は黒灰色で、蠟膜は黄色。幼鳥は頭部から体上面が褐色で蠟膜は青灰色、体下面には黒い縦斑が並ぶ。類似種のチゴハヤブサ(p260)は小さく、下腹はレンガ色。

探し方

越冬期はカモ類が集まる湖沼、小鳥類が多く生息する農耕地、河川敷などで見られる。電柱の上や高圧鉄塔など、見晴らしのよい高い場所にじっととまっていることが多い。

観察してみよう

鳥類最速の急降下

ハヤブサの急降下は最高で時速300km以上にも達するといわれ、鳥類最速である。速さの象徴であるその名は、戦闘機や新幹線などの乗り物や人工衛星にも使われている。

スズメ目ヤイロチョウ科ヤイロチョウ属

ヤイロチョウ【八色鳥】

Pitta nympha / Fairy Pitta

●全長18cm／夏鳥

さえずり

尾羽が短く、多彩な羽色の鳥

和名が意味するように、多彩で美しい羽色の鳥。本州中部以南に夏鳥として渡来するが、局地的で数は少ない。高木で構成されたよく茂った林に生息し、日ざしがほとんどあたらないような暗い環境を好む。高木の上で「ホヘン、ホヘン」と叫ぶように長時間連続してさえずる。渡ってきたばかりの頃はよくさえずるが、2週間ほどで鳴きやむといわれる。雌雄同色。頭部は橙茶色で、黒い頭央線と過眼線が後頭でつながっている。体上面は光沢のある緑色で、小雨覆は暗い環境でもコバルトブルーに輝く。眉斑、喉、体下面はやや黄色みがかり、下腹から下尾筒は赤く目立つ。尾羽が短く頭が大きいため、体形がアンバランスに見える。

観察してみよう

さえずりは樹上、採食は地上

さえずっているときは、高木の上にいることが多く、一度鳴きはじめると長時間動かないことが多い。鳴きやむと林床(りんしょう)に降りてホッピングし、ミミズなどを捕食する。薄暗い場所でも、小雨覆のコバルトブルーが輝いて見える。

スズメ目サンショウクイ科サンショウクイ属

サンショウクイ【山椒食】

Pericrocotus divaricatus / Ashy Minivet

●全長20cm／夏鳥

鳴き声

ハクセキレイのようなモノトーンの羽色

尾羽が長くスマートな鳥。夏鳥として本州、四国、九州に渡来。主に山地の広葉樹林に生息し、頻繁にフライングキャッチして昆虫類を捕食する。飛翔時はほぼ鳴いているといっても過言ではなく、秋の渡り期には群れで飛翔しながら鳴くためかなりにぎやか。和名は「ピリリー」と聞こえるその鳴き声から「山椒(さんしょう)は小粒でもピリリと辛い」ということわざを連想したことに由来する。オスは頭部から体下面が白く、過眼線と後頭が黒い。体上面は灰色で風切の一部が黒い。メスは額がわずかに白く、目先は黒い。頭頂から体上面は灰色。雌雄ともにスマートな体形で、嘴と足は黒く、尾羽も長くて外側尾羽が白い。

探し方

飛翔時に必ずといってよいほど鳴くので、声が聞こえたら上空を見るようにする。渡り期には都市部の公園でも観察できることがある。

聴いてみよう
サンショウの実が好き?

「ピリリー、ピリリー」という震えるような鳴き声を、サンショウの実を食べてひりひりしている様(さま)になぞらえたのが名前の由来だが、実際にサンショウの実を好んで食べるわけではない。

スズメ目サンショウクイ科サンショウクイ属

リュウキュウサンショウクイ【琉球山椒食】

Pericrocotus tegimae / Ryukyu Minivet

●全長20cm／留鳥

鳴き声

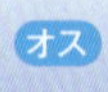

額から眉斑が白くつながる。

目の下に白斑。

胸や脇は色が濃く黒っぽい。

みるみる北に分布を広げる黒っぽいサンショウクイ

もともとは南西諸島と沖縄、九州南部に留鳥として分布していたが、1990年代から次第に九州北部や四国でも観察されるようになった。その後、山口県、岡山県、四国で繁殖が確認されるようになり、2020年には神奈川県でも繁殖が確認されている。大阪府や兵庫県では冬季の観察記録が増え、近年は関東地方でも観察記録が増えているため、西日本から更に分布域を北に広げているようだ。常緑広葉樹林に生息し、主に昆虫類やクモ類などの小さな生き物を捕食する。サンショウクイ(p263)に似たスマートな体型で、オスは額から眉斑が白くつながり、目の下には小さな白斑がある。喉は白く、白色部が後頸に食い込む。胸以下の体下面は灰色がかるが、胸や脇は色が濃く、黒っぽい。頭頂から体上面は黒く光沢があり、メスは頭頂から体上面に灰色みがある。

観察してみよう

虫の音のよう

「ピリリー、ピリリー」と鳴くサンショウクイの声によく似るが、本種は「リリリリー、リリリリー」と抑揚に乏しい声で鳴くことから、虫の音に似た感じに聞こえる。

スズメ目カササギヒタキ科サンコウチョウ属

サンコウチョウ【三光鳥】

Terpsiphone atrocaudata / Black Paradise Flycatcher

●全長オス45cm　メス18cm／夏鳥

森にひらめく、黒く長い尾羽

夏鳥として本州以南に渡来し、平地から山地の針葉樹林に生息。付近に沢の流れがある薄暗い林を好む傾向がある。動物食で、主に空中の昆虫類を飛びながら捕食する。「ツキヒホシ（月日星＝三つの光）、ホイ、ホイ、ホイ」と聞こえるさえずりが和名の由来。オスは中央尾羽が非常に長い。頭部から胸、尾羽は黒く見えるが、青みがあり、後頭に冠羽がある。嘴とアイリングは鮮やかなコバルトブルー。体上面は紫褐色で、胸以下の体下面は白い。メスはアイリングの幅が狭く、頭部から胸にかけてオスよりも色が淡く、灰色みがある。体上面、尾羽は茶色。

聴いてみよう
ギッという声にも注目

「ツキヒホシ、ホイ、ホイ、ホイ」というさえずりはあまりにも有名だが、さえずりとさえずりの間に「ギッ、ギギッ」という濁った声を混ぜる。この声を覚えれば、さえずらなくても存在に気づけるようになる。

スズメ目モズ科モズ属

チゴモズ【稚児百舌】

Lanius tigrinus / Tiger Shrike

●全長18cm／夏鳥

地鳴き

頭部が灰色で小形のモズ

日本最小のモズ類。和名は同属のモズ(p268)よりも小さいことから名づけられた。夏鳥として本州中部以北に渡来するが局地的で、個体数は減少している。平地から山地の針葉樹と広葉樹が混在する林に生息するが、水田や草地など開けた場所に隣接する林を好み、主に昆虫類を捕食する。渡り期には日本海側の島でも見られる。オスは頭部が灰色で、額から過眼線は黒い。体上面から尾羽は赤みのある褐色で、黒い横縞模様がある。喉から体下面は白い。メスは体上面の赤みが弱く、脇から下腹にかけて褐色の横斑がある。雌雄ともに嘴は黒く、類似種のモズより太い。また、モズに比べて頭部が大きく、尾羽が短く見える。

聴いてみよう

アカモズに似た声

高木のかなり高い場所で、モズというよりもアカモズ(p267)の声を早口にしたような「ジジジジジ……」という声で鳴く。開けた場所を好む傾向はモズに似るが、水田などがある里山的環境を好む傾向がある。

スズメ目モズ科モズ属

アカモズ【赤百舌】

Lanius cristatus / Brown Shrike

● 全長20cm／夏鳥

さえずり

赤茶色のスマートなモズ

高原に生息するモズ類。がっしりとした嘴が特徴で、細身のサンショウクイ(p263)を想わせる姿をしている。夏鳥として全国に渡来する。亜種アカモズは、北海道、本州、四国で繁殖するが局地的で、減少傾向にある。亜種シマアカモズは九州や南西諸島に渡来し繁殖する。いずれも山地の草原、高原のような開けた草地を好み、類似種のモズ(p268)同様、目立つ高い場所にとまることが多い。林縁、低木の林などで繁殖する。動物食で、昆虫類、爬虫類、鳥類を捕食する。雌雄ほぼ同色。頭頂から体上面、尾羽は赤茶色で、白い眉斑、黒い過眼線はそれぞれが額でつながっている。嘴は黒くかぎ形に曲がっている。

観察してみよう
亜種シマアカモズ

九州南部と南西諸島には亜種シマアカモズが渡来する。オスは頭頂が灰色で、額は白く上面は灰褐色。下面は淡い橙褐色。メスは額から体上面にかけて灰褐色で、体下面に黒褐色のうろこ状の斑がある。

モズの声をやや低くしたような「ギチギチギチ……」という声。

スズメ目モズ科モズ属

モズ【百舌】

Lanius bucephalus / Bull-headed Shrike ●全長20cm／留鳥・漂鳥

高鳴き

百の舌をもつ鳴きまね名人

黒いかぎ状の嘴をもち、小さな猛禽類とも呼ばれる小鳥。留鳥または漂鳥として全国に分布し、寒冷地の個体は冬季に平地や暖地に移動する。平地林、農耕地、河川敷などさまざまな環境に生息し、比較的開けた場所を好む。昆虫類、両生類、小形の爬虫類や鳥類も捕食し、獲物を有刺鉄線の針やとがった枝に串刺しにする「はやにえ」の習性がある。さまざまな鳥の鳴きまねをすることが和名の由来。オスは額から後頭が赤茶色で、顔は白く過眼線は黒い。胸から腹は橙色で、下尾筒は白い。メスは過眼線が褐色で胸から脇にうろこ模様がある。夏の高原では全体に色が淡い「高原モズ」と呼ばれる個体が見られる。

探し方

秋は盛んに高鳴き（なわばり宣言）するので、声を頼りにして近づき、木のこずえや杭の上などを探すとよい。

観察してみよう はやにえ

秋、オスは獲物を枝やとげに刺して「はやにえ」をつくる。これは昆虫のいない季節用の保存食で、食べ物があるオスは早口で美しい声で鳴くことができるため、早い時期にメスに選んでもらえる。写真はトノサマバッタのはやにえ。

カケス【懸巣】

Garrulus glandarius / Eurasian Jay

●全長33cm／留鳥

いろいろな声を出す鳴きまね上手

鳴きまねがうまいカラス類。実在しない謎の声もいろいろ発するので、混乱させせられる。留鳥として北海道から屋久島に分布し、冬季は市街地の公園で見ることもある。雑食性で、昆虫類からどんぐりまで食べ、地上に降りて採食することも多い。英名のJayは「ジェーイ」と聞こえる鳴き声に由来。国内に4亜種が生息する。

亜種カケスは雌雄同色で、成鳥は頭頂が白く、黒い縦斑がある。目先からほおは黒く、体上面と胸から体下面は灰色がかった褐色で、翼は黒く風切の外縁は白い。小雨覆は鮮やかな青と黒の縞模様になっている。虹彩は白っぽいため表情がきつく見える。北海道に生息する亜種ミヤマカケスは、頭部が橙褐色で虹彩が暗色。

観察してみよう
貯食行動

冬の食料不足に備えて、木の実を貯える習性がある。ナラ類の樹上や地面を歩き回ってどんぐりを探し、器用にくわえて飛ぶ姿をしばしば見かける。独特のふわふわとした飛翔で、同じ場所を行ったり来たりする。

いろいろと謎の声を出すが、最終的には「ジェーイ」というしゃがれた本来の声を出す。

スズメ目カラス科カケス属

ルリカケス【瑠璃橿鳥】

Garrulus lidthi / Lidth's Jay

●全長38cm／留鳥

鳴き声

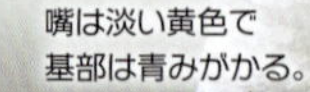

嘴は淡い黄色で
基部は青みがかる。

頭部と翼は瑠璃色。

喉に細かい
白斑が入る。

背と体下面はレンガ色で
紫色を帯びる。

尾羽は長く、
瑠璃色で先端は白い。

瑠璃色(るりいろ)のカケス

瑠璃色が美しいカラス類。留鳥として奄美大島、加計呂麻島(かけろまじま)、請島(うけじま)に分布する日本固有種。スダジイやタブノキからなる常緑広葉樹林に生息するが、集落や農耕地でも見られ、冬季には小群を形成する。雑食性で、昆虫類や植物の実なども食べ、貯食もするので植物の種子散布に役立っている。もともとは樹洞(じゅどう)に営巣していたが、森林環境の悪化から近年は人工建造物の隙間なども利用している。樹林内を忙しく動き回りながら「ジャージャー」「ギャーギャー」というしゃがれた声で鳴く。雌雄同色。頭部から首、翼、尾羽が瑠璃色で、顔は黒ずんで見え、喉には細かい白斑がある。背、体下面はレンガ色で、紫色を帯びる。尾羽の先端と風切先端は白く、嘴は淡い黄色で、基部は青みがかる。

観察してみよう

ヘルパー行動

通常、繁殖は雌雄のつがいで行うが、若鳥が繁殖の手助けをするヘルパー行動が確認された例がある。つがいとは別の成鳥が巣の周辺にいた例もある。

オナガ【尾長】

Cyanopica cyanus / Azure-winged Magpie

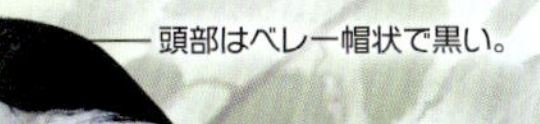

● 全長37cm ／ 留鳥

頭部はベレー帽状で黒い。

翼は淡い青色。

尾羽は長く、淡い青色で先端は白い。

姿は美しいが、声は……

その名のとおり、尾羽が長いカラス類。留鳥として本州中部以北に生息するが、それ以外の地域でも局地的に生息する。主に東日本に分布し、西日本では珍しい。平地林から山地林、人家付近や公園などの林にも生息し、繁殖期は主に昆虫類を捕食し、非繁殖期は植物の実を求めて群れで移動する姿がよく見られる。カッコウ(p74)に托卵(たくらん)され、仮親になることもある。雌雄同色。額から後頭にかけてベレー帽をかぶったように黒く、喉は白い。翼は淡い青色で、背と体下面は灰色だが、脇から下腹は色が淡い。長い尾羽は淡い青色で、先端は白く、嘴と足は黒い。幼鳥は頭頂に細かい白斑があり、背には褐色みがある。

観察してみよう
ツミとの微妙な関係

繁殖期にツミ(p219)の巣の周囲に本種が集団で営巣することがある。ハシブトガラス(p277)などの天敵が近づいた際に、ツミが追い払うので都合がよい。本種も集団防衛行動をとるので、ツミにとってもメリットがある。ツミが巣の周囲で狩りをしないことで成り立つ協力関係だが、ツミに捕食されることもたまにある。写真は幼鳥。

「ゲェーイ、ゲェーイ」という濁った声でにぎやかに鳴き、美しい姿とのギャップの大きさに驚く。

スズメ目カラス科カササギ属

カササギ【鵲】

Pica serica / Oriental Magpie

●全長45cm／留鳥

鳴き声

学名も羽色もピカピカ

オナガ(p271)と同じように尾羽が長いカラス類。白黒の鳥に見えるが、翼には青紫や青緑色の光沢があって美しい。留鳥として主に九州北部に分布するが、北陸地方や北海道の一部でも局地的に見られる。朝鮮半島から持ち込まれ、定着した帰化種といわれる。雑食性で、昆虫類から植物の実なども好み、地上採食も頻繁に行う。声が「カチカチ(勝ち勝ち)」と聞こえることから縁起がよい鳥とされ、九州では「カチガラス」と呼ばれる。雌雄同色で、頭部から胸、体上面、下尾筒は光沢のある黒色。肩羽、体下面は白く、飛翔時は黒い縁取りのある初列風切の白が目立つ。ほかの風切や尾羽は光沢のある青紫や青緑色。

観察してみよう

停電の原因に

都市への進出によって、九州では電柱の上に営巣する個体が増えた。これにより停電を招くことがあり、電力会社は変圧器付近に風車を取り付けるなど、営巣されないよう対策を講じている。

「カシャッ、カシャッ」という乾いた声で鳴く。「勝ち勝ち」と聞きなす鳴き声を聴いてみよう。

スズメ目カラス科ホシガラス属

ホシガラス【星鴉】

Nucifraga caryocatactes / Spotted Nutcracker ●全長35cm／漂鳥

星空のような白斑

亜高山帯から高山帯に生息するカラス類。体全体の細かな白斑を星に見立てたのが和名の由来。漂鳥として北海道から九州までの亜高山帯から高山帯のハイマツ帯に生息し、冬季は群れを形成してやや標高の低い山地に移動する。ハイマツなどの植物の実を好み、実の殻がかたすぎる場合は、足の間に抱え、鈍くとがった嘴をのみのように使って割る。雌雄同色で、頭頂から後頭はチョコレート色。顔から背、腰、喉以下の体下面もチョコレート色で、しずく形の白斑があり、下尾筒は白い。翼は黒く、初列風切基部に白斑がある。尾羽は光沢のある黒で、先端は白い。嘴は黒く、鋭くとがり、がっしりしている。幼鳥は褐色みが強い。

探し方

亜高山帯～高山帯で「ガーッ、ガーッ」というしわがれた鳴き声を聞いたら、ハイマツの上あたりを探してみよう。

観察してみよう

ハイマツの種子散布

秋には貯食行動が頻繁に見られ、ハイマツの種子散布のほぼすべてを担っているといわれる。実をくわえ、ふわふわとした羽ばたきで飛翔する姿が見られる。

スズメ目カラス科カラス属

コクマルガラス【黒丸鴉】

Corvus dauuricus / Daurian Jackdaw

●全長33cm／冬鳥

鳴き声

シロマルを見つけられると嬉しい

成鳥が愛称「シロマル」と呼ばれる小形カラス類。冬鳥として主に西日本に渡来していたが、生息域が拡大傾向にあり、北日本や北海道南部でも少数が見られる。広大な農耕地や干拓地に渡来し、地面を歩きながら昆虫類、種子などを食べる。ミヤマガラス(p275)の群れに混じっていることがほとんどで、探すポイントとなる。雌雄同色で、成鳥は頭頂から顔、喉から胸が黒く、目の後方に灰色の横斑がある。後頸から体下面は白く、体上面、下尾筒、尾羽は黒い。幼鳥は全身黒く、目の後方に灰色の横斑がある。同じように全身が黒いハシボソガラス(p276)、ハシブトガラス(p277)、ミヤマガラスに比べ、本種は体も嘴も小さい。

探し方

ミヤマガラスの群れを探す

日中から群れで行動しているミヤマガラスの群れを見つけ、本種が混じっているのを探す。「キュ、キュ」「キョン、キョン」など、カラスとは思えない声がすれば本種が混じっている。シロマルは数が少なく、見つけられると嬉しい。

スズメ目カラス科カラス属

ミヤマガラス【深山鴉】

Corvus frugilegus / Rook

全長47cm／冬鳥

鳴き声

大群で行動するカラス

冬の農耕地で日中から大群を形成するカラス類。もともとは九州地方南部に多数渡来する冬鳥だったが、現在は分布域が拡大し、局地的ながら冬鳥として北海道を含む全国の農耕地や干拓地に渡来する。雑食性で、昆虫類、植物の実などを地上を歩きながら採食し、しばしば数百羽単位の大群で行動する。雌雄同色で、ほぼ全身が黒色だが、光線の加減によって光沢ある青紫色に見える。嘴は黒く、まっすぐでとがり、基部は白っぽく見える。額が盛り上がっているため、嘴基部との間に段差ができる。足も黒い。類似種のハシブトガラス(p277)は嘴が太く、上嘴は大きく湾曲する。ハシボソガラス(p276)は額がなだらかで、嘴基部が白くない。

観察してみよう

大群での移動

警戒心が強く、群れのうちのどれか1羽が飛び立つとほかも次々に飛び立つ。円を描くように飛翔しながら徐々に高度を上げ、乱舞しながら移動していく。

「グァー、グァー」とやや頭を下げ、尾羽を広げて鳴く。

スズメ目カラス科カラス属

ハシボソガラス【嘴細烏】

Corvus corone / Carrion Crow

● 全長50cm／留鳥

鳴き声

額の段差がない、濁った声のカラス

「ガーガー」と濁った声で鳴くカラス類。留鳥として九州以北に分布し、平地林から山地林、農耕地、市街地の公園、海岸などさまざまな場所に生息するが、大都市や高山帯では少ない。雑食性で、昆虫類、果実、動物の死骸などを食べる。開けた場所にある樹木に木の枝を組んだおわん形の巣をつくり、巣材にハンガーなどの人工物を利用することがある。雌雄同色。嘴、足を含む全身が黒色で、羽には紫色光沢がある。嘴は細く、上嘴はやや湾曲する。幼鳥は風切に褐色みがあり、口内が赤い。類似種のハシブトガラス(p277)は額が盛り上がり、嘴基部と額に段差がつき、上嘴は太く湾曲するが、本種の額はなだらかで、上嘴の湾曲も小さめ。

観察してみよう
暑い日の体温調節

汗をかいて体温調節をする人間と違い、鳥は皮膚に汗腺をもたないため、夏の猛暑は大変だ。見るからに暑そうなカラスが真夏に、口を開けっぱなしにした姿が観察できる。これは口を開けて呼吸を速くすることで、気化熱により体温を調節しているため。

頭を大きく上下させながら「ガーガー」と濁った声で鳴く。

スズメ目カラス科カラス属

ハシブトガラス【嘴太烏】

Corvus macrorhynchos / Large-billed Crow

● 全長57 cm ／ 留鳥

鳴き声

額に段差がある、かわいた声のカラス

都市部に多く、最も身近なカラス類。留鳥として小笠原諸島を除く全国に分布し、街中から奥山まで、いろいろな場所に生息する。雑食性で、昆虫類、果実、動物の死骸などのほか、鳥類を捕食することもあり、市街地ではゴミもあさる。雌雄同色で、嘴、足を含む全身が黒色だが、光線の加減によって光沢ある青紫色に見える。嘴は太く、上嘴の先端は下向きに湾曲する。額の羽毛が盛り上がっていることが多いため、嘴基部との間に段差ができる。幼鳥は風切に褐色みがあり、虹彩は青く、口内が赤い。類似種のハシボソガラス(p276)は額がなだらかで嘴は本種より細め。ミヤマガラス(p275)は嘴基部が白っぽい。

観察してみよう
夏のセミ捕り

小さな木の実から、大きなアオダイショウまでいろいろなものを食べる。夏季には、午後、羽化するために地表近くの穴の中で待機するセミの幼虫を嘴を使って掘り出し、捕食する姿がよく観察できる。写真は穴で待機中のアブラゼミの幼虫。

ハシボソガラスが「ガーガー」と濁った声で鳴くのに対し、本種は「カーカー」「アーアー」と澄んだ声で鳴く。

スズメ目レンジャク科レンジャク属

キレンジャク【黄連雀】

Bombycilla garrulus / Bohemian Waxwing

●全長20cm／冬鳥

北日本に多いレンジャク類

尾羽の先端が黄色いレンジャク類。冬鳥として全国の平地から山地の林に渡来。年によって渡来数の変動が大きく、大群で渡来する年もあれば、まったく渡来しない年もある。ヤドリギ、ナナカマドなどの果実を食べる。英名の「Waxwing」は、次列風切の羽軸先端に赤い蠟状物質が付着していることによる。雌雄同色。

先端がとがった長い冠羽が特徴。ほぼ全身が褐色で顔には赤みがあり、黒い過眼線が額から後頭へ伸びるが、冠羽に達しない。喉も黒い。上尾筒は灰色、下尾筒は橙色。初列雨覆先端と次列風切先端は白く、初列風切先端に黄色斑がある。尾羽は濃い灰色で先端は黄色。類似種のヒレンジャク(p279)は尾羽先端が赤い。

観察してみよう
垂れ下がるヤドリギの種子

ヤドリギの実の種子は、粘性の強い物質に覆われているため、レンジャク類の糞はだらんと垂れ下がる。半寄生植物のヤドリギは、種子が樹木に付着して発芽できるので、ヤドリギの実を好むレンジャク類は大切なパートナーである。

スズメ目レンジャク科レンジャク属

ヒレンジャク【緋連雀】

Bombycilla japonica / Japanese Waxwing

●全長18cm／冬鳥

地鳴き

長い冠羽。

過眼線は冠羽に達する。

喉が黒い。

体下面は白っぽい。

尾羽の先端が赤色。

冠羽まで続く黒い過眼線が特徴

尾羽の先端が赤いレンジャク類。冬鳥として全国の平地から山地の林に渡来。年によって渡来数が変動するが、同属のキレンジャク(p278)ほどではない。ヤドリギ、ナナカマドなどの果実を食べる。雌雄同色。先端がとがった長い冠羽が特徴で、額から伸びた黒い過眼線は冠羽に達する。喉は黒く、顔には赤みがあり、ほぼ全身が褐色で、体下面の中央は白っぽい。上尾筒は灰色で、下尾筒は赤く、風切は濃い灰色で、先端の白斑の有無に個体差がある。次列風切の羽軸先端に赤斑があるが、キレンジャクのような蠟状物質ではない。尾羽は濃い灰色で先端は赤い。類似種のキレンジャクは尾羽の先端が黄色く、過眼線が冠羽に達しない。

観察してみよう

頻繁に水を飲む

レンジャク類の群れがヤドリギの実を食べている様子を観察していると、群れが飛び立ってあっという間にいなくなってしまうことがある。双眼鏡で追うと、池や川といった水場に降りては盛んに水を飲んでいる。ヤドリギの実は粘性が強いので喉が渇くのだろうか。

「リリリリ……」と鳴き、鈴や虫の声のように聞こえる。

スズメ目シジュウカラ科ヒガラ属

ヒガラ【日雀】

Periparus ater / Coal Tit

●全長11cm／留鳥・漂鳥

小さな冠羽のあるカラ類

カラ類の最小種で、短い冠羽が特徴。留鳥または漂鳥として屋久島以北に分布し、山地や亜高山帯の針葉樹林を好むが、冬季は平地林や公園でも見られる(年によって変動がある)。ほかのシジュウカラ類やエナガ(p298)、キクイタダキ(p316)などと混群を形成する。雑食性で、昆虫類、植物の実などを食べる。雌雄同色。頭部と喉は黒く、後頭に白い縦斑があり、ほおは白い。頭頂には短い冠羽がある。体上面、尾羽は灰色で、大雨覆と中雨覆先端の白斑が2本の翼帯となる。体下面は白いが、やや褐色みがあり、嘴と足は黒い。類似種のシジュウカラ(p284)は大きく、胸から下尾筒にかけてネクタイ状の黒い縦斑がある。

観察してみよう

巣材集めに夢中

巣の内装に使う繊維質の巣材を集める。獣の死骸から毛を引き抜いたり、休憩中のハイカーに寄ってきて、帽子や靴ひもから繊維を引き抜いたりしていく個体もいる。

聴いてみよう

「ツピン、ツピン」や「ツーピン、ツーピン」という早口で繰り返しさえずる。シジュウカラに似るが、より高音。地鳴きは「チュー」という声。

スズメ目シジュウカラ科ヤマガラ属

ヤマガラ【山雀】

Sittiparus varius / Varied Tit

さえずり→地鳴き

●全長14cm／留鳥・漂鳥

橙色っぽいカラ類

橙褐色の羽が目立つカラ類。留鳥または漂鳥として小笠原諸島を除く全国に分布する。照葉樹林や落葉広葉樹林に生息し、冬季は平地林や市街地の公園でも見られる(年によって変動がある)。シジュウカラ(p284)、メジロ(p315)、コゲラ(p251)、エナガ(p298)などと混群を形成する。雑食性で、昆虫類を捕食するほか、秋から冬には植物の実も食べる。樹木の実を樹皮の隙間などに隠して貯蔵する習性があり、植物の種子散布に貢献している。雌雄同色。額からほおは黄色みを帯びた白色で、頭頂から後頸に白い縦斑がある。喉と目の上から頭頂、後頸は黒い。背の上側と体下面は橙褐色。翼と尾羽は青灰色。嘴は黒く、足は鉛色。

観察してみよう

エゴノキを好む

エゴノキの実をぶら下がりながら採り、せっせと運ぶ。実を両足で器用に挟んで嘴でつつき割り、有毒な果皮を取り去り、種子だけを食べる。

聴いてみよう

さえずりは「ツーツーピー、ツーツーピー」とゆっくりと繰り返す。地鳴きは「ニーニーニー」という不協和音のような声や、「ズビビビ」という金属的な声。

スズメ目シジュウカラ科コガラ属

ハシブトガラ【嘴太雀】

さえずり2種

Poecile palustris / Marsh Tit

●全長13cm／留鳥

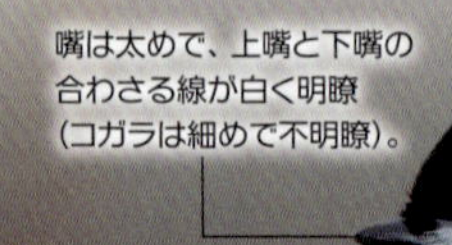

つやのある黒いベレー帽と太い嘴

黒いベレー帽をかぶったような姿のカラ類。留鳥として北海道のみに分布。平地林で普通に見られ、北海道にある宿泊施設の餌台には、冬季に最もよく姿を見せる。コガラ(p283)に酷似し、野外識別は難しい。平地から低山の落葉広葉樹林、針葉樹林に生息し、冬季はほかのシジュウカラ類と混群を形成する。雑食性で、主に昆虫類を捕食する。和名は嘴が太いシジュウカラ類を意味する。雌雄同色。頭頂はベレー帽をかぶったように黒く光沢があり、喉も黒い。体上面は灰色でやや褐色みがあり、大雨覆の先端が白く翼帯になる。風切の外縁、顔から体下面は白い。尾は角尾。嘴はコガラに比べて太く、上嘴と下嘴の合わさる線(会合線)が明瞭。コガラとの野外識別は難しいが、さえずりが異なるので聴けば識別できる。

観察してみよう

さえずりが決め手

本州にはコガラしかいないが、北海道では本種とコガラが混在するので、識別は難しい。頭部の光沢、嘴など区別する点はあるが、相手は動き回るので難しく、最終的にはさえずりが決め手になる。本種は「チヨチヨチヨチヨ」とさえずる。

冬季は「ピチョ、ジェージェー」と鳴く。

スズメ目シジュウカラ科コガラ属

コガラ【小雀】

Poecile montanus / Willow Tit

●全長13cm／留鳥

さえずり→地鳴き

嘴は細めで、上嘴と下嘴の合わさる線は目立たない（ハシブトガラは太めで線が目立つ）。

頭部は黒く光沢はない（ハシブトガラはある）。

喉が黒い。

次列風切の外縁が白く目立つ。

つやのない黒のベレー帽

シジュウカラ科では最もにぎやかな種で、混群を先導していることが多い。留鳥として九州以北に分布し、本州以南では山地から亜高山帯の林に生息する。北海道では少ない。積雪がある冬季も山地にとどまり、シジュウカラ類、コゲラ（p251）、エナガ（p298）、ゴジュウカラ（p318）、キバシリ（p319）などと混群を形成する。地上採食も頻繁に行い、昆虫類、木の実、草の種子などを食べる。雌雄同色で、ハシブトガラ（p282）に酷似する。頭頂はベレー帽をかぶったような黒で、つやはなく、喉も黒い。体上面は褐色みのある灰色で、大雨覆、次列風切の外縁が白く目立ち、顔から体下面は白い。尾は丸尾。ハシブトガラに比べて嘴は細めで、上嘴と下嘴の合わさる線（会合線）は目立たない。北海道ではハシブトガラとの識別は難しいが、さえずりで識別できる。

聴いてみよう

自ら巣穴を掘るカラ類

本州で見られるカラ類はシジュウカラ、ヤマガラ、ヒガラ、コガラが知られている。カラ類は繁殖期には樹洞や巣箱、人工建造物の隙間などに営巣するのが一般的だが、本種は自分で巣穴を掘って営巣する。

スズメ目シジュウカラ科シジュウカラ属

シジュウカラ【四十雀】

Parus cinereus / Cinereous Tit

●全長15cm／留鳥・漂鳥

さえずり→地鳴き

頭部は光沢のある黒。
ほおは白い。
背の上方が黄緑色。
大雨覆の羽先に白い帯が入る。

メス
黒い縦線はオスより細い。

ネクタイのような、胸の黒い帯が目印

身近で見られる小鳥の一種。留鳥または漂鳥として小笠原諸島を除く全国に分布。平地林から山地林、市街地、公園、ヨシ原などさまざまな環境に生息し、樹洞（じゅどう）や人工建造物の隙間、巣箱に営巣する。繁殖期は主に昆虫類を捕食し、秋には植物の実も食べる。越冬期は地上で採食することも多い。雌雄ほぼ同色で、頭部は黒いが光沢があり、紺色に見えることもある。ほおと体下面は白く、後頭に白斑がある。胸から下尾筒まで黒いネクタイ状の縦線があり、オスは太く、メスは細い。背の上側が黄緑色で雨覆、風切の外縁は青みのある灰色。大雨覆の羽先が白く1本の帯に見える。類似種のヒガラ(p280)は小さく、ネクタイ状の縦帯はない。

観察してみよう
黒ネクタイの淡い幼鳥

繁殖期に聞こえるキキキー、キキキキーという声で、親鳥が食べ物を運んでくるのを待つ幼鳥の存在に気づくことができる。幼鳥の胸の黒い縦帯はとても細いか、見えないこともあるので、コガラ(p283)やヒガラと間違えないよう注意。

「ピーチュ、ジュクジュクジュク」などさまざまな声で鳴く。

もっと知りたい!

黒ネクタイをしたようなシジュウカラ

庭先から平地林、山地林までさまざまな環境に生息し、とにかくよく見かける。採食も樹上から地上まで広範囲で行う。

食べ物もさまざまで、春には桜の蜜を吸いにやってくる。

木の実も好んで食べるが、両足に挟んでつついて食べることもある。

巣づくりの時期にはさまざまな巣材を集める。この個体は、獣毛を引き抜いている。

午後は水たまりに水浴びにやってくることが多い。冬は混群を形成していることから、いろいろな鳥を同時に見られるチャンスでもある。

スズメ目ツリスガラ科ツリスガラ属

ツリスガラ【吊巣雀】

Remiz consobrinus / Chinese Penduline Tit ●全長11cm／冬鳥

地鳴き

吊り巣をつくる小鳥

ヨシ原で越冬する小鳥。冬鳥として本州中部以南に渡来し越冬するが、近年、東日本ではほぼ見られなくなった。九州には比較的多い。平地の湿地や水田付近にあるヨシ原に小群で生息し、昆虫類を捕食する。観察しにくい鳥だが、風の弱い日は枝先に出てくるので比較的見やすい。繁殖地では羊毛とヤナギの綿毛を使い、フェルト質で袋状の吊り巣をつくる。これが和名の由来。オスは頭頂から後頭が灰色で、黒くて太い過眼線が額でつながっている。体上面は赤褐色で、脇は栗色。体下面は白いが、黄色みを帯びる。メスは頭頂が褐色で、過眼線は褐色みが強い。雌雄ともに嘴は鉛色でとがり、足は黒い。

観察してみよう

ヨシ原から聞こえる音

ヨシの茎に縦にとまり、嘴を使って器用に皮をはぎ、中で越冬している昆虫類を見つけては捕食する。そのため本種が生息しているヨシ原では、ヨシの皮をはぐパチパチという音がよく聞こえる。写真はメス。

 「チーチーチー」というか細い声で鳴く。

スズメ目ヒバリ科ヒバリ属

ヒバリ【雲雀】

Alauda arvensis / Eurasian Skylark

● 全長17cm／留鳥

さえずり→地鳴き

空中でにぎやかにさえずる

春を告げるとされる小鳥。上空を長時間飛翔しながらさえずる「揚げ雲雀」は有名。留鳥として本州以南に広く分布し、北海道では夏鳥。積雪が多い地域の個体は冬季に暖地に移動し、ときには数十羽の群れをつくり越冬する。農耕地、草地など開けた場所を好み、主に地面を歩きながら昆虫類などを捕食する。晴れた日に上空を飛翔することから「日晴れ鳥」と呼ばれ、「ヒバリ」に転じたという。雌雄同色。頭頂から体上面は褐色で黒斑がある。眉斑、体下面は白っぽく、胸に褐色の縦斑がある。頭部に冠羽があり、さえずっているときなどに立つ。外側尾羽は白い。体の大きさの割に翼の面積が広いため、大きく見える。

観察してみよう さえずり飛翔

周囲よりも高い場所にとまってさえずることも少なくないが、やはり上空を飛翔しながら、長時間にぎやかにさえずる「さえずり飛翔」が本種らしい。「ピチュ、チュピ、ピチュリ」などと早口で連続してさえずる。

 越冬期は飛翔時に「ビュビュッ、ビュビュッ」という濁った声を出す。

スズメ目ヒヨドリ科ヒヨドリ属

ヒヨドリ【鵯】

Hypsipetes amaurotis / Brown-eared Bulbul

●全長28cm／留鳥・漂鳥

鳴き声

にぎやかで 闘争心と食欲が旺盛

いつもにぎやかに飛び回る中形の鳥。直線的には飛翔せず、波形を描くように飛翔する。留鳥または漂鳥として全国に分布し、平地林から山地林、市街地、公園、人家の庭先などの環境で普通に見られる。雑食性で、昆虫類、植物の実のほか、花の蜜を好む。なわばり性が強く、同じヒヨドリでも他種でも追い払ってしまう。和名は「ヒィーヨ、ヒィーヨ」という鳴き声に由来するといわれる。雌雄同色。ほぼ全身が濃い灰色で、頭部は色が淡く、頭頂から後頭の羽毛は周囲よりもやや長く、ぼさぼさとしている。耳羽は赤みのある褐色。風切と尾羽にはやや褐色みがあり、尾羽は長め。胸以下には細かな白斑があり、下腹は白い。下尾筒の羽縁は太く白い。

観察してみよう 渡りを見る

北方の個体は、春と秋に渡りをする。群れはハヤブサ(p261)などの天敵に狙われており、岬では飛び立ったり、戻ったりを繰り返してなかなか渡らない。海上に出ると、かたまり状になったり、帯状になったり、大きな生き物がうねるように海面すれすれを渡っていく。

「ヒィーヨ、ヒィーヨ」「ピーヨ」「ヒイ」などと鳴き、「いーよ、いーよ」とも聞こえる。

スズメ目ヒヨドリ科シロガシラ属

シロガシラ【白頭】

Pycnonotus sinensis / Light-vented Bulbul

● 全長19cm／留鳥

地鳴き

沖縄にすむ頭の白いヒヨドリ

翼のオリーブ色が美しいヒヨドリ類。後頭が白いのが和名の由来。留鳥として八重山諸島、沖縄島の平地林、農耕地、人家付近などに広く生息するが、移入個体による分布の可能性がある。近年、九州、本州でも記録されている。雑食性で、主にやわらかい木の実を好んで食べるが、昆虫類も捕食する。不規則な波形を描いて飛翔し、ホバリングもする。「ピジュク、ピジュク」などとにぎやかにさえずる。雌雄同色で、額から頭が黒く、目の後方から後頭にかけて白い。顔は黒褐色だが喉は白く、虹彩は黒くて、耳羽に白斑がある。胸は褐色で、体下面から下尾筒は白っぽく、背は灰色。翼と尾羽は鮮やかなオリーブ色をしている。

観察してみよう

昆虫も野菜も食べる

モンシロチョウの幼虫を捕食するため、野菜畑に集まり、幼虫を駆除してくれる半面、栽培されている野菜もついばんでしまう。沖縄県では、トマトにも被害が出ている。雑食性の鳥だからこその、二面性を見せている。

驚いたときや警戒したときなどは「ジュッジュッ」という連続した声で鳴きながら樹木や電線にとまる。

スズメ目ツバメ科ショウドウツバメ属

ショウドウツバメ【小洞燕】

Riparia riparia / Sand Martin

●全長13cm／夏鳥・旅鳥

地鳴き

崖の集合住宅で子育て

海岸や河川付近にある崖に巣穴を掘って集団営巣する小形ツバメ類。夏鳥として北海道に渡来する。本州以南では旅鳥として渡り期に見られ、秋には群れでいることが多い。海岸、河川、河口付近の草原に生息し、秋は水田や農耕地で見られる。主に飛翔しながら空中の昆虫類を捕食する。「小洞」は小さな穴を掘って営巣するという意味で、繁殖行動が和名の由来となった。雌雄同色。成鳥は頭部から体上面は暗褐色で、喉から体下面は白い。胸には褐色の帯状斑があり、中央には縦斑がある。嘴と足は黒く、虹彩は暗色。静止時、翼先は尾羽の先端を越えない。尾羽は短く浅い凹尾。幼鳥は体上面に淡色羽縁がある。

観察してみよう

集団営巣の様子を観察

6月下旬の北海道の海岸線や河口付近では、乱舞する姿がよく見られる。崖に多数の巣穴が密集した集団繁殖地では、巣穴に出入りする個体が飛び交いながら「ジュジュジュ」「ジュクジュクジュク」と鳴き合い、にぎやかである。

スズメ目ツバメ科ツバメ属

リュウキュウツバメ【琉球燕】

Hirundo tahitica / Pacific Swallow

● 全長 14cm ／ 留鳥

鳴き声

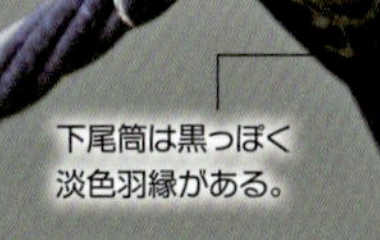

日焼けしたみたいに浅黒いツバメ

体下面、翼下面が日焼けをしたように浅黒いツバメ類。留鳥として奄美大島以南の南西諸島に分布するが、生息地は局地的。屋久島で繁殖記録がある。冬季に個体数が大きく変動する地域があることから、渡りをしている個体がいると考えられる。農耕地、水田などのほか、人家付近でも普通に見られ、橋げたや人家の軒下などにツバメ(p292)に似た巣を、泥を使ってつくる。動物食で、主に昆虫類を飛翔しながら捕食する。雌雄同色。頭頂から体上面は光沢のある濃紺で、額と喉から胸が濃い橙色。体下面は灰色みのある褐色で、下尾筒は黒っぽく、淡色羽縁がある。尾羽は白斑があり、短い凹尾。幼鳥は全体に色が淡い。

観察してみよう

尾羽が短い

おなじみのツバメによく似ていて、色黒という感じの風貌だが、尾羽は長い燕尾ではない。とまっているときには、ツバメとは逆に翼先のほうが尾羽の先端を越える。

「ジュジュ」とツバメよりも甲高い声で鳴く。

スズメ目ツバメ科ツバメ属

ツバメ【燕】

Hirundo rustica / Barn Swallow

● 全長17cm／夏鳥

鳴き声

人のそばで子育てする鳥

私たちにとってなじみ深い鳥の一つ。夏鳥として全国に渡来。九州では越冬する個体が多い。市街地から里山まで、人家、商店、ビルの軒下などに、土に草を混ぜておわん形の巣をつくって繁殖し、空中の昆虫類を飛びながら捕食する。この生態から、複雑なさえずりを「土食って虫食って口渋い」と聞きなす。人間が生活する環境を選ぶので、過疎の進む地域では減少傾向にある。雌雄同色。頭頂から体上面は光沢のある濃紺で、額と喉が赤い。体下面は白く、胸に濃紺の帯状斑がある。尾羽に白斑があり、外側尾羽が特に長い燕尾で、オスはメスより長い傾向がある。足は短く、歩行には不向きで、巣材の泥を集めるとき以外、地上に降りることはあまりない。

おもしろい生態

尾羽が長いとモテる

メスはつがいになる相手を選ぶ基準として、ツバメの特徴である燕尾に注目。燕尾の長いオスはつがいになるのが早く、短いオスは日数がかかる、また燕尾の長いオスは、つがい外交尾の成功率も高いという研究結果がある。

「チュビチュビチュビチュルルルルルビー」と早口でさえずる。

自由自在に飛び回るツバメ

ツバメは、上空を高速で飛行することができ、滑翔や急な方向転換も自由自在。鳥の中でも高い飛行能力をもつ種の一つ。

生活のほとんどは飛びながら。採食するのも、食べるのも、水浴びも、飛びながら行う。

地上に降りて巣材を集める。

人のそばで子育てする

ツバメは必ず人が生活している環境に営巣する。民家や商店の軒先はもちろん、シャッターのあるガレージの中、駅ビルの中、高速道路のサービスエリアのトイレなど。より安全に子育てできるのが理由。周囲に人間がいれば、巣がスズメにのっとられたり、卵やひながハシブトガラス(p277)に襲われたりする危険が少なくなる。

住宅の軒先に営巣する。巣を壁にはりつけてあり、軒先の少ない昨今の住宅事情を象徴しているようだ。

かなり成長したひな。

晩秋の頃、巣立ったひなを含む群れが地上に降りて休んでいる。

スズメ目ツバメ科イワツバメ属

イワツバメ【岩燕】

Delichon dasypus / Asian House Martin

●全長13cm／夏鳥

鳴き声

白黒モノトーンのツバメ

燕尾ではない尾羽のツバメ類。岩場などに営巣することが和名の由来。夏鳥として九州以北に渡来し、東海地方以南では一部が越冬する。平地の河川、畑地、農耕地から高山帯まで幅広く生息し、学校や病院といった大型の建造物の軒下、トンネルの出入り口などに集団で営巣し、近年は自然物への営巣は少ない。主に動物食で、口を大きく開けたまま飛行し、空中を浮遊している昆虫類を捕食する。雌雄同色で、頭部から体上面は黒く、光沢がある。喉から体下面は白く、脇や腹には褐色みがある。腰は白く、上尾筒は黒い。尾羽は黒く、浅い凸尾。足指まで白い羽毛がある。類似種のツバメ(p292)やリュウキュウツバメ(p291)は額と喉が赤い。

おもしろい生態

本種は入り口が狭く、深いおわん形の巣をつくる。巣材には泥を大量に使うため、春になると「ジュリ、ジュリ、ジュリリリリ……」と集団で鳴き交わしながら飛び回り、水たまりに集まっては泥を集める姿を目にする。

スズメ目ツバメ科コシアカツバメ属

コシアカツバメ【腰赤燕】

Cecropis daurica / Red-rumped Swallow

●全長19cm ／夏鳥

さえずり

腰の赤よりも細かい縦斑が目立つ

　赤い腰と、長い尾羽が特徴のツバメ類。夏鳥として九州以北に渡来し、西日本に多く、東日本では数が少なく、九州、四国では少数が越冬する。内陸部よりも沿岸部を好む傾向があり、建物の比較的高い場所に営巣する個体が多い。巣はよく見かけるツバメ(p292)のおわん形の巣と異なり、出入り口が細長い、とっくり形やつぼ形をしている。動物食で、飛翔しながら空中の昆虫類を捕食する。雌雄同色。ツバメより大きい。額から頭頂、体上面は光沢のある濃紺で、眉斑から目の後方、腰は橙色。喉から体下面は白く、黒く細い縦斑がある。尾羽は長く目立ち、深い燕尾。類似種のツバメは額が赤く、体下面は白くて、縦斑はない。

観察してみよう
暮らしやすい住まい？

スズメ(p351)はツバメ類の古巣を利用するが、ツバメやイワツバメ(p294)のつくるおわん形の巣よりも、本種のとっくり形の巣のほうを好んで利用する。スズメが通常つくる巣により近く、安心できるつくりなのだろう。

スズメ目ウグイス科ウグイス属

ウグイス【鶯】

Horornis diphone / Japanese Bush Warbler

●全長オス16cm メス14cm ／留鳥・漂鳥

さえずり→地鳴き

さえずりで春を告げる小鳥

オオルリ(p336)、コマドリ(p339)とともに日本三鳴鳥に数えられる小鳥。「ホーホケキョ」のさえずりで春の訪れを告げる。留鳥または漂鳥として全国に分布し、北海道や本州北部に生息する個体は、冬季に暖地へ移動する。適応能力が高く、高山帯から人家近くの林まで広範囲に生息し、やぶを好む。さえずりは有名だが、「チャッチャッ」という「笹鳴き(ささなき)」とも呼ばれる地鳴きはあまり知られていない。雌雄同色だが大きさが異なり、オスのほうが一回り大きい。額から頭部、体上面は茶褐色で、眉斑、顔から喉、体下面は淡い灰色。黒く細い過眼線がある。尾羽は長く、足は肉色。ムシクイ類に似ているが、尾羽が長めで、さえずりが異なる。

観察してみよう
鳴く姿を見る

「ホーホケキョ」と鳴くときは「ホー」で首を伸ばす姿がおもしろい。また警戒したときなどに、「ケキョケキョケキョ……」という谷渡りと呼ばれる鳴き方をする。尾羽を上下させ、左右に首を振りながら鳴く。

スズメ目ウグイス科ヤブサメ属

ヤブサメ【藪鮫】

Urosphena squameiceps / Asian Stubtail

● 全長11cm／夏鳥

さえずり→地鳴き

姿がなかなか見えない

声はすれども姿は見えない鳥。夏鳥として屋久島以北に渡来する。さえずりは虫の声のような独特の高音で「シシシシ……」と尻上がりに鳴き、聞く機会は多いが、姿を見る機会は少ない。ササ類など下草の多い山地林の地上近くで行動するためで、すぐ目の前から声が聞こえるのに、なかなか姿が見えない。やぶから聞こえてくるこの声が、小雨が降る音を思わせるのが和名の由来。雌雄同色で、頭部が大きく、尾羽がとても短い。頭部や上面は赤褐色で、やや黄色みを帯びる白く明瞭な眉斑がある。過眼線と頭側線は黒い。ほおから体下面は白いが、褐色みがかる。ムシクイ類やウグイス(p296)に似るが尾羽がとても短く、体型が異なる。

観察してみよう

高音域の鳴き声

フィールドで、鳴き声を頼りに鳥を探す場合、中には年齢を重ねると、聴きにくくなる鳥もいる。人間の可聴音であっても、ヤブサメやアオジ(p384)など、さえずりや地鳴きが高音域のため、若いときと比べてだんだんと聴き取りにくくなる。

スズメ目エナガ科エナガ属

エナガ【柄長】

Aegithalos caudatus / Long-tailed Tit

●全長14cm／留鳥・漂鳥

ぬいぐるみのようにふわふわ

ぬいぐるみのようにふわふわで尾羽の長い小鳥。留鳥または漂鳥として九州以北に4亜種が分布し、平地から山地の林に生息する。冬季はシジュウカラ類と混群を形成し、都市公園の林でも見られ、ぶら下がりながら枝移りする。つがい以外の個体(ヘルパー)が繁殖を手伝うことがある。主に動物食で、昆虫類を捕食し、樹液も好む。雌雄同色。頭部から胸は白く、まぶたは黄色。嘴は黒く短い。肩羽はブドウ色で体下面は白く、下尾筒は淡いブドウ色。和名の由来である長い尾羽は黒く、外側が白い。本州に生息する亜種エナガほか3亜種には黒く太い眉斑があり、背でつながるが、亜種シマエナガには眉斑がなく、頭部は純白。

探し方

「ジュルリ、ジュルリ」「ヒュリリリリ」という鳴き声が特徴的なので、これを覚えてしまえば存在に気づける。身近な公園でも観察することができる。

観察してみよう 曲がった尾羽

繁殖期には尾羽が曲がった個体をしばしば見かける。尾羽に寝ぐせのような曲がりぐせがついているのは、巣の中で卵を抱いていることを示している。

ふわふわなエナガ

●保温性の高い巣

エナガは早春のまだ寒い時期から繁殖をはじめるため、巣は保温性の高いつくりとなっている。

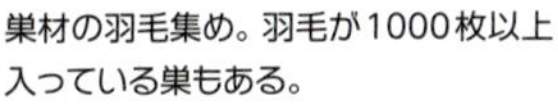

巣材の羽毛集め。羽毛が1000枚以上入っている巣もある。

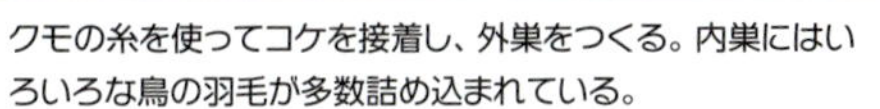

クモの糸を使ってコケを接着し、外巣をつくる。内巣にはいろいろな鳥の羽毛が多数詰め込まれている。

亜種 シマエナガ

北海道に分布する亜種シマエナガは、頭部に黒い眉斑がなく真っ白なため、マシュマロや雪だるまのように見える。冬はふわふわなことから最近では人気が高く、お土産物に描かれるほどだ。特に正面顔は印象的。

冬の間は群れで生活し、仲よく枝にとまることも多い。ほかのカラ類などと混群を形成することは少なく、シマエナガだけの小群で生活している。

捕らえた昆虫を足で押さえ、そのまま口に運んでいる。

食べ物の少ない冬には、樹液を舐めることも多い。

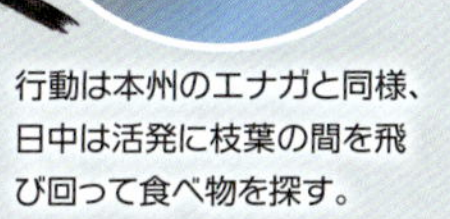

行動は本州のエナガと同様、日中は活発に枝葉の間を飛び回って食べ物を探す。

スズメ目ムシクイ科ムシクイ属

センダイムシクイ【仙台虫食】

Phylloscopus coronatus / Eastern Crowned Leaf Warbler　● 全長13cm／夏鳥

さえずり→地鳴き

下嘴が橙黄色。
明瞭な白い眉斑。
1本の明瞭な翼帯がある。
上面は黄色みを帯びるオリーブ色。

灰色の頭央線がある（個体差あり）。

最もよく見かけるムシクイ

体上面のオリーブ色が鮮やかな小形のムシクイ類。夏鳥として九州以北に渡来し、平地から山地の落葉広葉樹林などに生息する。渡り期には平地林や都市公園でも見られる。秋の渡り期は早く8月頃から見られる。さえずりを「鶴千代君（つるちよぎみ）」と聞きなし(p410)、歌舞伎「伽羅先代萩(めいぼくせんだいはぎ)」の鶴千代君にちなんだことが和名の由来。雌雄同色。頭部から体上面は黄色みを帯びるオリーブ色で、灰色の頭央線があるが、個体差があり不明瞭な個体もいる。明瞭な白い眉斑があり、上嘴は黒く、下嘴は橙黄色。明瞭な翼帯が1本あり、体下面は白い。類似種のエゾムシクイ(p302)、メボソムシクイ(p303)には頭央線がない。

探し方

春はさえずりで見つけられるが、秋はさえずらない。まず、シジュウカラ（p284）やメジロ(p315)、エナガ(p298)、コゲラ(p251)などの混群を探し、その中に混じる本種を見つけるようにするとよい。

聴いてみよう

焼酎一杯?

さえずりは「チヨチヨ、ビー」で「焼酎一杯ぐいー」と聞きなされるが、「鶴千代君」などとも聞きなされる。地鳴きは「フィッ、フィッ」。

スズメ目ムシクイ科ムシクイ属

イイジマムシクイ【飯島虫喰】

Phylloscopus ijimae / Ijima's Leaf Warbler

●全長11.5cm ／夏鳥

さえずり

一日中元気にさえずる小形のムシクイ

センダイムシクイ(p300)に似た小形のムシクイ類。夏鳥として伊豆諸島、トカラ列島に渡来し、冬季はフィリピンで越冬すると考えられ、ルソン島で採集記録がある。タブノキやシイが生い茂る、薄暗い常緑広葉樹林を好むが、三宅島では人家近くの林でも普通に見られる。早朝から「チュイチュイチュイチュイ」と大きな声でよくさえずる。雌雄同色。頭部から体上面は一様に緑色みが強く、体下面は白っぽい。胸や下尾筒には黄色みがある。眉斑は細長く黄色みがあり、過眼線が黒いためアイリングが前後で途切れているように見える。下嘴の黄色が目立ち、足は肉色。主に動物食で、林内で昆虫などを捕食する。

観察してみよう
緑に溶ける

三宅島ではどこにでもいるといってよいほど生息し、盛んにさえずっているが、小形であること、また全体に緑色みが強いことから森の緑に溶け込んでしまい、意外に見つけるのが難しい。

スズメ目ムシクイ科ムシクイ属

エゾムシクイ【蝦夷虫食】

Phylloscopus borealoides / Sakhalin Leaf Warbler　●全長12cm／夏鳥

さえずり→地鳴き

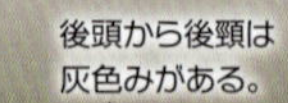

神秘的な高音のさえずり

高音でさえずる小形のムシクイ類。類似種のメボソムシクイ(p303)、センダイムシクイ(p300)に比べ、褐色みが強い。夏鳥として北海道、本州中部以北、四国に渡来し、山地から亜高山帯の林に生息する。渡り期には平地林や都市公園でも見られる。樹間をすばしこく動き回り、昆虫類を捕食する。体を水平に保つような姿勢で枝にとまることが多い。雌雄同色。体上面はやや緑を帯びる褐色で、後頭から後頸は灰色みがある。白く明瞭な眉斑は前方が黄色みがかり、体下面は白く、脇は褐色を帯びる。不明瞭な翼帯が1〜2本ある。足と嘴は肉色。センダイムシクイには頭央線があり。メボソムシクイはよりオリーブ色を帯びる。

聴いてみよう
神秘的な高音

高い音で「ヒーツーキー、ヒーツーキー」とさえずり、神秘的。これを「日月、日月」と聞きなす。地鳴きは「ピン、ピン」または「ピッ、ピッ」という強い声。ムシクイ類は姿が酷似しているので、鳴き声をしっかり覚えて見わけよう。

スズメ目ムシクイ科ムシクイ属

メボソムシクイ【目細虫食】

Phyllostopus xanthodryas / Japanese Leaf Warbler

● 全長13cm ／ 夏鳥

聞きなしは、「銭取り銭取り」

亜高山帯の針葉樹林帯に生息し、涼しげな声でさえずるムシクイ類。夏鳥として本州、四国、九州に渡来。春と秋の渡り期には平地林や公園、日本海側の島でも見られる。樹林を移動しながら「チョリチョリチョリチョリ」と4拍子でさえずり、枝先で昆虫類を捕食する。ほかのムシクイ類に比べ、眉斑が細めなのが和名の由来。雌雄同色で、頭頂から体上面はオリーブ褐色。細長く明瞭な眉斑は黄白色。体下面は白く、脇は黄色みを帯びる。嘴は黒いが下嘴は橙色で、足は肉色だが橙色の個体もいる。よく似た別種のオオムシクイの鳴き声は3拍子で、コムシクイの鳴き声には節がない。両種とも本種より小さいが、野外識別は困難。

聴いてみよう

銭取り銭取り

「ギュッ」と何回か鳴いた後「チョリチョリチョリチョリ」と4拍子でさえずり、繰り返す。これを「銭取り銭取り」と聞きなす。春や秋の渡り期には「ギュッ」や「ギッ」と地鳴きする。この声はさえずりの合間に入れる声と同じである。

スズメ目ヨシキリ科ヨシキリ属

オオヨシキリ【大葦切】

Acrocephalus orientalis / Oriental Reed Warbler　●全長18cm／夏鳥

口内は赤色。
羽毛が逆立つ。
不明瞭な白い眉斑。
頭部から体上面は褐色。
尾羽は長め。

ギョギョシと にぎやかにさえずる

にぎやかにさえずる鳥。夏鳥として九州以北に渡来し、湖沼のヨシ原や河川敷などに生息する。動物食で、主に昆虫類を捕食する。繁殖期にはなわばりをつくるが、一夫多妻。ヨシの茎や葉を組み合わせたおわん形の巣をつくり、しばしばカッコウ(p74)に托卵(たくらん)される。和名の由来はヨシを切り裂き、中にいる昆虫を捕食するという意。「ギョギョシ」と聞こえるさえずりから「行々子(ぎょうぎょうし)」の別名がある。雌雄同色。頭部から体上面、尾羽は褐色で、不明瞭な白い眉斑がある。さえずっているときに頭頂の羽毛が逆立つ傾向がある。嘴は長めで口内は赤色。尾羽は長い。類似種のコヨシキリ(p305)は小さく、黒い頭側線と過眼線があり、口内は黄色。

観察してみよう さえずる姿がユーモラス

「ギョッ、ギョッ」と鳴きながらヨシを上がってきて、先端で長々とさえずる。頭部の羽毛が逆立ち、真っ赤な口内が見える姿は、にぎやかなさえずりと相まってユーモラスだ。風の強い日は大きくヨシがゆれるが、うまくバランスをとってさえずる。

 「ギョギョシ、ギョギョシ、ケケケケ……」というにぎやかな声で鳴く。

コヨシキリ【小葦切】

Acrocephalus bistrigiceps / Black-browed Reed Warbler　● 全長14cm ／ 夏鳥

さえずり

眉斑の上の黒い線が目立つ

小形のヨシキリ類。夏鳥として九州以北に渡来。平地から山地の草原や高原、湿地など開けた場所に生息するが、繁殖は局地的。植物の茎の間に枯れ草などを組み合わせたおわん形の巣をつくる。動物食で、昆虫類を捕食する。オオヨシキリ(p304)よりもやや乾燥した環境に生息する。「キリキリ」「ピチュピチュ」「ピピピピ」「ビュビュビュビュ」「チュチュチュチュ」などいろいろな声を織り交ぜ、複雑かつにぎやかにさえずる。雌雄同色。頭部から体上面、尾羽は褐色で、白く明瞭な眉斑があり、それを挟むように黒く太い頭側線と過眼線がある。喉から胸、体下面は白く、脇はやや褐色みがある。口内は黄色。類似種のオオヨシキリは大きく、頭側線と過眼線は不明瞭で、口内は赤色。

観察してみよう

徐々に上へ移動する

まずヨシの低い位置にとまって、カワラヒワの「キリキリ、コロコロ」に似た声から鳴きはじめることが多い。その後、複雑な声でにぎやかにさえずりながら徐々に高い位置へ移動し、最後は最も高い位置にとまってさえずる。

スズメ目センニュウ科センニュウ属

エゾセンニュウ【蝦夷仙入】

Locustella amnicola / Sakhalin Grasshopper Warbler ●全長18cm／夏鳥

さえずり

目の前で鳴いているのに姿が見えない

朝から深夜までにぎやかに鳴くが、やぶに潜み、姿を見ることが極めて難しいセンニュウ類。夏鳥として北海道に渡来し、平地から山地の湿地付近のよく茂ったやぶに生息する。渡り期には人家近くのやぶや街中の公園、社寺林などで声を聞くこともある。南西諸島では越冬例がある。足が発達していて、やぶの中で草をかき分けるようにしながら地上を歩き、昆虫類を捕食する。雌雄同色。額から頭頂、体上面、尾羽はこげ茶色。眉斑、ほお、喉から体下面は灰色だが脇は褐色みが強い。尾羽は長く、凸尾で先端はとがっており、足は肉色で長く、がっしりとしている。類似種のシマセンニュウ（p308）は小さく、顔に灰色みはない。

探し方

フキやイタドリのやぶに潜んでいることが多い。これらを下から見上げられる斜面があれば、姿を観察できるチャンスがある。

観察してみよう

手強(てごわ)い隠れ上手

「チョッ、チョッピンカケタカ」と聞こえるさえずりは独特で、深夜にも聞かれる。茂みの中でさえずるため、すぐ目の前で聞こえても姿を観察するのは困難で、根気が必要。

スズメ目センニュウ科センニュウ属

オオセッカ【大雪加】

Locustella pryeri/ Marsh Grassbird

● 全長13cm／留鳥・漂鳥

さえずり→地鳴き

局地的に繁殖する希少種

尾羽が長めのセンニュウ類。繁殖期に弧を描くようなさえずり飛翔を行う。留鳥または漂鳥として青森県、茨城県、千葉県などの、広大なヨシ原で局地的に繁殖する。ヨシやイネ科の草が生い茂り、地面が湿った湿生草原を好む。主に昆虫類やクモ類を捕食する。秋から冬にかけては、太平洋側の比較的温暖な地域の湿地で越冬。国内の生息数は、推定約1000羽とされる希少種。雌雄同色。頭頂から体上面、尾羽は赤みのある褐色で、背にある黒く太い縦斑が目立つ。淡色の不明瞭な眉斑があり、体下面は白、脇は褐色みがある。長い尾羽はくさび形。セッカ(p311)とは異なり、ヨシに縦にとまることが多く、頭頂に黒い縦斑はない。

観察してみよう

さえずり飛翔ばかりではない

機械音のような「ジュクジュクジュク……」という声で鳴きながら、さえずり飛翔を行う。ただ低木にとまった状態でさえずることも少なくはなく、とまった状態でさえずる際は、さえずり飛翔時に比べて抑揚のない一定の声でさえずる傾向がある。

スズメ目センニュウ科センニュウ属

シマセンニュウ【島仙入】

Locustella ochotensis / Middendorff's Grasshopper Warbler

●全長16cm／夏鳥

さえずり

草原でさえずりながら舞い上がる

北海道東部の草原の代表的な小鳥。夏鳥として北海道の草原や沿岸部の湿地に渡来し、特に道東地方で生息数が多い。本州以南では旅鳥として、春と秋の渡り期に通過個体が見られるが、明るい場所に滅多に出ないため、観察の機会は少ない。動物食で、草から草へと移動しながら昆虫類を捕食する。雌雄同色。額から頭頂、体上面は褐色で、やや赤みがある。背に不明瞭な黒い縦斑があり、眉斑は白く、不明瞭な黒い過眼線がある。尾羽は丸尾でやや長く、足は肉色。類似種のウチヤマセンニュウ(p309)は少し大きく、体上面の赤みが少なくて、嘴と足はやや長い。さえずりも似るが、本種のほうが連続して長くさえずる傾向がある。

探し方

草地の中の、やや高い草や低木でよくさえずる。草地の中から少し飛び出した場所を探すとよい。

観察してみよう　さえずり飛翔

「チッ、チッ、チッ」という声で鳴きはじめ、続けて「チョビチョビチョビ……」とさえずる。さえずりながら短く舞い上がり、すぐに下降する、ディスプレイ（さえずり飛翔）をよく行う。

スズメ目センニュウ科センニュウ属

ウチヤマセンニュウ【内山仙入】

Locustella pleskei / Styan's Grasshopper Warbler

●全長17cm／夏鳥

さえずり→地鳴き

シマセンニュウによく似る

シマセンニュウ(p308)によく似た、島にすむセンニュウ類。夏鳥として主に伊豆諸島や本州、四国、九州周辺の島々に局地的に渡来。本州中部以南では旅鳥として、春と秋の渡り期に通過する個体が見られる。ササ類の茂る低木林、草原などを好み、主に昆虫類を捕食する。「仙入」には諸説あるが、やぶの茂みや木の陰でさえずる種が多く、世間を断って暮らす「仙遊鳥(せんゆうどり)」が転じたという説がある。雌雄同色。額から頭頂、体上面は灰褐色で、眉斑は白く、不明瞭な黒い過眼線がある。尾羽は丸尾。類似種のシマセンニュウは体上面に赤みがあり、嘴と尾羽がやや短い。さえずりは似るが本種のほうが短く、連続性に乏しい。

観察してみよう

がに股でさえずる

セッカ(p311)と同じように、2本の草に足を広げてとまり、さえずることがある。シマセンニュウと同様、「チッ、チッ、チッ」という声で鳴きはじめ、続けて「チョビチョビチョビ……」とさえずる。

スズメ目センニュウ科センニュウ属

さえずり

マキノセンニュウ【牧野仙入】

Locustella lanceolata / Lanceolated Warbler　●全長12cm／夏鳥

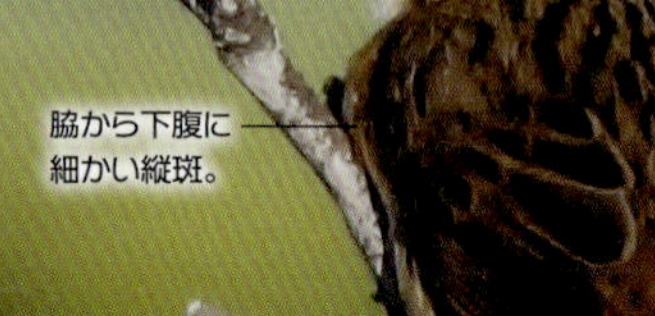

見わけのポイントは縦斑

地味ながら、黒斑が特徴のセンニュウ類。夏鳥として北海道の平地の草地や沿岸部の湿地に渡来するが、局地的で数は多くない。本州以南では旅鳥として、春と秋の渡り期に通過するが、明るい場所に出てくることが少ないため、観察の機会はあまりない。さえずるとき以外は草地の中に潜み、巧みに移動しながら昆虫類を捕食する。和名は牧野（牧草地）に生息することに由来する。雌雄同色。額から頭部、体上面は褐色で黒い縦斑があり、背の縦斑は明瞭。不明瞭な白い眉斑がある。喉から胸は白く、脇から下腹には褐色みがあり、細かい縦斑がある。足は肉色。全身の黒斑でほかのセンニュウ類、ムシクイ類と区別できる。

探し方

草原で声を頼りに探す。なかなか姿を見せないが、比較的低い枝上でさえずる。同じとまり場に何度もやってきてさえずる。これを見つけてしまえば観察は容易。

聴いてみよう

首を左右に振る

「チリリリリリ……」と虫の音のような一定のトーンで1分ほど連続してさえずる。このとき首を伸ばしたような姿勢で、首をゆっくり左右に振るような動作をする。

スズメ目セッカ科セッカ属

セッカ【雪加】

Cisticola juncidis / Zitting Cisticola

さえずり→地鳴き

●全長13cm／留鳥・漂鳥

足を左右に開いてとまる

スズメ(p351)より小形の鳥。足を左右に開いて草にとまることが多い。留鳥または漂鳥として本州以南に分布し、冬季は暖地に移動する個体もいる。平地の河川敷の草地、牧草地など高木のない開けた場所を好み、クモの糸で草を縫って袋状の巣をつくる。長距離を飛ぶことはあまりなく、草の上を低く飛んで昆虫類を捕食し、草の中に再び隠れてしまう。雪のように見えるチガヤの穂を巣材としてくわえて飛ぶ姿が、和名の由来といわれる。雌雄同色。頭部から体上面は一様に赤みのある褐色で、明瞭な黒い縦斑がある。眉斑と喉から体下面は白く、脇はやや褐色みがある。尾羽は丸尾で軸斑が黒く、先端は白い。足はやや長めでピンク色。

観察してみよう

とまりポーズとさえずり飛翔

しばしば、体操選手のように足を左右に大きく開いてとまる。繁殖期には「ヒッヒッヒッヒッ、ジャッジャッジャッ」と騒ぐように鳴きながら、大きな波形を描いてさえずり飛翔をする。

• イラストで比較する •

似ているセンニュウ類、ヨシキリ類の見わけ方

センニュウ類やヨシキリ類はどの種も地味な羽色でよく似ています。代表的なセンニュウ類3種と、コヨシキリとオオヨシキリの見わけを紹介します。

センニュウ類

➔p308

➔p309

➔p306

ヨシキリ類

嘴は長め。
頭頂の羽毛を逆立てることが多い。
汚白色の細い眉斑。
口内は赤い。
初列風切の突出が長い。
オオヨシキリ
➔p304
黒色の太く目立つ頭側線。
白色の太い眉斑。
黒色の太い過眼線。
口内は黄色。
初列風切の突出が短い。
コヨシキリ
➔p305

スズメ目メジロ科メグロ属

メグロ【目黒】

Apalopteron familiare / Bonin White-eye

●全長14cm／留鳥

地鳴き

小笠原を代表する希少な小鳥

小笠原を象徴する世界的希少種。小笠原諸島の母島、向島、妹島にのみ生息する留鳥で、小笠原諸島固有種。希少種ながら、母島では集落から山地林までどこでも見られる。雑食性で、昆虫類、果実、花の蜜に集まる。林床（りんしょう）を歩き回って捕食することもある。「フィーヨ」という笛の音のような声でよく鳴く。雌雄同色。体上面は灰色を帯びる暗いオリーブ色で、顔から体下面は黄色。額にアルファベットのT字状の黒色斑がある。目の周囲に白いアイリングがあるが、目の前後で途切れる。目の周囲に和名の由来である黒い斑があり、目の下は逆三角形。類似種のメジロ(p315)は小さく、上面がオリーブ色で、目の周囲に黒い斑はない。

探し方

小笠原諸島母島では、パパイアの木を見て回り、熟している果実を見つけて待っているとよい。

観察してみよう 器用に動き回る

キツツキ類のように木の幹に縦にとまったり、走るように移動したりする。樹上では幹にぶら下がって、葉の裏にいる昆虫などを捕食したり、樹皮の隙間にいる昆虫を舌で捕えたりする。

メジロ【目白】

Zosterops japonicus / Warbling White-eye ● 全長12cm ／ 留鳥・漂鳥

白いアイリングが目先で途切れる。

体上面は黄緑色。

喉は黄色。

ウグイスとよく間違われる

黄緑色と黄色が美しい、スズメ(p351)よりも小さな鳥。留鳥または漂鳥として全国に生息し、北海道では夏鳥。冬季は平地や暖地に移動するため、秋には移動する個体の渡りが見られる。山地林や平地林、公園などに生息し、市街地の庭や街路樹でも見られる。雑食性で、昆虫類、植物の実、樹液、花の蜜などを好み、舌先が筆状になっている。樹木の枝先のまたに、枯葉やコケをクモの糸で接着させたカップ形の巣をつくる。雌雄同色で、目の周りにある明瞭な白いアイリングが和名の由来。額から頭部、体上面は黄緑色で、胸から体下面は白いが灰色みを帯びる。喉、下尾筒は黄色で、嘴は黒く、下嘴基部は灰色。頭部から体上面がうぐいす色に似た色のためか、しばしばウグイス(p296)と間違われる。

観察してみよう

目白押し

メジロは秋冬などに、密着して横枝にとまり、おしくらまんじゅうのような行動をする習性がある。混雑している様子や、物事が集中して続くことを、この習性に見立てて「目白押し」という。

さえずりは「チーチュルチーチュルチーチーチュルルル……」で「長兵衛、忠兵衛、長忠兵衛」と聞きなされる。地鳴きは「チー」「ツィー」。

スズメ目キクイタダキ科キクイタダキ属

キクイタダキ【菊戴】

Regulus regulus / Goldcrest

●全長10cm／留鳥・漂鳥

さえずり→地鳴き

すばしこく飛び回る日本最小の鳥

体重が5gほどしかない日本最小の小鳥。留鳥または漂鳥として北海道、本州の亜高山帯から高山帯の針葉樹林に生息。冬季は平地林や公園などでも見られ(年によって変動がある)、シジュウカラ類やエナガ(p298)と混群を形成する。鋭い嘴で主に小形の昆虫類を捕食する。頭頂の黄色い羽を冠に見立て、「菊を戴く」としたのが和名の由来。雌雄ほぼ同色で、メスは頭頂が黄色く、黒い縁取りがあり、オスはその中央に橙色の羽があるが、見えないことが多い。頭部は灰色で目の周囲は白っぽい。体上面はオリーブ色で中雨覆、大雨覆、三列風切の先端が白く、2本の翼帯になる。体下面は淡い褐色。風切基部、虹彩は黒い。嘴も黒く、細くとがる。

観察してみよう よくホバリングする

冬季は平地林や公園でも見られるが、小形種であること、高い場所にいること、そして針葉樹林にいることから、見ることが難しい。ただ、枝先で頻繁にホバリングして採食するので、これを目印にするとよい。

 「ズィーズィーズィー」という体に似合わない太い声で鳴く。

スズメ目ミソサザイ科ミソサザイ属

ミソサザイ【鷦鷯】

Troglodytes troglodytes / Eurasian Wren ●全長11cm／留鳥・漂鳥

さえずり→地鳴き

小さな体で精力的にさえずる

小さな体に似合わず、大きな声でさえずる地味な色の鳥。留鳥または漂鳥として全国の平地林から山地林に生息し、特に渓流沿いの薄暗い林を好む。冬季は平地にある湿地のやぶなどで越冬し、都市公園に来ることもある。動物食で、主に昆虫類を捕食する。複雑で早口なさえずりは残雪のある頃から聞かれる。和名のミソは「溝」、サザイは「些細（ささい）」であり、谷筋の細い沢に生息する小さな鳥を意味するといわれる。雌雄同色。ほぼ全身がこげ茶色で、体上面、風切、尾羽には黒い横斑がある。体下面には黒い波状の横斑があり、不明瞭な褐色の眉斑がある。生息環境や羽色が似るカワガラス（p349）は体が大きく、斑点状の模様がない。

観察してみよう
さえずりを目で観察しよう

さえずりは早口で「ツピツピツピチヨチヨチヨツリリリ……」など複雑な声。比較的目立つ場所に出てきてさえずり、嘴を大きく開けて左右に首を振るような動作をし、同時に尾羽をピンと上げ、ぐるぐる回すような動作もする。冬季は「チッ、チッ」という舌打ちのような地鳴きをする。

スズメ目ゴジュウカラ科ゴジュウカラ属

ゴジュウカラ【五十雀】

Sitta europaea / Eurasian Nuthatch

●全長14cm／留鳥

さえずり→地鳴き

逆さにとまれる器用な鳥

キツツキ類のように木の幹に垂直にとまれる青灰色の小鳥。留鳥として九州以北の低山から山地の落葉広葉樹林に生息する。雑食性で、樹皮の裏や隙間にいる昆虫を捕食し、秋は木の実も食べ、樹皮の隙間に種子などを蓄える貯食行動もする。越冬期はシジュウカラ類などと混群を形成する。本種の青灰色の羽毛を、50代の人の髪に見立てたのが和名の由来という説がある。雌雄同色。頭頂から体上面、尾羽は青みのある灰色で、嘴から目を通り側頭部へ続く黒い過眼線がある。額から過眼線の上は白い。喉から体下面は白く、脇は褐色みがあり、下尾筒はレンガ色。嘴はやや上に反り、上嘴は黒く、下嘴は灰色。尾羽は短い。

観察してみよう

逆さにとまり、降りることができる

頭部を下にして幹を回りながら降りる習性がある。キツツキ類やキバシリ（p319）は木の幹に垂直にとまることは得意だが、体が逆さのまま降りることはできず、後ずさりして降りる。

繁殖期は「フィフィフィ……」と早口でさえずる。冬季は「ピピピ……」「ピョッ、ピョッ」「トィッ、トィッ」などさまざまな声で鳴く。

キバシリ【木走】

Certhia familiaris / Eurasian Treecreeper

●全長14cm／留鳥

木の幹で行動する、目立たない鳥

体色が樹皮に似ているため、近くにいても目につきにくい隠蔽色の鳥。留鳥として九州以北の山地から亜高山帯の針葉樹林に生息し、北海道では平地林でも見られる。冬季はやや標高の低い場所に移動するが、平地にある都市公園などでは見られない。木の幹に潜む小形の昆虫類などを主食とし、幹に垂直にとまり、尾羽を使って体を支え、はうような姿勢でらせん状に上りながら採食する。この木の幹を走り回るような行動が和名の由来。雌雄同色。額から頭部、体上面は黄色みのある褐色で、淡灰色の縦斑がある。眉斑も淡灰色で、体下面は明るい白色。尾羽は長くくさび形。嘴は細長く、下に曲がっているのが特徴的。

探し方

木から木に飛び移るときは「ズィー」と鳴きながら目線ほどの低い場所にとまる。声を頼りに、飛翔している姿を目で追って場所を特定する。冬季はシジュウカラ類やコゲラ(p251)、キクイタダキ(p316)と混群を形成していることもある。

聴いてみよう

ミソサザイのよう

さえずりは早口に「チーツリリリピチョピチョ」とミソサザイ(p317)のさえずりの歌い出しに似ている。

スズメ目ムクドリ科ムクドリ属

ギンムクドリ【銀椋鳥】

Spodiopsar sericeus / Red-billed Starling ●全長24cm／冬鳥・旅鳥

地鳴き

嘴が赤いムクドリ

頭部のクリーム色と青みのある灰色の体が美しいムクドリ類。数少ない旅鳥または冬鳥として、主に渡り期の日本海側の島々、西日本で記録される。南西諸島では数十羽の群れで見られることも珍しくない。平地林、農耕地、公園林、人家付近の林などに生息し、ほかのムクドリ類の群れに混じっていることも多い。地上を歩きながら昆虫類を捕食し、果実にも群がる。オスは頭部がクリーム色で、体は青みのある灰色。翼と尾羽は光沢のある濃紺で、初列風切、次列風切基部に白斑があり、飛翔時に目立つ。メスは頭部から体上面は褐色で、体下面はやや色が淡く、顎線は黒い。雌雄ともに嘴は赤く、先端は黒くて、足は橙色。

観察してみよう

ムクドリの群れをチェック

春や秋の渡り期、そして越冬期はムクドリ（p321）の群れがいたら、1羽、1羽丁寧にチェックするクセをつけよう。本種が混じっていれば、全体に白っぽく嘴が赤いので識別できるし、コムクドリ（p322）やホシムクドリ（p323）が混じっていることもある。

 「キュリー」「キュルリ」「キョッ」などと鳴く。

スズメ目ムクドリ科ムクドリ属

ムクドリ【椋鳥】

Spodiopsar cineraceus / White-cheeked Starling ● 全長24cm／留鳥・漂鳥

鳴き声

橙色の嘴と白いほおの身近な鳥

「ムクドリ大」などと鳥の大きさの物差しにされる身近な鳥。留鳥または漂鳥として九州以北に分布し、北海道では冬季は少なく、南西諸島では冬鳥。平地林、農耕地、人家近くの林などに生息する。雑食性で、植物の実を好む一方、畑地や芝生の上などを歩きながら昆虫類を捕食する。樹洞（じゅどう）や建造物の隙間に営巣する。和名はムクノキの果実を好んで食べることに由来する説、樹木に集団でねぐらをとることから「群木鳥（ムレキドリ）」が転じたという説がある。雌雄ほぼ同色。頭部から胸が黒く、額とほおは白くて黒斑がある。体は灰色みのある褐色で、メスはより褐色みが強い。雌雄ともに腰と下尾筒は白く、嘴と足は橙色。

観察してみよう 大群での移動

集団でねぐらをつくることで知られ、ねぐら入りの前には、大きな群れが巨大な生物がうごめくように飛び交う様子を見ることができる。近年はねぐらが都市部に集中するようになり、特に人が多く利用する駅前の街路樹がねぐらになるなど、騒音と糞害の問題が深刻になりつつある。

 「キュルキュル、ジャージャー」と騒がしく鳴く。

スズメ目ムクドリ科コムクドリ属

コムクドリ【小椋鳥】

Agropsar philippensis / Chestnut-cheeked Starling

●全長19cm／夏鳥

鳴き声

クリーム色の頭につぶらな瞳

オスの光沢ある翼が美しいムクドリ類。夏鳥として本州中部以北に渡来。春と秋の渡り期には全国で見られ、ムクドリの群れに混じることもある。平地林から山地林に生息し、明るい林を好む傾向がある。雑食性で、昆虫類、植物の実などを食べる。樹洞(じゅどう)に営巣し、巣箱も利用する。オスは頭部がクリーム色で、ほおから後頸がレンガ色。体上面から尾羽にかけては紫色光沢のある黒や、やや光沢のある緑色で、中雨覆に白斑がある。体下面から脇にかけては灰色で、腰、上尾筒、下尾筒はクリーム色。メスは頭部から体下面は灰色みのある褐色で、体上面は褐色。風切と尾羽は黒っぽい。雌雄ともに嘴と虹彩は黒い。

観察してみよう
厳しい住宅事情

営巣場所を確保するためのオス同士の争いは激しく、嘴を開けて威嚇したり、羽毛を膨らませて鳴いたりする。決着がつかない場合は闘争がはじまる。絡まり合いながら地上に落下し、そのままもみ合うこともある。写真は巣にいるメス。

 さえずりは複雑に「キュルキュルキュル…」と鳴く。飛び立ったときなどに「ギュル、ギュル」と鳴く。

スズメ目ムクドリ科ホシムクドリ属

ホシムクドリ【星椋鳥】

Sturnus vulgaris / Common Starling

●全長22cm／冬鳥

地鳴き

頭部の白斑は小さく、細かい。

全身黒っぽく、紫色や緑色の光沢がある。

頭部よりも白斑が大きめで、ハート形。

羽縁は褐色。

冬季はムクドリの群れに混じる

全身に細かい白斑があるムクドリ類。数少ない冬鳥として全国に渡来。西日本では越冬例が多く、九州や山陰地方ではほぼ毎年越冬している場所がある。農耕地、草地、干拓地などに生息し、昆虫の発生する牛舎や豚舎周辺で見られることが多く、ムクドリ(p321)の群れに混じって観察されることが多い。黒っぽい全身にある細かい白斑を星に見立てたことが和名の由来で、英名も星を意味する。雌雄同色。冬羽は全身黒っぽいが、紫色や緑色の光沢があり、白や褐色の白斑がある。白斑は頭部では細かく、脇から下腹では大きくハート形に見える。雨覆、風切、尾羽の羽縁は褐色。嘴は黒い。夏羽は白斑が少なくなり、より黒っぽく見える。

探し方

越冬中のムクドリの群れの中を探すとよい。群れで飛翔しているときには、腰が白くない個体を探す。地面で採食したり、水たまりで水浴びをしたりした後は電線に並ぶので、双眼鏡で流し見してほおが白くない、嘴が橙色でない個体を探す。ムクドリより小さいことも手がかりになる。

スズメ目ツグミ科トラツグミ属

さえずり→地鳴き

トラツグミ【虎鶫】

Zoothera aurea / White's Thrush

●全長30cm／留鳥・漂鳥

暗闇から聞こえる、さみしげな声

虎斑(とらふ)模様が隠蔽色になっている日本最大のツグミ類。留鳥または漂鳥として本州から九州に分布し、北海道では夏鳥。平地から山地の林で繁殖し、冬季は公園林でも見られ、薄暗い場所を好む傾向がある。夜間にさみしげな声で鳴くので、山中で野宿していて本種の鳴き声が聞こえると、気味悪く感じる。雑食性で、主に地上を歩きながらミミズや昆虫類などを捕食するほか、植物の実も食べる。雌雄同色。頭部から体上面、尾羽は全体に黄色みの強い褐色で、黒いうろこ状の模様があり、頭頂では細かく、体上面では粗い。体下面は白く、黒い三日月形の斑がある。足は肉色で、嘴は黒褐色。目は大きく、虹彩は黒い。

観察してみよう
足踏みしてミミズを探す

落ち葉の上を歩く音や、葉をひっくり返す音で存在に気づくことが多い。頭を下げて数歩歩いては立ちどまり、足を速くゆさぶる、足踏みのような動作をしてミミズなどを探し出す。

聴いてみよう
鵺(ぬえ)の声?

夜中や早朝に「ヒィー……ヒィー……」とさみしげに鳴くことから、架空の生き物、鵺(ぬえ)とされたことがある。飛翔時は大形ツグミ類特有の「ツィー」という細く鋭い声で鳴く。

マミジロ【眉白】

Geokichla sibirica / Siberian Thrush

● 全長23cm／夏鳥

黒い体に太く白い眉

　クロツグミ(p326)よりも暗い森に生息する黒っぽいツグミ類。夏鳥として本州中部以北に渡来し、山地から亜高山帯の、比較的よく茂った薄暗い林を好む傾向がある。春と秋の渡り期には平地の公園林などでも見られる。雑食性で、主に地上で昆虫類を捕食するほか、植物の実にも集まる。オスの太い眉(マミ)斑が白いことが和名の由来。オスはほぼ全身が黒く、深い青みがあり、白い眉斑は太く目立つ。メスの頭部から体上面はオリーブ褐色で、翼には赤みがある。顔や喉、胸は白い斑模様で、腹から下尾筒はさらに白っぽい。メスの類似種、クロツグミのメスの喉から体下面は白く、黒い斑点があり、脇には橙色みがある。

聴いてみよう

悪天候のほうがさえずる

アカハラ(p329)に似た声ながら、一声一声に音程の変化がある「キョロン、チュリー」という、寂しげな声でさえずる。日の出前の薄暗い時間帯や、濃霧が出て視界の悪い日などのほうが、よくさえずる傾向がある。

スズメ目ツグミ科ツグミ属

クロツグミ【黒鶫】

Turdus cardis / Japanese Thrush

●全長22cm／夏鳥

さえずり→地鳴き

白黒ツートーンカラーの歌い手

白黒の羽色に黄色の嘴がアクセントの大形ツグミ類。夏鳥として北海道から九州に渡来し、平地から山地の林に生息する。渡り期には都市公園などでも見られ、木の実にも集まる。西日本の一部では越冬する個体もいる。大形ツグミ類に多い「キョロン、キョロン」という鳴き声に、ほかの鳥の鳴きまねも交え朗らかにさえずる。オスは頭部から胸、体上面が黒いが、やや灰色がかった個体もいる。下面の胸より下は白く、黒斑が散在する。嘴とアイリングは黄色。メスは頭部から体上面が緑色みを帯びた褐色で、喉から体下面は白く、黒斑があり、脇は橙色。嘴とアイリングの黄色はオスよりも鈍い。類似種のマミジロ(p325)のオスには太く白い眉斑がある。メスにも白い眉斑があり、脇の橙色みがない。

探し方

樹上でさえずるが、採食は湿地や林道など、地上で行うことが多い。早朝など、人が少ない時間帯に探すとよい。

聴いてみよう
さえずりが魅力

さえずりのレパートリーが豊富で、聴くのが楽しい。「キョロン、キョロン」という声を交え、ほかの鳥の鳴きまねも取り入れた複雑な歌を朗らかに長くさえずる。しばしば「キヨコ、キヨコ」と聞こえる声が入る。

スズメ目ツグミ科ツグミ属

マミチャジナイ【眉茶鶫】

Turdus obscurus / Eyebrowed Thrush

● 全長22cm／旅鳥

地鳴き→さえずり

歌舞伎役者のような顔に見える鳥

隈取りをしたような顔に見える大形ツグミ類。主に旅鳥として春と秋の渡り期に渡来する。春は日本海側の離島で見られるが多くはなく、どちらかというと秋の渡り期に見る機会が多い。秋は平地林から山地林の樹木の実に群れていることが多く、数十羽程度の群れで見られることもあり、ツグミ(p331)、アカハラ(p329)などと一緒に群れを形成することもある。雑食性で、昆虫類、植物の実などを食べる。「シナイ」はツグミの古語で、和名は白い眉斑のある、茶色のツグミという意。オスは頭部が灰色で眉斑が白く、嘴基部から目の下にも白斑がありよく目立つ。体上面は褐色で、風切と尾羽は灰色みがある。胸から体下面は橙色で、腹中央は白い。メスは頭部の灰色みが淡く、胸から脇も淡い。

探し方

木の実をチェック

本州では秋に見られる機会がほとんど。この時期は樹木の実を食べているので、ミズキやツルマサキなど、果実がなっている木を探すとよい。大形ツグミ類が飛翔時によく出す「ツィー」という地鳴きが手がかりになる。

スズメ目ツグミ科ツグミ属

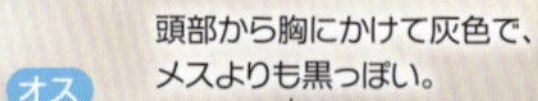

シロハラ【白腹】

Turdus pallidus / Pale Thrush

●全長25cm／冬鳥

地鳴き2種→さえずり

オス

頭部から胸にかけて灰色で、メスよりも黒っぽい。

アイリングは黄色。

上面はオリーブ褐色。

下嘴が黄色い。

メス

頭部は褐色。

名前ほど白くない腹

腹よりも嘴とアイリングの黄色が目立つ大形ツグミ類。アカハラ(p329)と比べて腹部が白っぽいことが和名の由来だが、真っ白ではない。冬鳥として全国に渡来し、積雪の少ない地域に多い。西日本の一部では繁殖している。平地林から山地林、都市部の公園、緑地などに単独で生息する。明るい場所はあまり好まず、薄暗い林の地上で昆虫類や植物の実を採食する。雌雄ほぼ同色。オスは頭部から胸、風切、尾羽が灰色で、メスよりも頭部の黒みが強い。体上面はオリーブ褐色で、体下面は白っぽく、脇は赤褐色。アイリングと下嘴の黄色が目立つ。メスは頭部の褐色みが強く、アイリングと下嘴の黄色みは淡い。外側尾羽数枚に白斑があり、飛翔時に目立つ。

観察してみよう

ガサガサ音

落ち葉が敷き詰められた場所では、写真のように嘴を使って落ち葉をかき分け、ときには重そうな枯れ木をどかして食べ物を探すため、ガサガサという音が聞こえる。採食のときも警戒を怠らず、常に周囲の様子をうかがっている。

飛翔時「ツィー」と強く鋭く鳴き、警戒時は「パチパチパチ」「プクプクプク」などと鳴く。

アカハラ【赤腹】

Turdus chrysolaus / Brown-headed Thrush

●全長24cm／漂鳥

赤色ではなく橙色の腹

胸から体下面が橙色の大形ツグミ類。その特徴がそのまま和名となった。夏季は本州中部以北の山地林に渡来し繁殖する。冬季は本州中部以西の平地林、市街地の公園林などに生息する。ほぼ単独で見られ、シロハラ(p328)よりも見る機会が少ない。雑食性で、主に地上で昆虫類などを捕食するほか、秋には植物の実を採食する。オスは頭部から体上面がオリーブ褐色で、顔は黒っぽい。胸から脇は橙色で、腹の中央から下尾筒は白い。メスは顔に黒みがなく、不明瞭な白い眉斑がある個体がいる。喉は白く、褐色の顎線がある。雌雄ともに上嘴は黒く、下嘴と足は橙色。類似種のマミチャジナイ(p327)には、明瞭な眉斑と目の下の白斑がある。

聴いてみよう

早朝からさえずる

夜が明けきらない、まだ薄暗い早朝から「キャラン、キャラン、ツリリ」とやや間隔を空けながら繰り返しさえずる。カラマツなどのてっぺんにとまってさえずることが多い。さえずりを終えると、地上を歩いて採食する。

スズメ目ツグミ科ツグミ属

アカコッコ【赤鶫】

Turdus celaenops / Izu Thrush

● 全長23cm ／ 留鳥

さえずり

島に生息するツグミ類

留鳥として伊豆諸島とトカラ列島のみで繁殖する日本固有種の大形ツグミ類。屋久島、男女群島(だんじょぐんとう)でも記録があり、伊豆諸島では南部の島に多く、冬季には本州でも記録がある。常緑広葉樹林や落葉広葉樹林を好む。下草が少ない林縁部や林道などに出てきて、地上を歩きながらミミズなどを捕食し、植物の実も食べる。「コッコ」はツグミ類を示す地方名。

オスは頭部から胸が黒く、嘴とアイリングは黄色い。体上面は赤みのある褐色で、風切と尾羽は黒い。体下面の中央は白く、脇は橙色。メスは頭部に褐色みがあり喉に暗褐色の縦斑がある。類似種のアカハラ(p329)は頭部の黒と胸の橙色の境界が不明瞭でアイリングは目立たず、尾羽は褐色。

考えてみよう
外来生物の導入は生態系を壊す

三宅島ではネズミの駆除を目的に1970年代と1980年代にイタチが導入された。イタチは木登りが得意なので、樹上にある鳥の巣が襲われ、アカコッコの個体数は大きく減少した。その環境に存在しない生物を導入すると、在来生物は対応できず激減してしまう。

 さえずりは「ギュルル、ギュルル、キョン」、飛翔時には大形ツグミ類特有の「ツィー」という声で鳴く。

ツグミ【鶫】

Turdus eunomus / Dusky Thrush

● 全長24cm／冬鳥

地鳴き→ぐぜり

山野の冬鳥の代表格

冬鳥として全国に渡来するツグミ類。5月頃まで残る個体も多く、春先の暖かい日にはぐぜる。農耕地、草地、牧草地、河原など開けた場所を好む。雑食性で、秋には樹上の実に群がり、冬季は地上を歩きながら落ちた実や昆虫を捕食する。冬鳥のため、さえずらずに口をつぐんでいることが和名の由来とされる。雌雄同色ながら体色には個体差があり、褐色みが強くコントラストが明瞭な個体や褐色みが弱い個体がいる。頭部から体上面が黒っぽく、雨覆、風切は赤茶色。眉斑、喉はクリーム色。胸以下は黒く、白い羽縁が幅広いため白っぽく見える。渡り期には頭部から体上面が灰色、眉斑、喉から胸にかけて橙色のハチジョウツグミ(*Turdus naumanni*)が混じることがある。

観察してみよう

「だるまさんが転んだ」

地上での採食中に、反り返るように胸を張り、背を伸ばし、翼を下げた姿勢で突然立ちどまり、また前傾して数歩歩き、立ちどまり胸を張る行動を繰り返す。まるで「だるまさんが転んだ」をして遊んでいるようでおもしろい。

飛翔時に「ケケッ」と強い声で鳴く。とまった直後に羽を震わせることが多い。

スズメ目ヒタキ科サメビタキ属

エゾビタキ【蝦夷鶲】

Muscicapa griseisticta / Grey-streaked Flycatcher

●全長15cm／旅鳥

地鳴き

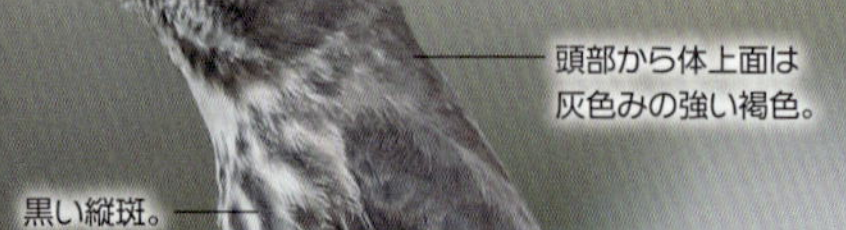

てっぺん好きなヒタキ類

秋を感じさせるヒタキ類。旅鳥として春と秋の渡り期に全国に渡来し、特に秋に見やすい。平地林から山地林、市街地の公園などの比較的開けた場所を好み、木のこずえによくとまる。空中の昆虫類を飛びながら捕食するほか、ミズキなどの樹木の実にも集まる。狭い範囲内で複数の個体を見ることもある。雌雄同色。頭部から体上面は灰色みの強い褐色。翼はさらに黒みが強く、特に三列風切の淡色羽縁が目立つ。アイリングは不明瞭で目先が白っぽい個体もいる。喉から体下面は白く、胸には黒い縦斑がある。類似種のサメビタキ（p333）は白いアイリングがあり、胸から脇は淡い灰色。コサメビタキ（p334）は目先が白っぽく、体下面は白い。

探し方

9～10月頃にかけては、都市公園でも夏鳥たちの秋の渡りが楽しめる。その代表格が本種。てっぺんが好きなので、毛虫が多い桜並木のこずえを探すとよい。

観察してみよう　フライングキャッチ

木のこずえから飛び立ち、弧を描くように飛んで昆虫類を捕獲し、元の枝に戻る。ヒタキ類特有のフライングキャッチ行動だ。

サメビタキ【鮫鶲】

Muscicapa sibirica / Dark-sided Flycatcher

●全長14cm／夏鳥

くすんだような色のヒタキ類

全体に体色が濃いヒタキ類。白いアイリングが目立つ。夏鳥として北海道、本州中部以北に渡来し、主に亜高山帯の針葉樹林帯に生息する。高木の樹上にコケや地衣類(ちいるい)で皿形の巣をつくる。秋の渡り期には各地の平地林でも見られる。雑食性で、繁殖期は主に昆虫食だが、秋には植物の実も食べる。体上面が灰色でサメの色に似るのが和名の由来。雌雄同色。頭部から体上面は濃い灰色で、翼と尾羽は黒みが強く、雨覆、風切には褐色羽縁がある。アイリングは白く、喉から体下面は白く、淡い灰色で不明瞭な縦斑がある。類似種のコサメビタキ(p334)は目先が白っぽく、体下面は白い。エゾビタキ(p332)の胸から脇の縦斑は明瞭。

探し方

秋、タカが渡る頃に標高1000mほどの高原に行こう。周囲の高木のこずえを探すと、本種が盛んにフライングキャッチを繰り返している姿を見かける。ミズキなどの樹木の実がある場所ならば、なお見つけやすい。

スズメ目ヒタキ科サメビタキ属

コサメビタキ【小鮫鶲】

Muscicapa dauurica / Asian Brown Flycatcher ●全長13cm／夏鳥

アイリングが太めで、目がかわいい

目先とアイリングの白が目立つヒタキ類。夏鳥として九州以北に渡来。平地から山地の落葉広葉樹林などに生息し、渡り期には公園でも見られる。主にフライングキャッチをして空中の昆虫類を捕食する。繁殖期でもはっきりさえずらず「ツィ、ツィ」を含む複雑な声でぐぜる。同属のサメビタキ(p333)に似ていて、より小さいのが和名の由来。雌雄同色。頭部から体上面は灰色みのある褐色で、目先は白っぽい。翼と尾羽は濃い灰色で、風切には白い羽縁がある。アイリングは白く太め。喉、胸、体下面は淡い灰色。嘴は黒いが、下嘴基部は黄色。類似種のサメビタキは胸から脇が淡い灰色で、不明瞭な縦斑がある。エゾビタキ(p332)は胸から脇に縦斑がある。

観察してみよう
横枝の上の巣

高木の横枝など水平な位置に、クモの糸を使って地衣類(ちいるい)をていねいに貼りつけ、おわん形の巣をつくる。見事にカモフラージュされたその巣は、存在を知らなければ、木のこぶにしか見えない。

• イラストで比較する •

サメビタキ属3種の見わけ方

雌雄同色で羽色が地味なサメビタキ属で、よく見かける3種の見わけ方を紹介します。

類似するキビタキ（p342）やオオルリ（p336）のメスは、上面がオリーブ褐色。アイリングは目立たず、嘴に黄色みがありません。

スズメ目ヒタキ科オオルリ属

オオルリ【大瑠璃】

Cyanoptila cyanomelana / Blue-and-white Flycatcher

●全長17cm／夏鳥

さえずり2種+地鳴き

声も姿も美しい瑠璃色のヒタキ

光沢のある鮮やかな瑠璃色が人気のヒタキ類。夏鳥として九州以北に渡来。山地の林に生息し、春と秋の渡り期には市街地の公園でも見られる。渓流沿いの岩のくぼみなどにコケを使って巣をつくる。主に昆虫類を捕食し、秋には植物の実にも集まる。木のこずえにとまり、「ヒーリーリーリーリーリー」と美しい声で尻下がりにさえずり、さえずりの終わりに「ジチッ」という声を出す。オスは頭頂から体上面、尾羽が瑠璃色で頭頂は淡い。顔から胸は黒く、胸以下の体下面は白い。メスは頭部から体上面がオリーブ褐色で、喉にやや黄色みがあり、胸は褐色。下腹は白い。秋に見られるオスの若鳥は翼と上尾筒、尾羽のみが瑠璃色。

探し方

春の渡り期は公園林でさえずりを頼りに探す。渡り期以降は、沢や渓流、ダム湖など山地の水辺の林を探すとよい。見晴らしのよい木のこずえで、流れの音に負けずにさえずっている。

観察してみよう

半分青いオオルリ

秋の渡り期はその年生まれのオオルリが見られるが、オスは独特の姿をしている。ミズキの実に集まることや、カラ類の群れに混じることも多い。

スズメ目ヒタキ科ノゴマ属

ノゴマ【野駒】

Calliope calliope / Siberian Rubythroat

●全長16cm／夏鳥

ルビー色の喉が目立つ

ルビー色の喉を震わせてさえずる小鳥。夏鳥として北海道に渡来し、平地から亜高山帯の草原、明るい林に生息する。岩手県では繁殖記録がある。春と秋の渡り期には本州から南西諸島の平地林や公園林でも見られ、秋に見られる地域ではそのまま越冬する個体もいる。動物食で、主に昆虫類を捕食するが、植物の実を食べることもある。和名は野(原野)に生息するコマドリの意。オスは頭部から体上面が褐色で目先は黒く、眉斑と顎線は白い。喉は赤い。胸以下の体下面は褐色だが、腹の中央から下尾筒は白っぽい。メスは目先が褐色で、喉は白っぽいが、わずかに赤みがある個体もいる。雌雄ともに嘴は黒く、足は肉色。

おもしろい生態

海から山まで

本種は生息環境が幅広い。海沿いにある原生花園に咲く花々の上や、人家の屋根の上でさえずる姿を見ることもあれば、写真のように、亜高山帯のハイマツ帯で見ることもある。

「ヒー、キョロリキョロリキョロリ……」など、複雑な声を織り交ぜてさえずる。やぶに潜むときは「ヒー、ヒー」と鳴く。

スズメ目ヒタキ科コマドリ属

コルリ【小瑠璃】

Larvivora cyane / Siberian Blue Robin

●全長14cm／夏鳥

さえずり

青と白のツートーンカラーが美しい

青色と白のツートーンカラーが美しい小鳥。夏鳥として本州中部以北に渡来。山地から亜高山帯の針葉樹林、落葉広葉樹林に生息し、林床（りんしょう）にササ類が生い茂る環境を好む。春と秋の渡り期には平地林、公園林でも見られる。高木の横枝から地上付近までさまざまな場所でさえずるが、採食行動はほとんど地上で、主に昆虫類を捕食する。オスは額から体上面、尾羽が青く、目先からほお、首の脇は黒っぽい。喉から体下面は白く、脇には褐色みがある。オスの若鳥は風切に褐色みがある。メスは頭部から体上面、尾羽は緑色を帯びる褐色で、喉から体下面は色が淡く、黄色みがある。腰に青みのある個体もいる。雌雄ともに足は長く肉色。

観察してみよう
尾羽をふりふり

さえずりを終えると垂直に地上に降り、歩き回りながら採食する。この際、尾羽を振ることがある。

聴いてみよう
位置がわかりにくい

「ヒッ、ヒッ、ヒッ、ヒッ」という前奏の後に、コマドリ(p339)に似た「ヒン、カラララララ……」または「ピチャピチャピチャ」などとさえずる。声量のあるさえずりだが、鳥のいる位置を把握しにくい。

コマドリ【駒鳥】

Larvivora akahige / Japanese Robin

●全長14cm／夏鳥

馬のいななきのようなさえずり

鮮やかな橙色の小鳥。夏鳥として北海道から九州に飛来。亜高山帯の針葉樹林に生息し、ササ類が生い茂る渓谷沿いなどを好む。渡り期には平地林や都市公園でも見られることがある。「ヒンカラカラカラ」という、馬のいななきのようなさえずり方が和名の由来。オスは頭部から胸が鮮やかな橙色で、体上面はやや褐色みのある橙色。胸は濃い灰色で橙色との境界に黒い線がある。体下面は灰色。メスはオスに比べて褐色みが強く、胸には黒い線がない。雌雄ともに足は黒みのある肉色。足は長めで、地上で行動するのに適している。かつて同属のアカヒゲ(p340)と取り違えられて学名が記載され、種小名が*akahige*となった。

探し方

高木の樹上でさえずることは少ない。ササ類などが生い茂る下草付近を確認し、それよりもやや高い倒木や杭、低木を探すとよい。

観察してみよう

胸を張ってさえずる

岩や倒木、低木などの地上近くで、上を向いて胸を張り、尾を上げてさえずることが多い。美しいさえずりを楽しむとともに、決めのポーズを見てみよう。

スズメ目ヒタキ科コマドリ属

アカヒゲ【赤髭】

Larvivora komadori / Amami Robin

●全長14cm／留鳥

声はすれども、姿は見えず

朗々という言葉がぴったりな、美しいさえずりはにぎやかなのに、姿を見るのは難しい橙色の鳥。留鳥として奄美群島などに生息し、男女(だんじょ)群島(ぐんとう)や屋久島、種子島、トカラ列島には夏鳥として渡来する。冬季は先島諸島に渡る。平地から山地の常緑広葉樹林に生息し、下草の多い薄暗い環境を好む。主に地上で昆虫類を捕食し、樹洞(じゅどう)や岩棚などに営巣する。ササ類の上にウグイス(p296)の巣のような、つぼ形の巣をつくることがある。オスは頭頂から体上面が鮮やかな橙色で、額から顔、胸は黒い。腹から体下面は白く、脇には黒斑がある。メスの体上面の橙色はやや淡く、額から顔、体下面は灰褐色で、顔から胸に黒褐色の細かい斑がある。

おもしろい生態

学名がコマドリ

学名とは、世界共通の生物名のことで、種名は属名と種小名の2つからなり(二名法)、基本的にラテン語やギリシャ語が用いられる。アカヒゲの種小名は、*komadori*。コマドリ(p339)の種小名は*akahige*。かつて学名が記載される際に、標本と名前を取り違えられ、種小名が入れ替わってしまった。学名は国際動物命名規約に基づいているため簡単に変更できない。

スズメ目ヒタキ科コマドリ属

ホントウアカヒゲ【本島赤髭】

Larvivora namiyei / Okinawa Robin

● 全長14cm ／ 留鳥

さえずり

沖縄本島北部、やんばるにのみ分布する固有種

人のそばにやってきて様子をうかがうなど、好奇心旺盛な一面のある橙色の小鳥。沖縄本島北部のやんばるの森に留鳥として生息する固有種。和名は沖縄本島(ほんとう)に分布することに由来する。主に平地から山地の亜熱帯広葉樹林を好み、薄暗い下層部の地面で昆虫を捕食するため見ることが難しい。樹洞(じゅどう)や崖のくぼみに営巣することが多いが、巣箱を利用した記録もある。オスは額から体上面が鮮やかな橙色で、目先から顔、胸にかけては黒い。腹以下の体下面は灰色。アカヒゲ(p340)に似るが脇に黒斑はない。メスは額から体上面は橙色で目先から顔、胸以下の体下面は灰色。オスは繁殖期に「チー、チヨチヨチヨチヨ」とフルートの音色のようなさえずりを、亜熱帯広葉樹林に響かせる。

観察してみよう

尾羽を上げる決めポーズ

さえずりの際、翼を小刻みに振ったり、尾羽をゆっくり上下させたりする行動をよく見せる。中でも尾羽を背中につかんばかりに立て、胸を張るようにつんと立つ姿勢は決めポーズだろう。

スズメ目ヒタキ科キビタキ属

キビタキ【黄鶲】

Ficedula narcissina / Narcissus Flycatcher

●全長14cm／夏鳥

さえずり→地鳴き

橙色の喉と美しいさえずり

鮮やかな黄色と橙色が新緑に映える夏鳥の代表種。夏鳥として全国の平地から山地の落葉広葉樹林に渡来し、樹洞(じゅどう)の隙間などに営巣する。空間のある比較的明るい林の中間層を好み、こずえでさえずることは少ない。春と秋の渡り期には都市公園でも見られる。雑食性で、繁殖期は主に昆虫類を捕食し、空中の昆虫類をフライングキャッチで捕らえる。秋にはミズキなどの樹木の実をよく食べる。オスは頭部から体上面が黒く、眉斑、腹、腰は黄色で、翼には白斑があり、喉は鮮やかな橙色。オスの若鳥は後頭や風切に褐色みがある。メスは頭部から体上面がオリーブ褐色で、喉から体下面は白いが、喉には黄色みがあり、腰から尾羽は茶色。

観察してみよう

腰を膨らませてさえずる

「ピコリ」と一声鳴いた後、長い節でさえずる。基本的には樹間を移動しながらさえずるが、横枝にじっととまって長時間さえずることもある。このとき、腰の黄色部分を膨らませるようにしていることが多い。

コジュケイやツクツクボウシ（セミ）の声を鳴きまねしてさえずることが多い。地鳴きは「ヒィ、ヒィ、クルルルル……」。

スズメ目ヒタキ科キビタキ属

ムギマキ【麦蒔】

Ficedula mugimaki / Mugimaki Flycatcher

●全長13cm／旅鳥

さえずり

麦まきの頃に渡る

喉から胸が橙色のヒタキ類。まれな旅鳥として、春と秋の渡り期に全国の平地林から山地林で見られる。春は日本海側の島に多く、フライングキャッチを交えて昆虫類を捕食し、秋は主に西日本の平地林などで局地的に見られ、植物の実などを食べる。秋の麦まきの頃に渡ってくることが和名の由来。オスは額から体上面、尾羽が黒く、白い小さな眉斑がある。雨覆、三列風切の一部、尾羽基部が白い。喉から腹は橙色。下腹は白い。メスは額から体上面、尾羽は緑色を帯びた褐色で、喉から腹は淡い橙色。オスの若鳥はメスに似るが、喉から腹の橙色が濃く、小さな白い眉斑があることが多い。類似種のキビタキ(p342)の眉斑は黄色。

観察してみよう
ホバリングで探す

秋の渡り期にはミズキ、マユミ、ツルマサキなどの実に集まる。ほかのヒタキ類やシジュウカラ類、ツグミ類などもやってくるが、本種は頻繁にホバリングをするので、見つける手がかりになる。写真は若鳥。

スズメ目ヒタキ科キビタキ属

ニシオジロビタキ【西尾白鶲】

Ficedula parva / Red-breasted Flycatcher　●全長12cm／冬鳥・旅鳥

地鳴き

翼を下げ、尾羽を上げる動き

喉の橙色がワンポイントのヒタキ類。まれな旅鳥または冬鳥として山地林、平地林、公園などに渡来する。オジロビタキ（*Ficedula albicilla*）に似るが、国内での観察例はニシオジロビタキが圧倒的に多い。木がまばらな、比較的明るい林を好む傾向がある。動物食で、低木から地上に降りて昆虫類を捕食し、その際「ティリリリリ」と繰り返し鳴く。オスは頭部が灰色で喉から胸は橙色。胸以下の体下面は褐色みのある白。類似種のオジロビタキは上尾筒が一様に黒いが、本種は褐色みを帯びる。尾羽は黒く、外側尾羽に白斑がある。メスは頭部から体上面は褐色で、喉から体下面は白いが脇は褐色。雌雄ともに下嘴には黄色みがあり、足は黒褐色。

観察してみよう

翼を下げ、尾羽を上げる

翼をやや下げた体勢で、まっすぐに伸ばした尾羽を上に数回振り上げ、ゆっくりと下げる動作を繰り返す。このとき、外側の尾羽にある白斑が見えることがあり、これが和名の由来となっている。

スズメ目ヒタキ科ルリビタキ属

ルリビタキ【瑠璃鶲】

Tarsiger cyanurus/ Red-flanked Bluetail

●全長14cm／漂鳥

さえずり→地鳴き

身近に見られる青い鳥

身近な青い鳥として人気の小鳥。主に漂鳥として北海道、本州、四国の亜高山帯の針葉樹林帯で繁殖し、冬季は本州以南の平地林や公園などで越冬する。人の視線ほどの高さの低木にとまり、地上に降りて昆虫類や植物の実を素早く捕食し、また樹上に戻る行動を繰り返す。越冬環境や地鳴きが似るジョウビタキ(p346)に比べ、より薄暗い場所を好む。オスは額から体上面が光沢のある鮮やかな青色で、風切外縁に褐色みがある個体もいる。白い眉斑があり、喉から体下面は白く、脇は鮮やかな山吹色。メスは体上面がオリーブ褐色で、白いアイリングと不明瞭な眉斑がある。体下面は白く、脇は橙色。雌雄ともに尾羽は青色。若鳥はメスに似るが、脇は鮮やかな山吹色。

観察してみよう
尾羽をリズミカルに振る

尾羽を振る動作をする鳥には、それぞれに個性がある。モズ(p268)は回すように振り、ジョウビタキは間隔を空けて小刻みに振る。本種は一定間隔で上下に振り、まるでリズムをとっているようだ。

聴いてみよう
朗らかな声

繁殖期は亜高山帯の林で「フィルリルーリルー」などと朗らかにさえずる。真冬でもさえずることがある。「ヒッ、ヒッ、ヒッ」と地鳴きし、「カタカタ」という声も交える。

スズメ目ヒタキ科ジョウビタキ属

ジョウビタキ【常鶲】

Phoenicurus auroreus / Daurian Redstart

● 全長14cm／冬鳥

地鳴き

何回もおじぎをする鳥

体下面や尾羽の橙色が美しい小鳥。冬鳥として全国に渡来するが、北海道、長野県、岐阜県、鳥取県、群馬県、山梨県、兵庫県、岡山県、広島県、山口県で繁殖記録がある。平地林から低山林、公園、人家の庭などに生息し、比較的明るく開けた環境を好む。昆虫類、植物の実などを食べる。「ヒッ、ヒッ、カタカタ」と鳴きながら、間隔を空けて尾羽を震わせ、同時に頭を下げる、おじぎのような行動をする。オスは頭部が灰色で、顔から喉、背、翼は黒く、背には褐色羽縁がある。両翼には大きな白斑があり、目立つ。上尾筒、体下面、尾羽は赤みの強い橙色で、中央尾羽は黒い。メスは頭部から体上面が褐色で、体下面は色が淡く、翼に白斑がある。上尾筒から尾羽の橙色はオスよりも淡い。雌雄ともに嘴と足は黒い。

探し方

明るい林で、「カタカタ」という音を交えながら「ヒッ、ヒッ、ヒッ」と鳴く。この声を頼りにして、視線ほどの高さの低木や、杭の上を探すと見つけやすい。

観察してみよう

ミラーにアタック！

越冬期には、単独でなわばりをもつ。カーブミラーや車のミラーに映る自分の姿を、敵と間違って攻撃することも。セキレイ類もなわばりが強く、同じような行動を見せる。

イソヒヨドリ【磯鵯】

Monticola solitarius / Blue Rock Thrush

●全長25cm／留鳥

さえずり→地鳴き

海岸で聞こえる朗らかな鳴き声

青と赤のツートーンカラーが美しい中形の鳥。留鳥として全国の海岸、岩礁、河口、漁港などに生息し、岩の隙間などに営巣する。主に地上を早足で歩きながら、昆虫類、トカゲ、ムカデなど、海岸付近に生息するさまざまな小動物を捕食する。羽を半開きにするような動作をしながら、澄んだ声で朗らかにさえずる。本種はヒヨドリ科ではなくヒタキ科だが、メスがヒヨドリ(p288)に似た磯の鳥として和名がついた。オスは頭部から胸、体上面、尾羽は光沢のない青藍色で、雨覆、風切には黒みがあり羽縁は青く、体下面は赤褐色。メスはほぼ全身が灰色みのある褐色で、体下面に黒い横斑がある。雌雄ともに嘴と足は黒い。

観察してみよう

都市部、内陸部へ進出

近年、漁港や岩礁など海岸沿いから都市部、内陸部へ分布を広げており、市街地ではビルの屋上、屋根の隙間、通風口などに営巣する。「ヒーリーリー」という涼しげなさえずりを聞いたら建物の上を探すとよい。

スズメ目ヒタキ科ノビタキ属

ノビタキ【野鶲】

Saxicola stejnegeri / Amur Stonechat

●全長13cm／夏鳥

さえずり→地鳴き

白黒ツートーンに胸の橙色がアクセント

夏の高原を代表する小鳥の一つ。夏鳥として北海道、本州中部以北に渡来し、高原や草原、牧草地など開けた場所を好む。春と秋の渡り期には日本海側の島や、河川敷など平地の開けた環境でも見ることがある。動物食で、主に昆虫類を捕食する。飛び上がって空中の昆虫をフライングキャッチしたり、地上を歩いて捕食したりする。オスは頭部と体上面、尾羽が黒く、翼に白斑がある。体下面は白く、胸に橙色の斑があるが、濃さには個体差がある。メスは頭部と体上面、尾羽が褐色で不明瞭な白い眉斑がある。喉から体下面は黄色みのある白で、胸は淡い橙色。秋の渡り期には、体下面に橙色みのある冬羽個体が見られる。

聴いてみよう

「ヒッヒッ、ジャッジャッ」に要注意

繁殖期に本種を観察中、食べ物をくわえた親鳥が「ヒッヒッ、ジャッジャッ」と激しく鳴きながら接近してきて、周囲にある樹木や杭などにとまることがある。間近に観察、撮影できることから、しばらくその場にい続けがちだが、これは間近に巣があることから起こる威嚇行動のため、すぐにその場を離れよう。

スズメ目カワガラス科カワガラス属

カワガラス【河烏】

Cinclus pallasii / Brown Dipper

●全長22cm ／ 留鳥

渓流を飛ぶチョコレート色の鳥

全身が黒っぽいのでカラスという名がついているが、カラス類ではない。留鳥として北海道から屋久島に分布。平地から亜高山帯の沢、渓流沿いに生息し、水面のすぐ上を流れに沿って飛ぶ。滝の裏側にある岩や橋の隙間などに、ミズゴケなどを使用して巣をつくる。潜水し、カワゲラ、トビケラなどの水生昆虫や小魚などを捕食するが、足指の力が強く、川底を歩いて獲物を探すこともできる。雌雄同色。ほぼ全身がこげ茶色で、尾羽と翼は色がやや濃い。ずんぐりした体型で丸っこく見え、尾羽は短い。足は前面が銀灰色。まばたいたとき、まぶたや瞬膜(しゅんまく)が白っぽく見える。生息環境と羽色が似るミソサザイ(p317)は約10cm小さく、体に黒く細かい横斑がある。

探し方

山地の渓流の縁や、川面に飛び出した岩の上などをじっくり探すとよい。飛翔時は「ビッ、ビッ」と鳴きながら、水面すれすれを直線的に飛翔する。

観察してみよう

水流を利用

カワガラスは潜水が得意。水が流れる力を翼でコントロールし、力強い足指で水底を歩いたり、流れに乗ったり、自由自在に移動する。

スズメ目スズメ科スズメ属

ニュウナイスズメ【入内雀】

Passer cinnamomeus / Russet Sparrow　●全長14cm／夏鳥・漂鳥

人家の近くにはすまないスズメ

ほおに黒斑がないスズメ。夏鳥または漂鳥として北海道から本州中部以北の平地林、山地林で繁殖し、冬季は本州中部以南の太平洋側を中心に暖地に移動する。越冬中はスズメ(p351)の群れに混じっていることがある。「ニュウ」とはホクロのことで、スズメのほおにある黒斑をホクロに見立て、黒斑がないスズメというのが和名の由来。オスは額から頭頂、背にかけて明るい栗色で、背には黒い縦斑がある。目の周囲から喉は黒い。中雨覆先端の白斑が帯状に見える。顔から体下面は淡い灰色。メスは体上面が褐色で、体下面は白いが、灰色みがある。黄色みのある明瞭な眉斑が特徴。類似種のスズメはほおに黒斑がある。

おもしろい生態

巣穴を掘らせて強奪

本種は樹洞(じゅどう)に営巣することが多いが、自ら巣穴を掘ることができない。そこで、せっせと巣穴を掘っているキツツキ類に目をつけ、ちょうど掘り終えた頃を見計らって急襲し、ちゃっかり巣穴を強奪することがある。

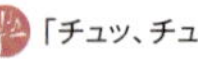
「チュッ、チュッ」「ツィー」など、スズメに似るが甲高い。

スズメ目スズメ科スズメ属

スズメ【雀】

Passer montanus / Eurasian Tree Sparrow

地鳴き

●全長15cm／留鳥

最も身近な鳥

人間の暮らしに密接に関わっている、身近でなじみ深い鳥。留鳥として、小笠原諸島を除く全国に分布し、人家周辺や都市公園などに生息。東京駅前では、人を恐れずに近寄ってくる個体もいる。水浴びのほか、砂浴びをよくする。雑食性で主に種子を食べるが、繁殖期には昆虫類も捕食する。人工建造物の隙間や樹洞(じゅどう)に営巣し、巣箱も利用する。雌雄同色。額から後頭は茶色で、目の周囲から喉は黒く、ほおに大きな黒斑がある。顔から胸が白く、胸の白色が後頸に伸びている。体上面は褐色で黒い縦斑があり、体下面は白いが、脇には褐色みがある。嘴は黒く、足は肉色。幼鳥は嘴基部がわずかに黄色みを帯び、顔の黒色部が不明瞭。

観察してみよう
群れで行ったり来たり

冬季に群れをつくって行動することが多く、ヨシ原に群れていたかと思うと、一斉に飛んで餌場に移動して採食し、再び一斉に飛んでヨシ原に戻るといった行動を繰り返す。鳴き声もかなり大きい。

「チュンチュン」と鳴く。

スズメ目イワヒバリ科カヤクグリ属

イワヒバリ【岩雲雀】

Prunella collaris / Alpine Accentor

●全長18cm／漂鳥

さえずり

高山にすむ、人をおそれない小鳥

人間に対しての警戒心が弱く、間近で見られる高山鳥。漂鳥として本州中部以北の高山帯のハイマツ帯に生息。冬季は低山の岩場や崖に小群で見られ、平地で越冬することはない。繁殖期は昆虫類を捕食し、秋は植物の種子なども食べる。ヒバリ(p287)に似た声で鳴く、岩場にいる鳥が和名の由来。雌雄同色。頭部から胸にかけて灰色で、目の周囲と喉には細かい白斑がある。背は褐色で黒い縦斑があり、雨覆先端には白斑がある。翼は黒く、風切には茶色の羽縁がある。胸以下の体下面は栗色で、褐色羽縁がある。嘴は黒く、基部は黄色。幼鳥は口角(こうかく)がピンク色。類似種のカヤクグリ(p353)は嘴が黒く、翼に白色部はない。

おもしろい生態

乱婚(らんこん)

雌雄が寄り集まった10羽程度の小さな群れでなわばりを形成し、オスもメスも同じなわばり内の別の個体と数回にわたって交尾を行う多夫多妻の乱婚という特異な繁殖形態をとる。

聴いてみよう

声量のないさえずり

さえずりは「チュリチュチュチュピリリ」と鳴くが、声量はない。飛翔時は「ギュルギュル」「グルッグルッ」など濁った声で鳴く。

カヤクグリ【茅潜】

Prunella rubida / Japanese Accentor

さえずり→地鳴き

●全長14cm／漂鳥

小さな群れでやぶに潜む小鳥

夏は亜高山帯に生息する日本固有種。北海道、本州、四国の亜高山帯から高山帯のハイマツ林で繁殖し、冬季はやや標高の低い山や山間部の薄暗いやぶ地などに生息し、数羽の小群を形成する。雑食性で繁殖期は主に昆虫類を捕食し、越冬期は植物の種子などを食べる。和名は冬季にやぶ地で潜むように生活することに由来する。雌雄同色。頭部は褐色で目の周囲に細かい白斑がある。体上面は赤みのある褐色で、黒い縦斑がある。胸から体下面は灰色で、下腹に茶色の縦斑がある。嘴は黒くとがっていて、虹彩は赤みのある褐色。類似種のイワヒバリ(p352)は頭部が灰色で、体下面は栗色。雨覆先端に白斑がある。

観察してみよう
一斉に鳴く

越冬期はやぶに潜んでいることが多く、鳴かないと存在すら確認できない。ただ、どれか1羽が鳴き出すと周囲にいた個体が一斉に鳴き出し、意外に沢山いることに驚かされることがある。

聴いてみよう
続けてさえずる

繁殖期はハイマツの上にとまって「チリリリリ……」または「ヒリリリリ……」という声で連続してさえずる。冬季も同じ声で鳴くが、声量がなく、連続性に乏しい。

スズメ目セキレイ科セキレイ属

地鳴き

ツメナガセキレイ【爪長鶺鴒】

Motacilla tschutschensis / Eastern Yellow Wagtail　●全長16.5cm／夏鳥・旅鳥

亜種 ツメナガセキレイ

亜種 キタツメナガセキレイ

亜種 マミジロツメナガセキレイ

体下面全体が黄色いセキレイ

鮮やかな黄色い羽のセキレイ類。旅鳥として春と秋の渡り期に渡来し、南西諸島では少数が越冬する。渡り期や越冬期は農耕地、草地などに小さな群れで生息する。国内では複数の亜種が記録され、代表的な亜種ツメナガセキレイは夏鳥として北海道北部に渡来し、草原で繁殖する。主に地面を歩きながら昆虫類を捕食するほか、シシウドの花などにとまり、やってきた昆虫をジャンプするように捕らえることもある。後ろ指の爪が長いのが和名の由来。亜種によって羽色が異なる。亜種ツメナガセキレイは雌雄同色。頭部から体上面はオリーブ褐色で、眉斑と喉から体下面は鮮やかな黄色。羽縁に黄色みがある。長い尾羽は黒く、外側が白い。類似種のキセキレイ(p355)は眉斑も脇も白く、喉の色も異なる。

飛翔時「ジビッ、ジビッ」「ジジッ、ジジッ」と濁った声で鳴く。

スズメ目セキレイ科セキレイ属

キセキレイ【黄鶺鴒】

Motacilla cinerea / Grey Wagtail

●全長20cm／留鳥・漂鳥

さえずり→地鳴き

水辺を好む黄色いセキレイ

体下面の黄色が鮮やかなセキレイ類。留鳥または漂鳥として九州以北に分布し、南西諸島では冬鳥。積雪が多い地方の個体は冬季に平地や暖地に移動する。繁殖期は山地や亜高山帯の河川、渓流に生息し、崖のくぼみなどに営巣する。冬季は市街地の公園の水辺でも見られる。昆虫食で、フライングキャッチによる捕食もよく見せる。オスは頭部から背が灰色で、眉斑、顎線が白く、喉は黒い。胸から体下面、腰は黄色で脇は白い。メスは喉が白いが、まれに黒みのある個体もいる。翼と尾羽は黒く、三列風切に白い縁取りがあり、外側尾羽は白い。足は肉色。類似種のツメナガセキレイ(p354)は体下面全体が黄色で、眉斑も黄色。

観察してみよう

キセキレイの道案内

渓流沿いの道を進んでいると、キセキレイが進行方向へ飛んで行き、遠くに降りて尾羽を激しく上下に振り、距離が縮まると再び進行方向へ飛んで遠くへ降りる。まるで、道案内されているようでおもしろい。

飛翔時「チチッ、チチッ」と乾いたような声で鳴く。ハクセキレイよりも高い声。

スズメ目セキレイ科セキレイ属

ハクセキレイ【白鶺鴒】

Motacilla alba / White Wagtail

●全長 21 cm ／ 留鳥・漂鳥

さえずり→地鳴き

長い尾羽を振りながら街中を歩く、スマートな鳥

街中にも生息し、長い尾羽を上下に振りながら歩く姿でおなじみの鳥。国内では複数の亜種が記録され、代表的な亜種ハクセキレイは、留鳥または漂鳥として九州以北に分布。冬季は平地や暖地に移動する。もともとは北海道のみで繁殖していたが、繁殖域が南下し、現在は西日本でも繁殖している。海岸、河川、湖沼、農耕地、市街地と、さまざまな場所に生息し、主に地上を歩きながら昆虫類を捕食する。オスの夏羽は上面から尾羽、喉から胸、過眼線が黒く、額と顔、翼、体下面が白い。冬羽では背の色が淡い。メスの夏羽は背が灰色。冬羽は頭頂、背ともに灰色。類似種のセグロセキレイ(p357)は、顔の黒い面積が広い。

観察してみよう
都市にすむセキレイ

冬季、日の入りが早くなると、駅前のビルなどにセキレイ類が続々と集まってくる。日中どこにいたのか不思議なほど集まり、周囲が暗くなると、次々に街路樹にとまり、集団でねぐらをとる。照明やネオンなどで、周囲が明るい環境を好む。

「チチン、チチン」と鳴きながら波を描いて飛翔する。

スズメ目セキレイ科セキレイ属

セグロセキレイ【背黒鶺鴒】

Motacilla grandis / Japanese Wagtail

●全長21cm／留鳥

さえずり→地鳴き

白黒モノトーンのセキレイ

その名のとおり、背が黒いセキレイ類。留鳥として九州以北に分布。平地から山地の河川、湖沼、市街地の公園の池などの水辺に生息し、砂れき地のある河川を好む傾向がある。動物食で、歩きながら昆虫類を捕食するほか、飛翔する昆虫類をジャンプするように捕らえることもある。建物の隙間などに営巣し、冬季は数十羽が集まってヨシ原などにねぐらをとる。雌雄同色で、頭部から胸、体上面は黒く、額から眉斑、喉、体下面は白い。翼は白く、風切の一部は黒い。黒い尾羽は長く、外側尾羽は白い。メスは背の黒色がわずかに淡い。雌雄ともに嘴と足は黒い。類似種のハクセキレイ(p356)は顔の白い面積が広く、過眼線は黒い。

おもしろい生態

セキレイ類のすみ分け

セキレイの仲間は水辺に生息する。自然の河川では、ハクセキレイは河川を一時的に利用し、セグロセキレイは砂れき地のある河原に固執し、キセキレイ(p355)は渓流を好む。市街地では3種が混在する。

ハクセキレイは「チチン、チチン」、キセキレイは「チチッ、チチッ」と鳴き、本種は「ジジッ、ジジッ」と濁った声で鳴く。

スズメ目セキレイ科タヒバリ属

マミジロタヒバリ【眉白田雲雀】

Anthus richardi / Richard's Pipit

● 全長18cm／旅鳥

地鳴き

日本産タヒバリ類最大種

つんと立った姿勢が印象的なタヒバリ類。旅鳥として全国に記録があるが、西日本での記録が多く、日本海側の離島、南西諸島では群れで観察されることもある。牧草地や畑、草原など開けた場所を好む傾向があり、尾羽を上下に振りながら、地上を早足で歩き回って昆虫類を捕食する。それほど目立つことはなく、飛び立ってはじめて気がつくことが多い。雌雄同色。冬羽は頭頂から体上面はやや赤みがある褐色で、背には黒い軸斑がある。和名の由来になっている淡褐色の眉斑は太くて明瞭。喉と下腹部は白いが胸や脇は褐色で胸には黒く細かい縦斑がある。ふ蹠(しょ)が長いため背が高く見える。後爪も長い。尾羽も長く外側尾羽2枚が白い。

聴いてみよう 声で識別

南西諸島では、さまざまな種が同じ場所に集まっていることが多いため、飛翔時の声を聴き分けて識別できる。ツメナガセキレイ(p354)は「ジビッ、ジビッ」、ムネアカタヒバリ(p360)は「チィー」、本種は「ピュン、ピュン」「チュン、チュン」と鳴く。

スズメ目セキレイ科タヒバリ属

ビンズイ【便追】

Anthus hodgsoni / Olive-backed Pipit

● 全長15cm／夏鳥・漂鳥

さえずり→地鳴き

尾を振りながらとことこ歩く

体上面の緑色みが強いタヒバリ類。夏鳥または漂鳥として北海道、本州、四国に分布。平地から高山帯の草原や針葉樹林帯で繁殖し、冬季は平地や暖地に移動し、公園でも見ることができる。越冬中は松林を好み、小群を形成して尾羽を上下に振りながら地面をとことこ歩き、種子などを食べる。「ビンビン、ヅィヅィ」と聞こえる声が和名の由来で、飛翔時によく鳴く。雌雄同色。額から体上面は緑色みの強い褐色で、黒い縦斑がある。眉斑は白く、黒い頭側線がある。耳羽に白斑があり、喉から体下面は白く、胸から腹にかけて黒い縦斑があり、つながって線状に見える。冬羽は眉斑や胸、脇などがやや黄色みがかる。

観察してみよう
さえずりの最後に注目

繁殖期は低木の上や針葉樹の上で「ツィツィツィ、チーチーチー、ズィーズィーズィー」と鳴き、飛翔しながらさえずる「さえずり飛翔」を行うこともある。特に最後の「ズィーズィーズィー」が耳に残る。

スズメ目セキレイ科タヒバリ属

ムネアカタヒバリ【胸赤田雲雀】

Anthus cervinus / Red-throated Pipit

●全長16cm／旅鳥

地鳴き

不明瞭な眉斑。

三列風切が長い。

頭部から胸は赤みを帯びる。

脇は黄色みがあり、黒い縦斑がある。

春の南西諸島では定番種

赤みを帯びるタヒバリ類。主に旅鳥として全国に渡来し、春は日本海側の島で見る機会が多い。北日本では比較的少なく、西日本から南西諸島で見られる傾向があり、南西諸島では数十羽の群れになることもある。農耕地、草地、牧草地など開けた場所を好み、地上を歩きながら昆虫類を捕食する。夏羽で胸が赤みを帯びることが和名の由来。雌雄同色。夏羽は頭部から胸が赤みを帯びるが、個体差がある。体上面は褐色で、背には黒い縦斑がある。胸以下の体下面は白く、脇は黄色みがあり、黒い縦斑がある。冬羽は頭部から胸が褐色で、不明瞭な白い眉斑があり、顎線は黒く、胸の縦斑とつながっている。三列風切が長く、初列風切を覆う。

観察してみよう

色の変化に要注意

春の渡り期の南西諸島では比較的目にする機会が多い。ただこの時期は必ずしもムネアカ（胸赤）とは限らず、写真のような胸の赤みが強くない個体も多く、さまざまなバリエーションを観察することができる。

スズメ目セキレイ科タヒバリ属

タヒバリ【田雲雀】

Anthus rubescens / Buff-bellied pipit

地鳴き

●全長16cm／冬鳥

地面の色に紛れて見つけるのが難しい

縦斑が目立つタヒバリ類。冬鳥として全国に渡来し、農耕地、水田、草地、湿地、干潟、海岸など開けた場所に生息する。雑食性で、地面を忙しく歩き回りながら種子や昆虫類を採食する。和名は田にすむ、ヒバリ(p287)に似た鳥という意味だが、実際にはセキレイの仲間で、尾羽を上下に振る行動をする。雌雄同色。冬羽は頭部から体上面が褐色で、不明瞭な白い眉斑がある。喉から体下面は白く、顎線は黒く、胸から脇に明瞭な黒い縦斑がある。嘴は黒く、基部は橙色。夏羽は額から頭頂、体上面は灰色で、眉斑、喉から体下面は淡い橙色。背、胸から脇に黒い縦斑がある。類似種のビンズイ(p359)は体上面の緑色みが強く、胸の縦斑は太く明瞭。

観察してみよう
生息環境にも着目

本種はビンズイによく似ている。両種を見わけるには生息環境の違いにも注目しよう。タヒバリは開けた場所にすみ、水田では水に入ることもある。ビンズイは雑木林にすみ、開けた場所にあまり出てこない。

飛び立つときに「ヒウィッ」と強い声で鳴く。

スズメ目アトリ科アトリ属

アトリ【花鶏】

Fringilla montifringilla / Brambling

地鳴き

●全長16cm／冬鳥

オス　冬羽

喉から胸は橙色。

頭部から背は褐色。メスより黒っぽい。

メス　冬羽

頭部が灰色みを帯びる。

渡来数の年変動が大きい橙色の鳥

黒と橙色のコントラストが美しい小鳥。冬鳥として全国の平地林、山地林、農耕地などに渡来するが、渡来数は年によって変動がある。雑食性で、主に種子を好む。和名の由来は、大群で行動することから集鳥（あつとり）と呼ばれ、それが転じたという。オスの冬羽は喉から胸、風切の羽縁などは橙色で、頭部から背は褐色。腹から下尾筒は白く、脇には黒斑がある。夏羽では頭部から体上面が光沢のある黒色。メスの冬羽は頭部が灰色みを帯びた褐色で、黒い頭側線がある。背は黒く、橙色の横斑がある。喉から胸にかけての橙色部はオスより淡い。夏羽では頭部の褐色が濃くなる。雌雄ともに腰は白く、尾羽は凹尾。

観察してみよう

大群を観察しよう

年によっては大群が観察されることがあり、ときには数万羽単位の大群が農耕地に降りて採食して、また舞い上がる光景が見られる。群れは、煙がたなびくように林間を移動し、ねぐらとなる林に移動する。

飛翔時は上下動するような波形を描き、「キョキョキョ」と鳴く。樹上では「ジェー、ジェー」と鳴く。

シメ【鴲】

Coccothraustes coccothraustes / Hawfinch

●全長19cm／冬鳥

地鳴き

目つきが鋭く、気性も荒い小鳥

頭が大きく尾羽が短めでずんぐりして見えるアトリ類。主に冬鳥として全国に渡来するが、北海道、本州中部以北では局地的に繁殖する。平地から山地の落葉広葉樹林に生息し、冬季は市街地の公園でも見られる。種子を好んで食べ、地上で採食することも多い。雌雄ほぼ同色。頭部は赤褐色で、目先から喉は黒い。側頸、後頸、腰は灰色で、背はこげ茶色。大雨覆は白く、風切は濃紺で基部に白斑があり、一部先端が角張っている。体下面は淡い灰色で、外側尾羽先端は白い。嘴は種子をすりつぶすのに適した太い形で、色は肉色だが、春には鉛色になる。メスは全体に色が淡く、頭部は赤みがない褐色で、次列風切外縁は淡灰色。

観察してみよう

春先には嘴が鉛色になる

越冬期は単独で生活しているが、渡りを目前にした春先には数十羽の群れで見られるようになる。この頃は次第に肉色だった嘴が鉛色になっている。写真はオスの夏羽。

樹上では「ピチッ」または「ツツッ」「キーン、キーン」などと金属的な声で鳴く。

スズメ目アトリ科イカル属

イカル【桑鳲】

Eophona personata / Japanese Grosbeak ●全長23cm／留鳥・漂鳥

黄色く太い嘴が目立つ小鳥

体に対してアンバランスなほど大きく黄色い嘴が特徴のアトリ類。留鳥または漂鳥として九州以北に分布し、主に山地の広葉樹林帯で繁殖する。冬季は低地や暖地に移動する個体が多く、数羽から数十羽の群れを形成する。植物食で、果実や種子を食べるが、地上に落ちた種子も食べるため、群れで地上採食している姿をよく見る。「キョッ、キョッ」とか「コッ、コッ」と聞こえるよく響く声で鳴きながら、波形を描き飛翔し、「キィーコーキー」という澄んだ美しい声でさえずる。雌雄同色で、嘴は太く短く、明るい黄色でよく目立つ。顎から頭頂にかけては光沢ある濃紺。ほぼ全身が灰色で、初列風切中央に白斑がある。幼鳥は頭部が斑模様。

観察してみよう

実を砕く音と落ちてくる皮

太い嘴は、植物の種子を砕いて食べるのに適している。冬季にフィールドで耳を澄ますと、種子を砕くパチッ、パチッという音が聞こえ、イカルの存在に気づくことがある。樹上から食べかすがはらはらと落ち、地面に種子の残がいが散らばる。

「キィーコーキー」という口笛の音のようなさえずりは「お菊二十四」と聞きなされる。

スズメ目アトリ科ギンザンマシコ属

ギンザンマシコ【銀山猿子】

Pinicola enucleator / Pine Grosbeak

● 全長22cm／漂鳥

地鳴き

ハイマツ帯にすむ赤い鳥

オスは燃えるような赤色の小鳥。漂鳥として主に北海道に分布し、高山帯、亜高山帯のハイマツ林で繁殖する。冬季に見る機会は少ないが、数年に一度程度ながら小規模の群れを形成して、街中の街路樹のナナカマドなどの果実に集まることがある。本州ではまれな冬鳥。植物食で、果実や種子を食べる。和名の由来は、その昔、本種とオオマシコ(p369)を混同してギンスジマシコと呼んでいて、それが転じたという説がある。オスは頭部、背、胸から腹が濃い赤で、うろこ状斑がある。翼と尾羽が黒く、雨覆と三列風切の羽縁が白く目立つ。メスは頭部から胸、腰が黄緑色で、背、脇から下腹は灰色。雌雄ともに嘴は黒く、太くて丸みがある。

観察してみよう

嘴に注目

雌雄の色、嘴の形ともイスカ(p372)に似るが、本種の嘴は先端がわずかに交差しているだけで、イスカのように大きく交差していない。両種とも球果（松ぼっくり）から種子を採り出して、食べるのに適した嘴をしている。

スズメ目アトリ科ウソ属

ウソ【鷽】

Pyrrhula pyrrhula /Eurasian Bullfinch　●全長16cm／冬鳥・漂鳥

ころっとした体と、口笛のような声

口笛のような声で鳴く、ころっとした体型の小鳥。漂鳥または冬鳥として全国に分布。国内に4亜種が生息。亜種ウソは高山帯から亜高山帯の針葉樹林などで繁殖して、冬季は平地林や山地林に移動し、公園で見られることもある。雑食性で春には木の芽、夏は昆虫類、秋冬には植物の実を食べる。口笛のような声で鳴くことから、口笛を意味する古語「うそ」と名づけられた。雌雄ともに顎から後頭は帽子形で黒く特徴的。黒色の嘴は短く太く、堅い種子をすりつぶして食べるのに適している。オスは喉からほおが橙赤色で、体は灰色、翼と尾羽は黒い。メスは後頸が灰色で、ほおから体下面は褐色。腰から下尾筒は白い。

観察してみよう

お腹が赤いウソ

写真の亜種アカウソは、ほおの橙赤色が亜種ウソよりも淡く、胸から腹にかけて光沢のある赤灰色を帯びる。渡来数は多くないが、ウソの群れに混じることがある。喉以下が鮮やかな橙色の亜種ベニバラウソも冬鳥としてまれに飛来する。

「フィッ、フィッ」と口笛のような声で鳴きながら、浅い波形を描いて飛翔する。

スズメ目アトリ科ハギマシコ属

ハギマシコ【萩猿子】

Leucosticte arctoa / Asian Rosy Finch

●全長16cm／冬鳥

地鳴き

萩の花のような模様の猿子(ましこ)

黄色い嘴と体下面の赤紫色の斑が特徴のアトリ類。主に冬鳥として全国に渡来するが、局地的で西日本では少ない。北海道や本州北部の高山帯では夏季にも記録がある。海岸や山地の崖地や岩場、農耕地などに群れで生息し、年によっては数百羽の群れが見られることもある。植物食で、地上に降りて種子などを食べる。和名は萩の花に似たアトリ科の赤い鳥の意。雌雄ほぼ同色で、オスは頭部から背、体下面が黒く、後頭から後頸は黄色みのある褐色で、背にも同色の縦斑がある。胸以下の体下面には赤紫色の縦斑があり、雨覆、風切の羽縁は赤紫色。メスは全体に色が淡く、体下面の赤紫斑も不明瞭。雌雄ともに嘴は濃い黄色。

観察してみよう

大群で行動する

渡来数が多い年は、数百羽の大群がかたまり状になって大きな波状飛翔をしながら移動する。一斉に地上に降りては歩きながら採食し、また舞い上がるといった行動を繰り返す。

特に飛翔時「ジュン、ジュン」とよく鳴く。

スズメ目アトリ科オオマシコ属

ベニマシコ【紅猿子】

Carpodacus sibiricus / Siberian Long-tailed Rosefinch ●全長15cm／冬鳥・漂鳥

地鳴き

オス 冬羽

翼以外、淡い赤色。

大雨覆、中雨覆の白斑が2本の翼帯となる。

尾羽は長く、外側が白い。

メス

背、胸から腹にかけて黒い縦斑がある。

全体にオスよりも赤みが淡い。

フィールドに響く、ピッポという声

夏鳥として北海道と青森県に渡来し、本州以南では冬鳥。河原や草原で繁殖し、冬季は農耕地、牧草地、ヨシ原などで越冬する。雑食性で、繁殖期は昆虫類を捕食し、秋から冬はセイタカアワダチソウなどの植物の実、特に種子を食べる。オスの冬羽は頭部、背、胸以下の体下面が淡い赤で、頭頂、ほお、喉は淡いピンク色。背には黒い縦斑がある。翼と尾羽は黒く、大雨覆、中雨覆の白斑が2本の翼帯となる。尾羽は長く、外側尾羽は白い。オスの夏羽は羽の赤色やピンク色が濃くなる。メスは夏羽、冬羽とも全体に褐色で背、胸から腹にかけて黒い縦斑がある。類似種のオオマシコ(p369)の尾羽は短く、外側は白くない。

観察してみよう

夏羽の鮮やかな赤色

本種はほとんどの地域で冬鳥なので、羽毛の赤色は淡い。初夏から夏にかけて、少し北へ足を延ばして、鮮やかな赤色のオスの夏羽を見よう。北海道東部の原生花園や河川敷などで観察することができる。

「ピッ、ピッポ、ピッポッポ」と鳴く。

スズメ目アトリ科オオマシコ属

オオマシコ【大猿子】

Carpodacus roseus / Pallas's Rosefinch

● 全長17cm ／ 冬鳥

鳴き声

子猿のような赤い顔の鳥

色の少ない冬景色に華を添える赤い鳥。冬鳥として主に本州中部以北に渡来し、平地林から山地林に隣接する草地などに生息する。渡来数は年によって大きく変動し、まったく見られない年もある。数羽の群れで見られることが多い。主に種子食で、道端に落ちた種子を食べていることが多い。「猿子（ましこ）」は顔が赤いのでサルの子供のようだという意。オスは全体に深い紅色で、額と顎の淡紅斑が目立つ。メスはほぼ全身が褐色で、額から頭頂、喉から胸に赤みがあり、胸から脇には黒い縦斑がある。オスの若鳥はメスの成鳥に似て、赤みが淡い。類似種のベニマシコ(p368)は白い翼帯が目立ち、尾羽は長く、外側が白い。

観察してみよう
ハギにぶら下がる

ハギ類の種子を特に好むため、林道脇や山間部の工事現場など、ハギ類が自生する場所を探すとよい。すぐにたわんでしまうような細い枝にとまるため、採食中はぶら下がったような状態になることがある。

樹上では「チーッ」という細い声で鳴き、飛翔時は「チッ、チッ」と鳴くが、ホオジロ類とは異なり金属的。

スズメ目アトリ科カワラヒワ属

カワラヒワ【河原鶸】

Chloris sinica / Oriental Greenfinch ●全長15cm／留鳥・漂鳥

さえずり→地鳴き

キリキリコロコロと鳴く

肌色の嘴と翼の黄色斑が特徴の小鳥。留鳥または漂鳥として全国に分布し、積雪の多い地域に生息する個体は、冬季に平地や暖地へ移動する。平地林から山地林、農耕地、草地、公園など、さまざまな環境で見られ、冬季は数十羽の群れを形成し、電線にずらりと並んでとまることもある。植物食で、主に植物の種子を食べる。河原に生息するヒワ（アワやヒエを食べる鳥）が和名の由来。オスは頭部から胸がオリーブ褐色で、目の周囲は黒っぽい。背と体下面は茶色で、翼と尾羽は黒く、風切基部と尾羽基部は黄色。三列風切の羽縁は淡い灰色。メスは全体に色が淡く、頭部は灰色みが強い。雌雄ともに嘴は太く短く淡い肉色で、尾羽は凹尾。

観察してみよう

飛翔時の黄色い帯

越冬期は農耕地の中にヨシ原やセイタカアワダチソウが点在しているような環境を好む。地上に降りることも多く、数十羽の群れで行動し、飛翔時は風切基部と尾羽基部の黄色が大きな帯になり、よく目立つ。

 さえずりは「キリキリキリ、ビーン」。飛翔時は「キリキリ、コロコロ」と鳴く。

スズメ目アトリ科ベニヒワ属

ベニヒワ【紅鶸】

Acanthis flammea / Common Redpoll

地鳴き

●全長14cm／冬鳥

赤い額と、淡紅色の胸が魅力

額の赤が目立ち、人気の鳥。冬鳥として主に北海道、本州北部に渡来し、春と秋の渡り期には、日本海側にある島々で見られることもある。渡来数は年によって大きく変動し、まったく来ない年もあれば、大群で渡来する年もある。マヒワ(p374)の群れに混じって平地林で見られることもある。数十羽の群れで見られることが多く、草地で種子を食べたり、カラマツの実に群れたりする。オスは目先と喉が黒く、額が赤い。顔から体上面は褐色で黒い縦斑があり、雨覆先端の白斑が翼帯となる。喉から胸にかけては淡紅色で、脇には褐色の縦斑がある。メスの体下面には赤色部がなく、全体に褐色みが強い。雌雄ともに嘴は黄色く、三角形に見える。

探し方

林ではカラマツ、平地ではハンノキ、草原ではマツヨイグサ、ヨモギなどを好む。これらの植物がある場所を探してみるとよい。

観察してみよう

大群を探す

来る年と来ない年がはっきりしている。何羽か見つかれば、どこかに大きな群れがいるはずなので、探してみよう。運がよければ、数百羽の群れに出会えることもある。

スズメ目アトリ科イスカ属

イスカ【交喙】

Loxia curvirostra / Red Crossbill

●全長17cm／冬鳥

地鳴き

嘴が大きく交差している赤い鳥

嘴の先端が交差しているアトリ類。冬鳥として全国に渡来するが、北海道、本州中部の山地で局地的に繁殖している。平地から山地の針葉樹林に群れで生息するが、年によって渡来数の変動が大きい。植物食で、主に種子を食べ、特にマツ類の種子を好む。特徴ある嘴から、ねじれているの古語「いすかし」で呼び、転じたのが和名の由来といわれる。オスは全体に濃い赤で、ほおは褐色みがあり、目先と目の周囲、翼と尾羽は黒い。下腹が白い個体もいる。メスは全体に緑色を帯びた黄色で、ほおには褐色みがある。雌雄ともに尾羽は凹尾。最大の特徴である嘴は太く、先端が上下で交差する。近縁のナキイスカには2本の白い翼帯がある。

観察してみよう
交差した嘴の使い方

本種の特殊な形の嘴は、マツ類の球果（松ぼっくり）から種子を採り出しやすいよう適応したもの。嘴を松かさの中に差し入れ、ひねることによってかさを押し広げ、中の種子を採り出しやすい形態になっている。

 飛翔時に「ピョッ、ピョッ」と鳴く。

もっと知りたい!

松ぼっくりが大好きなイスカ

大きな松ぼっくりを、丸のまま
くわえて運び出すこともある。

主に冬鳥として渡来し、針葉樹林に生息している。オスの真っ赤な姿も印象的だが、最大の特徴は嘴の先端が上下で交差していること。

地面に落ちた松ぼっくりをつつくメス。

松の種子を好むせいか、採食途中でとにかくよく水を飲む。冬の北海道では水がないため氷をかじる様子をよく見かける。

年によってはまったく渡ってこない年もあるが、当たり年には大群で見られる。赤と緑のコントラストが見事で飾りつけされたよう。

スズメ目アトリ科マヒワ属

マヒワ【真鶸】

Spinus spinus / Eurasian Siskin

● 全長13cm ／ 冬鳥

地鳴き

ジュイーンという声で気づく

黄色い羽色のアトリ類。主に冬鳥として全国の山地の針葉樹林、草地、河川敷、平地、公園などに渡来するが、年によって渡来数に変動がある。北海道、本州中部以北では局地的に繁殖している。植物食で、果実、種子、新芽などを食べる。和名は標準的なヒワ(アワやヒエを食べる鳥)という意味。オスは顔から胸が黄色く、額から頭頂、目先、喉が黒く、ほおも黒っぽい。背は緑色を帯びる黄色で、黒く細い縦斑がある。翼と尾羽は黒く、大雨覆の黄色斑が太い翼帯となり飛翔時に目立つ。風切羽縁、尾羽基部も黄色。メスは全体に黄色みが淡く、背の黒い縦斑が明瞭。体下面は白っぽく、褐色の縦斑が目立つ。雌雄ともに尾羽は短い凹尾。

観察してみよう

器用に種子を食べる

ハンノキやヤシャブシの種子を特に好んで食べる。体が小さいため、実につかまり、逆さまになって種子を器用につまみ出す。実から実へと飛び移りながら移動する姿は軽やかで、曲芸師のようである。

 「チュイーン」「ジュイーン」と鳴く。

スズメ目ツメナガホオジロ科ユキホオジロ属

ユキホオジロ【雪頬白】

Plectrophenax nivalis / Snow Bunting

●全長16cm／冬鳥

地鳴き

道東の雪原が似合う白い小鳥

雪のように白い小鳥。数少ない冬鳥として北海道、本州北部、本州の日本海側に局地的に渡来。渡来数は年により大きく変動する。数羽程度の小群で見られることが多いが、数百羽の大群になることもある。海岸付近の草地、雪原、埋立地などで、草にとまったり、地上を歩いたりして種子などを採食する。雪のように白い羽色が和名の由来。オスの冬羽は全身が白く、頭頂、後頸、耳羽、胸に褐色斑があり、背には黒い縦斑がある。小、中、大雨覆は白く、嘴は橙黄色。メスはオスの冬羽に似るが、後頭、耳羽、背、胸の褐色みが強い傾向がある。オスの夏羽は全体に白く、背、雨覆と風切の一部、中央尾羽、嘴、足が黒い。

観察してみよう
ハマニンニクの実を器用に食べる

ハマニンニクは直立した茎の上部に円柱状の穂がある。移動しながらハマニンニクの実を食べるが、実が茎の上部にあるため、地上からピョンピョン飛び跳ねて食べたり、茎にとまって食べたりする。

スズメ目ホオジロ科ホオジロ属

さえずり→地鳴き

ホオジロ【頬白】

Emberiza cioides / Meadow Bunting

●全長17cm／留鳥・漂鳥

オス

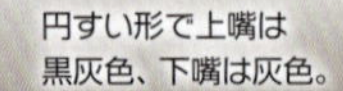

円すい形で上嘴は黒灰色、下嘴は灰色。

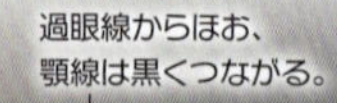

過眼線からほお、顎線は黒くつながる。

雨覆、風切の軸斑は黒い。

上下面は赤みのある褐色。

メス

過眼線からほお、顎線は茶色。

ほおが黒くても頬白（ほおじろ）

嘴が円すい形で尾羽が長めの小鳥。留鳥または漂鳥として屋久島以北に分布し、北海道では夏鳥。比較的開けた環境を好み、草原、農耕地、ヨシ原などさまざまな環境に生息する。雑食性で、植物の種子を地上で採食することが多い。ほおは黒いが、眉斑が白く太いことなど顔全体が白っぽく見えるのが和名の由来。オスは顔と喉が白く、過眼線からほお、顎線は黒くつながる。頭頂から体上下面は赤みのある褐色で翼の軸斑は黒い。メスは顔と喉にやや黄色みがあり、顔の線は茶色。雌雄ともに上嘴は黒灰色、下嘴は灰色。尾羽は長めで、外縁に白斑があり、飛翔時によく目立つ。類似種のカシラダカ（p380）は体下面が白く、脇に茶褐色の縦斑がある。

探し方

ホオジロ類の多くが「チッ」と鳴くが、ホオジロは「チチチッ」と連続して鳴くことが多い。地上で行動することが多く、道ばたに出てくるので見つけやすい。

観察してみよう
天を仰いでさえずる

樹木、電柱などのてっぺんで鳴き、天を仰ぐように上を向いて繰り返しさえずる。さえずりは「一筆啓上仕り候（いっぴつけいじょうつかまつりそうろう）」と聞きなされ、春だけでなく秋にもさえずることがある。

スズメ目ホオジロ科ホオジロ属

ホオアカ【頬赤】

Emberiza fucata / Chestnut-eared Bunting

●全長16cm／漂鳥

さえずり→地鳴き

高原でさえずるほおの赤い鳥

夏の高原を代表するホオジロ類で、鮮やかなネックレス状の模様が特徴。漂鳥として九州以北に分布し、東北以北では夏鳥。山地の草原、高原で繁殖し、冬季は平地のヨシ原、草地、農耕地で越冬する。雑食性で、昆虫類、種子などを食べる。ほおが赤っぽいことが和名の由来。雌雄ほぼ同色。夏羽は頭部が灰色で、ほおはレンガ色。顎線は黒く、胸で縦斑になり、つながっている。体上面は赤みのある褐色で、黒い縦斑がある。喉から体下面は白く、胸には褐色の帯状斑があり、脇は赤みを帯び、黒い縦斑がある。メスは頭部の灰色が淡い。雌雄ともに上嘴は灰色、下嘴は肉色で、足も肉色。冬羽は全体に色がくすんで、褐色みが強い。

観察してみよう

美しい野草と一緒に観察

高原や草原内の高い場所でさえずることが多い。レンゲツツジやニッコウキスゲ、コバイケイソウなど、美しい山野草の花にとまってさえずる場面を観察することができる。写真はホオアカとレンゲツツジ。

こもった感じの「チョッ、チッ、チュチュチュリリ」というさえずり。うたい出しで少し区切る。

スズメ目ホオジロ科ホオジロ属

コホオアカ【小頬赤】

Emberiza pusilla / Little Bunting

●全長13cm／旅鳥

さえずり

頭側線が目立つ小形ホオジロ類

日本で見られる最も小さなホオジロ類。数少ない旅鳥として春と秋の渡り期に観察され、日本海側の離島での観察が主。春は南西諸島でも少数見られる。平地の農耕地、草地など開けた場所を好み、主に地上で種子などを食べる。離島ではほぼ単独で観察されるが、ほかのホオジロ類と一緒に採食していることもある。雌雄同色。夏羽は頭部がレンガ色で白いアイリングがある。頭側線、顎線は黒く、耳羽に黒斑があり、胸には細かい縦斑、脇には粗い縦斑がある。冬羽は全体に赤みが弱く、頭側線は褐色みが強い。類似種のホオアカ(p377)は頭部が灰色で、カシラダカ(p380)には冠羽があり、脇の赤みが強い。

観察してみよう
特徴を見極めよう

ホオジロ類はどれもよく似て見えるが、よく観察するとそれぞれに際立った特徴がある。本種はホオジロ類には珍しく、白いアイリングと黒い頭側線が目立ち、胸から脇にかけて細かい縦斑がある点を覚えておくとよい。

キマユホオジロ【黄眉頬白】

Emberiza chrysophrys / Yellow-browed Bunting

●全長16cm／旅鳥

黄色のワンポイントが目印

眉斑の黄色が目立つホオジロ類。まれな旅鳥として春と秋の渡り期に見られ、離島などで観察する機会がある。対馬では観察頻度が比較的高い。畑地、草地など開けた場所を好み、主に地上を歩きながら種子などを食べる。眉斑が黄色いことが和名の由来。オスは頭側線、目先からほお、顎線が黒く、頭央線が白い。眉斑は黄色いが、後方は白く、耳羽に白斑がある。喉から体下面は白く、胸や脇、体上面には黒い縦斑がある。メスは頭側線、目先からほお、顎線に褐色みがある。雌雄とも嘴は肉色で、上嘴は黒っぽい。類似種で眉斑が黄色いミヤマホオジロ(p381)には冠羽があり、眉斑の後方が黄色く、喉も黄色。胸に黒斑がある。

観察してみよう
眉斑をよく見る

キマユホオジロという和名から、眉斑全体が黄色いと思われがちだが、実際には眉斑の後方は白く、雌雄で黄色の濃さも異なる。同属で、同じように眉斑が黄色いミヤマホオジロは逆で、眉斑の前方が白い。

スズメ目ホオジロ科ホオジロ属

カシラダカ【頭高】

Emberiza rustica / Rustic Bunting

●全長15cm／冬鳥

地鳴き

名の割に短い冠羽のホオジロ

頭頂に短い冠羽があるホオジロ類。冬鳥として九州以北に渡来。北海道では旅鳥で、南西諸島ではまれ。平地林、牧草地、農耕地など開けた環境を好み、10羽程度の小群で地上に降りて採食していることが多い。植物食で、種子などを好む。頭の冠羽を立たせるのが和名の由来。冬羽は雌雄ほぼ同色。頭部が褐色で眉斑は黄白色、顎線の内側にも黄白色の線がある。下面は白く、胸には茶褐色の縦斑がある。嘴は肉色で上嘴は黒っぽい。オスの夏羽は頭部が黒く、体上面は赤茶色で背には黒斑がある。喉から体下面は白く、胸には赤茶色の斑がある。類似種のホオジロ(p376)には冠羽がなく、胸以下の体下面は赤みのある褐色。

観察してみよう

群れに要注意

ホオジロ、アオジ（p384）、カシラダカは、渡り期の離島でもよく見られるが、ホオジロやアオジが別のホオジロ類と一緒にいることが少ないのに対し、カシラダカには別のホオジロ類が混じっていることが多いので要注意だ。

ミヤマホオジロ【深山頬白】

Emberiza elegans / Yellow-throated Bunting

● 全長16cm／冬鳥

地鳴き

黄色と黒のコントラストが鮮やか

黄色い眉斑が目立ち、冠羽を立てることが多いホオジロ類。冬鳥として全国に渡来するが局地的で、西日本に多い傾向があり、広島県と対馬では繁殖記録がある。秋の渡り期には日本海側の島々で群れも見られる。平地林や公園に生息し、地上で種子などを食べる。雌雄ともに冠羽があるのが特徴で、尾羽は褐色で外側に白斑がある。オスは頭頂、目先からほおが黒く、胸には三角形の黒い模様がある。喉と眉斑は鮮やかな黄色。側頸と腰は灰色、背は茶色で黒い縦斑がある。体下面は白く、脇には栗色の縦斑がある。メスは全体に色が淡くて、眉斑も淡く、胸は黄褐色。類似種で冠羽のあるカシラダカ(p380)の体下面は白く、胸に茶色の帯状斑がある。

観察してみよう

下ばかりでなく上も見る

雑木林の比較的明るい場所を好み、地上で採食していることが多い。警戒すると「チョッ」とか細い声で鳴いて樹上に上がり、しばらく様子をみる。ただしばらくすると再び地上に降りて採食しはじめるので、じっと待っているとよい。

「チョッ、チョッ」とややこもった感じの声で鳴く。

スズメ目ホオジロ科ホオジロ属

シマアオジ【島青鵐】

Emberiza aureola / Yellow-breasted Bunting　●全長15cm／夏鳥

さえずり

オス
顔は黒く、嘴は淡紅色。
体上面は赤栗色。
雨覆に白斑。
体下面はレモン色。

メス
淡黄色の眉斑。
過眼線とほお線は茶色。
体上面は褐色で黒い縦斑がある。

今や幻の原生花園の歌い手

フルートの音にも例えられる美しい声でさえずるホオジロ類。夏鳥として北海道に渡来し、和名の「シマ」は北海道を意味する。渡り期には日本海側の島でも見られ、東北地方でも繁殖記録がある。原生花園、牧草地など、高木の生い茂らない開けた草地に生息し、主に昆虫類を捕食する。オスは頭頂から体上面が赤栗色で、雨覆に白斑がある。顔は黒く、体下面はレモンのような鮮やかな黄色で、胸に栗色の帯状斑があり、脇には縦斑がある。メスは淡黄色の頭央線と眉斑があり、過眼線とほおの線は茶色。体上面は褐色で黒い縦斑がある。体下面は黄色。メスはアオジ(p384)のメスに似るが、アオジのメスは体下面の縦斑が明瞭で、眉斑が細い。

考えてみよう
減少著しい絶滅危惧種

以前は苫小牧（とまこまい）や根室（ねむろ）周辺の原生花園でも見られたが、90年代後半から激減、現在は北海道北部の一部でしか見られなくなった。環境省のレッドリストでも絶滅危惧種として記載されている。海外で食用に大量捕獲していることが原因といわれる。

「ヒーヒー、ホー、ヒーヒー」とゆったりとしたテンポでさえずり、その声は広範囲に響き渡り耳に残る。

ノジコ【野路子】

Emberiza sulphurata / Yellow Bunting

●全長14cm／夏鳥

さえずり

アイリングがあるレモンイエローの鳥

アオジ（p384）に似るがスリムで、レモンイエローの羽色が目立つホオジロ類。夏鳥として本州中部以北に渡来するが、どちらかといえば日本海側や東北地方に多く、北海道ではまれ。低地から山地、水辺に隣接する明るい林を好む。日本だけで繁殖する。動物食で、主に昆虫類を捕食する。野路（のじ＝野の道）で見られることが和名の由来。雌雄ほぼ同色。頭部から体上面はくすんだ黄緑色で、白いアイリングがある。オスは目先が黒い傾向があり、喉から体下面はレモンのような明るい黄色で、下腹から下尾筒にかけては色が淡い。メスの目先は黒くない。類似種のアオジのオスにはアイリングがなく、脇の縦斑が明瞭。

観察してみよう

さえずりながら歩く

本種の黄色と緑の体は、新緑に溶け込んでしまうので一見探すのが難しいが、さえずりながら枝の上をとことこ歩く行動をするので、注意したい。さえずりは「チンチン、チョロリー、チョイチョイ」と聞こえる。

スズメ目ホオジロ科ホオジロ属

アオジ【青鵐】

Emberiza personata / Masked Bunting

●全長16cm／留鳥・漂鳥

さえずり→地鳴き

青ではなく黄色みを帯びるホオジロ類

和名のアオよりも、体下面の黄色が目立つホオジロ類。留鳥または漂鳥として北海道から本州中部の山地林に生息し、繁殖期は明るい林を好む。冬季は暖地や平地に移動し、公園の林でも見られる。繁殖期は主に昆虫食で、越冬期は主に地上で種子を食べる。ホオジロの仲間をシトド、緑をあおということがある。本種はかつて羽色からアオシトドとされ、短縮されてアオジとなった。オスの頭部は濃い緑灰色で、目の周囲が黒い。背から上尾筒にかけては茶褐色で、背には黒い縦斑がある。喉から体下面は黄色で、脇には黒い縦斑がある。メスは頭部が褐色で黄色い頭央線と眉斑がある。雌雄ともに上嘴は黒く、下嘴は肉色。

観察してみよう

地鳴きを聴き分ける

ホオジロ（p376）、アオジ、カシラダカ（p380）は観察頻度が高く、ホオジロ類の基本種といえる。3種の地鳴きを聴き分けたい。ホオジロは「チチチチッ」と連続的に鳴き、アオジは「ジッ」「ヅッ」と濁り、カシラダカは「チョッ」とこもった感じに聞こえる。

スズメ目ホオジロ科ホオジロ属

クロジ【黒鵐】

Emberiza variabilis / Grey Bunting

●全長17cm／漂鳥

名前は黒でも灰色のホオジロ類

国外ではサハリン、千島列島、カムチャツカ半島南端だけに分布する東アジア特産種。漂鳥として、北海道から本州中部以北の落葉広葉樹林や亜高山帯の針葉樹林で局地的に繁殖し、冬季は平地に移動する。本州中部以南では冬鳥として渡来する。雑食性で、昆虫類、種子などを食べる。和名の由来はオスの黒っぽい羽色に由来する。かつてホオジロの仲間はシトドと呼ばれ、本種はクロシトドとされたのがクロジに短縮された。オスは全身が濃い青灰色で背、雨覆には明瞭な黒い縦斑がある。若鳥は背や風切が褐色を帯びる。メスは頭部が褐色で、頭側線とほおを囲む線はこげ茶色。背はオリーブ褐色で、黒い縦斑がある。

探し方

繁殖期は冬季に積雪がある地方の、林床（りんしょう）にササ類が自生している広葉樹林、針葉樹林で過ごす。冬季は平地のよく茂った薄暗い林を好む。

聴いてみよう

さえずりも地鳴きも澄んだ声

「ホィー、チーチー」とよくとおる澄んだ声でさえずる。「チッ」という地鳴きはアオジ（p384）に似るが、より乾いて澄んだ、金属的な声に聞こえる。

スズメ目ホオジロ科ホオジロ属

コジュリン【小寿林】

Emberiza yessoensis / Ochre-rumped Bunting　● 全長15cm／夏鳥・漂鳥

さえずり→地鳴き

夏の草原でさわやかに歌う

夏羽で頭部が黒くなるホオジロ類。かつて「鍋かぶり」と呼ばれた。夏鳥として本州中部以北と熊本県で局地的に繁殖し、本州で繁殖する個体は冬季に本州中部以南へ移動するが、関東地方の一部ではそのまま越冬する個体もいる。平地の草原、河川敷のヨシ原など開けた場所を好み、主に昆虫類を捕食する。オスの夏羽は頭部から喉にかけて黒く、白い不明瞭な眉斑がある個体もいる。体上面は赤みのある褐色で、黒く太い縦斑がある。首から胸、体下面は白いが、脇は褐色がかる。メスは頭頂、耳羽、顎線が黒く、淡い黄褐色を帯びた白い眉斑がある。類似種のオオジュリン(p387)のオスの夏羽では、ほおに白い線がある。メスは耳羽が褐色。

観察してみよう
目立つ所でさえずる

草原内にある杭や看板、低木の上など、よく目立つ高い場所でさえずるので見つけやすい。ヨシのてっぺんでさえずり、強風で大きく左右にゆれてもまったく気にする様子もなく、さえずり続ける。

 「ピッ、チッチ、ピッピッピッチョ」などと聞こえるさえずりは、ホオジロ(p376)に似るが短く、より金属的。

オオジュリン【大寿林】

Emberiza schoeniclus / Common Reed Bunting ●全長16cm／留鳥・漂鳥

ゆっくりしたテンポで歌い続けるホオジロ類

夏羽で頭部の黒が目立つホオジロ類。留鳥または漂鳥として北海道と東北地方の草原で局地的に繁殖し、冬季は本州以南のヨシ原、農耕地などで小群で越冬する。雑食性で、繁殖期は昆虫類を、越冬期は種子やヨシの茎内に潜む昆虫を食べる。和名のジュリンは、「チューリーン」と聞こえる鳴き声に由来するといわれる。オスの夏羽は頭部が帽子をかぶったように黒く、ほおの線と後頸、体下面は白い。体上面は茶色で黒い縦斑がある。外側尾羽に白斑がある。メスは頭部から体上面が茶色で、眉斑とほおの線、体下面は白っぽい。冬羽は夏羽に比べて全体に色が淡く、体上面は灰色みがある。幼鳥は胸から腹に細く黒い縦斑がある。

探し方

繁殖期は原生花園のシシウドなどの花にとまってさえずるので、丈の高い植物を探すとよい。越冬期はヨシ原に潜んでいるが「チュィーン」という声や、昆虫を捕るためにヨシの茎をかじる「パチパチ」とか「ペリペリ」という音を頼りに探すとよい。

ゆっくりとしたテンポで区切りながら「ジュッ、チュィーン、チュッ」とさえずる。

外来種

カモ目カモ科コクガン属

カナダガン【加奈陀雁】

Branta canadensis / Canada Goose

● 全長90cm ／ 留鳥

本来は北アメリカに生息する大形のガン類。首が黒く、ほおが白いことから日本で越冬するシジュウカラガン(p27)に似るが、ずっと大きい。日本では観賞用に輸入された個体が野生化し、特定外来生物に指定された。ただ、2010年から環境省などの取り組みで駆除が進められ、2015年12月には、国内で野生化した個体はいなくなったとされる。

カモ目カモ科ハクチョウ属

コクチョウ【黒鳥】

Cygnus atratus / Black Swan

● 全長110〜140cm ／ 留鳥

ハクチョウをそのまま黒くしたような大形の水鳥。本来はオーストラリア、ニュージーランドなどに生息し、渡りを行わない。日本では茨城県、滋賀県、新潟県などの公園で飼育されている。食性は草食性で主に水草を食べる。全身がほぼ黒色で初列風切、次列風切の一部が白い。嘴は赤く、先端には白色斑があり、虹彩は赤色。

外来種

キジ目キジ科キジ属

タイリクキジ【大陸雉】

Phasianus colchicus / Common Pheasant　●全長 オス85cm メス50cm／留鳥

鳴き声

日本ではコウライキジという亜種名で知られてきたキジ類。本来は朝鮮半島などに分布し、主に狩猟鳥として世界中に放鳥された。日本では江戸時代に対馬、昭和初期に北海道に移入され、現在日本では北海道、対馬のほか、石垣島でも定着している。キジ(p65)に比べ体全体に赤みが強く、白や黒の斑がある。太く白い頸輪が目立つ。

キジ目キジ科コジュケイ属

コジュケイ【小綬鶏】

Bambusicola thoracicus / Chinese Bamboo Partridge　●全長27cm／留鳥

鳴き交わし

「ちょっとこい、ちょっとこい」と聞こえる声の主。本来は中国南東部、台湾に分布し、日本には狩猟鳥として1900年代に東京都、神奈川県に放鳥され、現在は本州の東北以南、四国、九州、伊豆諸島、小笠原諸島にまで広範囲に分布し、小群で生活する。雌雄同色。ずんぐりした体型で顔は橙色。目の上と胸の青灰色が目立つ。

外来種

ハト目ハト科カワラバト属

カワラバト（ドバト）【河原鳩】

Columba livia / Rock Dove

● 全長33cm ／ 留鳥

鳴き声

中央アジア、中国西部などに分布するカワラバトから、伝書鳩にするなどの目的で人為的につくり出された個体が野生化したもの。原種に近い個体は全体に青灰色。体上面は灰色で、黒灰色の斑が入る。首の脇には緑色と紫色の光沢がある。公園に群れている姿や、市街地の上空を群れで飛んでいる様子をよく見かける。

インコ目インコ科ダルマインコ属

ホンセイインコ【本青鸚哥】

Psittacula krameri / Rose-ringed Parakeet

● 全長40cm ／ 留鳥

鳴き声

本来はインド、スリランカなどに生息。原産国では農作物を荒らす害鳥とされる。飼い鳥として持ち込まれたものが逃げ出して野生化し、1960年代には東京都南西部で定着が確認された。イチョウ並木やケヤキの大木にねぐらを形成し、夕方になると数百羽が集結する。雌雄ほぼ同色。全身黄緑色で尾羽が長く、赤い大きな嘴が目立つ。

スズメ目カラス科サンジャク属

ヤマムスメ【山娘】

Urocissa caerulea / Taiwan Blue Magpie

●全長63〜68cm／留鳥

台湾固有種。主に亜熱帯林に生息し、雑食性が強く、昆虫類、小さな哺乳類、果実などを好み、地上採食することが多い。日本では愛玩用、観賞用に移入されたものが逃げ出して野生化し、兵庫県では繁殖記録がある。頭部から胸は黒く、体上面、体下面、尾は濃い青色で腹はやや色が淡い。嘴と足は赤色。長い尾は先端が白く、下面は白黒の縞模様。

スズメ目ソウシチョウ科ソウシチョウ属

ソウシチョウ【相思鳥】

Leiothrix lutea / Red-billed Leiothrix

●全長15cm／留鳥・漂鳥

鳴き声

本来は中国、ベトナムなどに生息。声も姿も美しいため、江戸時代から輸入、飼育されていたものが野生化した。本州中部以西で多く、関東地方でも増加傾向にある。平地から山地の落葉広葉樹林に生息し、冬季は群れを形成する。雑食性で、昆虫類、種子、果実などを食べる。クロツグミ(p326)に似た美声で朗らかにさえずる。

外来種

スズメ目ソウシチョウ科ガビチョウ属

ガビチョウ【画眉鳥】

Garrulax canorus / Chinese Hwamei

●全長25cm／留鳥

ムクドリ(p321)ほどの外来種。本来は中国南部や東南アジアに生息。1980年代に九州地方で確認され、現在は東北地方南部まで分布。平地林から山地林の下草の多いやぶのような場所を好み、大きくほがらかな声でさえずる。雌雄同色。ほぼ全身が茶褐色で、体上面はやや緑色みがかる。目の周囲に特徴的な勾玉模様があり、嘴は黄色で上嘴は黒ずんでいる。

スズメ目ソウシチョウ科ヒゲガビチョウ属

ヒゲガビチョウ【髭画眉鳥】

Ianthocincla cineracea / Moustached Laughingthrush

●全長24cm／留鳥

本来は中国南部、ミャンマー、インドなどに生息。そもそも愛玩用、観賞用に移入された個体が逃げ出して野生化したと考えられ、日本では1998年に高知県で記録され、その後、愛媛県、香川県の平地から山地の下草の多い森林で確認されている。ムクドリ(p321)大で、目の前方と下が白く、前頭部から後頭部に黒い帯状斑がある。

スズメ目ヒタキ科ツグミ属

カオジロガビチョウ【顔白画眉鳥】

Pterorhinus sannio / White-browed Laughingthrush　●全長23cm／留鳥

さえずり

ヒヨドリ(p288)より小さいサイズの外来種。本来は中国、東南アジアに生息。日本では野生化した個体が1994年に群馬県赤城山で確認され、現在は北関東や千葉県で定着傾向にある。平地林、里山環境、住宅地や公園でも見られる。全身が茶褐色で、尾が長い。頭頂には短い冠羽がある。嘴は黒く、白い眉斑と顔の三角形の白斑が目先でつながる。

スズメ目ソウシチョウ科カオグロガビチョウ属

カオグロガビチョウ【顔黒画眉鳥】

Pterorhinus perspicillatus / Masked Laughingthrush　●全長30cm／留鳥

地鳴き

本来は中国南部、ベトナムなどに生息。日本では野生化したと思われる個体の声が1980年頃から神奈川県内で聞かれ、後に1988年に三浦半島で初めて観察された。現在は岩手県、群馬県、埼玉県、東京都、神奈川県で記録がある。頭部が灰色で目の周囲が黒い。体上面と長い尾は褐色で、体下面はやや色が淡い。下尾筒は橙色。

観察入門 バードウォッチングを（もっと）楽しもう！

市街地から山奥、遠い海の彼方まで、どんな環境にも鳥は生息しています。バードウォッチングは季節や場所を問わず誰でも気軽にはじめられ、楽しめる趣味です。

双眼鏡や望遠鏡で観察を楽しむ。写真を撮る。動画を撮る。声を録音する。それぞれのライフスタイルや好みに合わせて、いろいろな楽しみ方ができます。ここでは、バードウォッチングをより楽しむために、服装、道具の選び方や使い方などをご紹介します。

服装について ～動きやすく快適なものを～

南国の真夏の太陽から、凍（い）てつくような極寒の原野まで、日本は南北に長く、四季の移ろいがはっきりしています。季節や地域に応じて適した服装は大きく異なりますが、ここでは一般的に過ごしやすい季節を基準にしています。

ウェア

バードウォッチングはスポーツのように走ったりせず、むしろ、ゆっくりと移動します。市街地や都市公園なら、スーツやカジュアルウェアでも問題ありません。山野や整備されていないフィールドを歩く場合は、アウトドアウエアが万能なのでお勧めです。防風性・保温性・透湿性にすぐれたウェアなら、いつでも快適に観察を楽しむことができます。アンダーウェアには汗を逃がす素材のものを、中間着にはフリースのような保温性の高いものを、アウターにはゴアテックスのように防風性・透湿性にすぐれ、丈夫な素材のものを選んで重ね着し、環境や気候に合わせて調節しましょう。虫さされや紫外線から肌を守り、怪我を防止するために、1年を通して上下とも袖や裾が長いウェアを着るようにしましょう。真夏は着替えを用意しましょう。

帽子

夏場は紫外線から肌を保護し、熱中症予防になり、冬場は保温性が高まります。つばが双眼鏡やカメラの操作の邪魔にならないようなものを選びましょう。完全防水の帽子も使い勝手がよいです。

ザック

収納する道具にもよりますが、日帰りであれば30リットル前後の容量が使いやすいでしょう。お弁当や雨具など、出し入れが少ないものを収納しておきます。レインカバーを用意しておくと、悪天候にも対応できて便利です。

手袋

寒い季節には欠かせません。保温性を求めると、厚手になってカメラの操作などがしにくくなり、操作性を求めると、薄手になって保温性が劣ることになります。薄手のインナーグローブを常用し、寒い状況ではオーバーグローブをするといいでしょう。

シューズ

完全防水のトレッキングシューズが環境や気候を選ばず万能です。しっかり歩く場合は、ハイカットモデルを履けば足元が安定し、怪我の防止にもなります。フィールドによっては長靴が、極寒の気候ではスノーシューズが有効です。

ショルダーバッグ

図鑑やフィールドノートなど、頻繁に取り出すことが多い小物類はザックには入れず、ショルダーバッグやウエストバッグを利用しましょう。ザックをいちいち上げ下ろしせずに済みます。

双眼鏡の選び方 ～状況や用途に適したものを～

観察を楽しむために欠かせない道具が双眼鏡です。遠くの対象を確認するのはもちろん、近くの対象を大きく観察したり、行動や生態を観察したり、昆虫や植物を観察したりすることもできます。選ぶ基準は主に倍率、明るさ（口径）、重量です。双眼鏡の光学性能は10×42などの数値で示され、10は倍率、42は対物レンズの口径（mm）です。倍率が高すぎると視野が狭くなり、像がブレやすくなるので、8～10倍を選ぶといいでしょう。口径が大きいほど像は明るくなりますので、朝晩や暗がりの観察で有利ですが、重量が増します。状況や用途に応じて選び、使い分けるといいでしょう。

口径20mmクラス

いわゆるコンパクトクラス。とにかく軽量で、持ち運びが苦にならないため、機動力を生かして、いつでもどこでも毎日観察する方にお勧めです。コンサートやスポーツ観戦を贅沢に楽しむこともできます。普段使いに最適なのですが、口径が小さいので像が暗いのが弱点。朝晩や暗がりなどの薄暗い条件は避け、太陽光の多い日や明るい場所限定なら有効活用できます。

口径30mmクラス

大きさはコンパクトクラスよりも二回りほど大きくなりますが、握っていて最もしっくりくる口径で、像は明るく、さまざまな環境での観察に対応した実力を備えます。理論上、40mmクラスより暗いことになりますが、気になるほどではない上、重量と明るさのバランスがよい、最もお勧めのクラスです。撮影機材が多いとき、歩き回るときにも使っていて苦になりません。

口径40mmクラス

30mmクラスよりさらに大きくなり、重量も増すため手振れの心配がありますが、像はとても明るく、ねぐら入り、早朝の飛び立ち、雑木林のなかなど、朝晩や暗がりの薄暗い条件で実力を発揮します。あらゆる条件下で本格的な観察が可能で、高倍率機種であれば望遠鏡並みの観察も可能。あまり歩き回らない観察、撮影機材が多くないときに向いています。

観察道具について　～充実した観察を楽しむために～

双眼鏡以外の観察道具や、写真や動画の撮影・録音に必要な道具と楽しみ方についてご紹介します。

野鳥図鑑

本書は国内で観察できる代表的な野鳥を掲載し、見わけ方だけでなく、おもしろい行動や生態を紹介した図鑑です。普段の観察はもちろん、旅のお供としてもぜひご活用ください。また、シギ・チドリ類の観察、タカの渡りの観察など、特定の観察対象が決まっている場合は、テーマに特化した観察ガイドも出版されているので、併用するとよいでしょう。

フィールドノート（野帳）

バードウォッチングに限らず、自然観察全般で大切なのがフィールドノートです。観察したことは時間が経つと忘れてしまいがちです。お気に入りのノートに観察記録を記しましょう。日時、場所、天候、観察種はもちろん、わからなかった観察対象の特徴を記したり、スケッチを描いたりするのもお勧めです。記録を残すことはもちろん、書くことは考えたり、覚えたりすることにもつながります。

フィールドスコープ（望遠鏡）

双眼鏡の倍率では足りないくらい遠くの対象を観察したり、鳥の細部を拡大して観察したりしたい場合、フィールドスコープ（望遠鏡）を使います。倍率は20～60倍くらいで、接眼レンズを交換することで変更が可能です。倍率が高いので、三脚に搭載する必要があります。双眼鏡と同じように、口径が大きいほど明るくなりますが、大きく、重くなります。

カメラ・ミラーレス一眼はなぜ野鳥撮影に適しているのか

野鳥を大きく撮りたいが近づくと逃げてしまう……だからそれほど接近しなくても撮影できるいわゆる「大砲」を使い、それに伴って大きな雲台（うんだい）、大きな三脚が必要ということになります。ただこれらの機材は高価で、しかもそれなりの重量があるので費用もさることながら体力とも相談しなくてはなりません。

ただ、ミラーレス一眼の時代になってからは機材の小型化、軽量化が進み、最近ではたすき掛けのようにして使用する専用ストラップを駆使した手持ち撮影が主流になりつつあります。これはカメラの高画素化、レンズの小型軽量化と手ブレ補正の進化、そして画像処理ソフトの進化があってのこと。費用面、体力面ともにかなり改善されました。

ちなみに筆者はミラーレス一眼ボディに800mmf5.6のレンズを雲台、三脚とセットで使用する場合、また200-800mmf6.3-f9のズームレンズを手持ちで使用する場合に分けています。

どう考えて設定するか

オジロワシ。飛翔写真はシャッタースピードが肝心。

シマフクロウ。薄暗い環境では三脚の使用を。

まず野鳥は生き物であること、そして飛翔するということを念頭に置く必要あります。カメラの設定はさまざまあれど、結局は絞り、シャッタースピード、ISOの組み合わせです。フィルムからデジタルに変わっても、この点は変わらないのですが、ISOだけは異なり、例えば撮影中に変えることができ、またISO数値を上げると画質が悪くなる点もかなり改善されました。

私は野鳥は生き物で動くという観点から、通常は絞り優先を使用しています。これで絞りを開放値(一番小さい数値)に固定し、あとは野鳥の動きをとめられるシャッタースピードになるようISOを決めています。もちろん必要以上にISOを上げることはせず、だからといってブレてしまうシャッタースピードは使いません。基本的には三脚を持参していますので、薄暗くシャッタースピードが上げられる場合は迷わず三脚を使用しています。せっかくのミラーレス一眼ですから、設定を変えながら撮影し、自分に合ったモードを探したり、臨機応変な対応が可能になるようにしてみてください。

上達のコツとは

オオワシ、飛び立つタイミングは観察眼で養う。

オオアカゲラ。視線のある側にスペースをつくるように。

野鳥は生き物ですからやはりクセをつかむことや、動きの先を読めるようになることは重要です。飛び立つタイミングや伸びをするタイミングをあらかじめ観察から得ていれば、野鳥たちのおもしろい行動を容易に撮影できるし、野鳥たちが好む木の実を知っていれば食事シーンが撮影できます。

また光を味方につけることも重要です。逆光の写真は撮影方法によっては魅力的に映りますが、美しく撮影するにはやはり順光が基本です。野鳥を観察することも重要ですが、現地では太陽の場所も見ていなくてはなりません。
そして最後は構図。これは漠然と作品を見れば感じることかもしれませんが、被写体の視線の向きに注意し、視線のある側にスペースをつくると画像に安定感が生まれます。

三脚・雲台の選び方　～使用する機材に合ったものを～

重量級の機材は、がっちりと支えてくれる三脚と雲台があってはじめて性能を発揮できます。使用する機材に応じた三脚・雲台選びをご紹介します。

三脚の選び方

左から５型、３型、１型、ローアングル専用型

フィールドスコープ用の細めの三脚から、超望遠レンズ用の太い三脚まで、大小さまざまな三脚があり、最近ではカーボン製が主流になり、頑丈さと軽量化を兼ね備えています。ただ使用機材、運搬手段、歩き回るやじっと待つなどの観察、撮影スタイルを考慮して使い分ける必要があります。まず三脚の太さが５段階だとすると(数字が大きいほど太く重い)、フィールドスコープは軽量で歩き回ることが多いため１～２型、中望遠レンズ使用の場合は３型、超望遠レンズ使用で、車を使って移動できる場合は５型がお勧めです。また海外など飛行機を使って移動する場合は、三脚をスーツケースに収納することをお勧めしているため縮長を考慮したいものです。三脚の重量、搭載できる機材の重量(耐荷重量)と実際に搭載する機材の重量、段数(少ないほど安定する)や最大伸長、縮長などを確認して入手しましょう。また、撮影を一脚で済ませることもありますので、カーボン製で最も太い一脚を１本揃えておくと重宝するでしょう。

雲台の選び方

左からビデオ撮影用、自由雲台、ジンバル型

雲台はまず三脚に合った大きさや重量のものを選びますが、同時に雲台に乗せる機材の重量も考慮して選ぶ必要があります。さまざまな構造の機種がありますが、安定感があり、スムーズに動かせるかが重要です。

フィールドスコープは比較的軽量なため、１～２型の三脚にワンタッチで上下左右に動かせるものがよく、400～500mmクラスの望遠レンズなら３型の三脚に、大型の自由雲台を組み合わせるのがよいでしょう。600～800mmクラスの重量がある超望遠レンズは５型の三脚にビデオ撮影用の大型雲台がベストでしょう。飛翔写真に特化した撮影ならばジンバル型と呼ばれる構造の雲台を組み合わせるのもよいでしょう。

声の録音を楽しむ　～鳥の声をもっと楽しもう～

野鳥の大きな魅力の一つが鳴き声です。美しいさえずり、個性的な地鳴き、羽で出す音まで。声は鳥の存在に気づく手がかりですし、種によって異なりますので、識別するための大きな要素でもあります。本書は304種もの野鳥の鳴き声や音をQRコードで掲載していますが、誰でも簡単な道具を揃えることで、これらの音源のような本格的な録音を楽しむことができます。最新機種では、2秒前にさかのぼって録音を開始する機能もあり、チャンスを逃しません。

リニアPCMレコーダ

会議や講演などに使われるICレコーダの音質をよくした録音機材。ファイル形式を非圧縮に設定すると、CDよりも高音質で録音することができます。音質は折り紙つきで、プロのミュージシャンが簡易なレコーディングにも使うほど。本体にステレオマイクがついている機種が多く、そのままでも高音質で録音可能ですが、指向性の高いマイクを使うとうまく録音できます。

マイク

ガンマイクがお勧めです。レコーダ本体内蔵のマイクよりも指向性が高く、録りたい声を狙い録りすることができます。ウインドジャマー、ウインドスクリーン(風防)を装着すると、風の音の影響を低減することができます。

ヘッドフォン

ヘッドフォンを使うことで、音の大小やノイズなど、どのように録音されるかを予め確認(モニター)しながら録音できます。イヤフォンでも機能的には足りますが、周囲の音をできるだけ排除するために、スタジオレコーディング用のヘッドフォンを使用するとよいでしょう。

録音した声はパソコン上で編集し、ノイズを減らしたり、メインの声を大きくしたりして調整して、仕上げます。自然界にはいろいろな音や声があります。鳥の声以外にも、セミや秋の虫の声を録音するのもよいでしょう。

どこで見る？　観察する環境について

どんな環境にも鳥はいますが、環境によって生息する種は異なります。多様な環境をいろいろな季節に訪れ、どんな鳥がいるか調べてみましょう。経験を重ねるうちに、その環境にいつ頃どんな鳥がいるか見当がつくようになり、バードウォッチングの計画が立てやすくなります。

都市公園

日常的に観察するホームフィールドに適した環境。留鳥を観察でき、春と秋の渡り期にはいろいろな夏鳥が立ち寄り、意外な出会いもあります。冬は冬鳥が越冬します。まずは身近な環境から観察をはじめ、日常的に観察しましょう。1年を通じて観察することをお勧めしますが、真夏は鳥が少なめです。

自然公園

都市公園よりも多くの種を観察することができます。丘陵地帯にある自然公園などでは、上空を通過していくタカ類も観察できることがあります。ビジターセンターがあって、解説員が常駐している公園では、最新の観察情報が入手できます。観察路が整備されていたり、解説板があったり、いろいろと観察をサポートしてくれる設備が充実しています。

山地

新緑が芽吹き、夏鳥が渡ってきたばかりの頃がお勧めです。繁殖している鳥が多いので、都市公園に鳥が少なくなった初夏から夏にかけて訪れるのにもいい環境です。亜高山帯には固有の留鳥もいますし、秋の渡り期にはタカの渡りを観察することもできます。真冬以外がお勧めです。

河川・湖沼

山地を流れる沢や渓流にはカワガラスやヤマセミ、中下流域にはカワセミなど、同じ河川でも流域によって生息する鳥は変わってきます。湖沼には流れのない水辺環境を好む鳥も生息しており、サギ類やカモ類などの水辺の鳥を観察するのにも欠かせない環境です。

湿原・草原

視界が開けていて鳥が探しやすい環境です。草原を好む鳥を観察でき、花と鳥の観察を同時に楽しめます。湿原そのものや、草花の保護のための木道や遊歩道があるので逸脱しないように注意が必要。標高1500ｍ前後の高原の初夏がお勧めです。

原生花園

主に北海道の沿岸部にあるハマナス、エゾカンゾウ、センダイハギなどの群落。人が野焼きなどで手入れすることで維持しています。草原を好む鳥が美しい花にとまるので、写真を撮るのに向いています。6～7月がお勧めです。

シギ・チドリ類の観察に欠かせない環境。潮の満ち引きにより干潟が出たり消えたりします。潮が引いて広大な干潟が出現すると鳥は遠くなりますし、潮が満ちて干潟がなくなると鳥は去ってしまいます。時期によって潮の干満は変化しますので、予め潮見表で潮位を調べてでかけましょう。

主に魚類に依存して生活するカモメ類が越冬するほか、沿岸に生息するカモ類、カイツブリ類が比較的に見やすい環境です。海が荒れている日は外洋性の鳥が避難していて、思いがけない出会いがあるかも。冬がお勧めです。

特に日本海側の離島では、渡り期に多くの鳥が翼を休めます。タイミングが合えば、多くの種に出会うことができ、思わぬ珍鳥が現れることも。島じゅうを宝探しして歩くような楽しさがあります。春の渡り期である4～5月がお勧めです。

外洋に生息する鳥を観察するのに欠かせない観察環境です。定期航路がある路線で、日中に航行するルートを予め調べる必要があります。乗船する船の構造も重要で、観察可能な外部デッキがあるかどうかも調べておきましょう。

観察マナーについて ～鳥にも人にも環境にもやさしく～

フィールドでは観察マナーを守りつつ、バードウォッチングを楽しみましょう。

- **ゴミは持ち帰りましょう。** ときには仲間とフィールドの清掃に取り組むのもいいでしょう。
- **公共交通機関の利用を。** 駐車違反はトラブルの元。なるべく公共交通機関の利用を。
- **誰にでもあいさつを。** 情報交換でき、仲間の輪が広がります。地域の方とも仲よしに。
- **餌やりはやめましょう。** 鳥に悪影響を与え、環境を汚します。野の鳥は野のままに。
- **情報の取り扱いに注意。** 観察者が多すぎるのはトラブルの元。希少種の情報管理は慎重に。
- **鳴き声の取り扱いに注意。** 鳥やほかの観察者を混乱させるおそれがあります。

鳥探しとは成功体験の積み重ね。作戦を立て、プロセスを楽しめるように！

鳥を見つける近道はあるのか?

例えば庭や公園をはじめ、鳥がいそうな場所で偶然、鳥という対象を見つけて出会ってしまうのと、特定の鳥を探して出会うことはまったく異なります。ここでは後者の話を書いてみますが、残念ながら特定の鳥を探して出会うのに近道はないように思います。

ただそこに至るまでのプロセスを楽しめてこそ、鳥たちと長く付き合っていけるのだと思います。

森を歩く筆者。多くのフィールドで経験を積んでほしい。

作戦を立てる

野鳥の世界には、1年中同じ場所に生息している「留鳥」、季節で南北や標高の生息地が変わる「漂鳥」、そして繁殖期に日本で見られる「夏鳥」、非繁殖期に見られる「冬鳥」がいます。目的の鳥がどれに当てはまるのか? 例えば、ツバメは夏鳥ですから冬に探しても意味がないといった具合に、まずは季節で絞ります。

その次に、生息する環境で絞ります。人気者のカワセミは魚を好物にしていますから、森の中ではなく川沿いや湖沼がよいでしょうし、森にすむ鳥たちは好む植生、好む標高も異なり、さらには地面近くから森の高層部まで生活圏も異なります。またシギ類やチドリ類は、海水域を好む種と淡水域を好む種がいます。

このように、複数の要素で絞りこんでいくことで、対象の鳥を探す範囲が狭まっていき、出会いの確率を上げるベースのようなものができ上がるのです。

冬鳥の代表といえば「冬の使者」オオハクチョウ。

ウズラシギはどちらかといえば淡水域を好むシギ。

実際に探すプロセスとは?

「探す」となると視覚が重要だと思われがちですが、実際に視覚で探しているのは、視覚で探す以外に方法がない海鳥や渡るタカくらいで、声、経験、直感で探しています。声についてはよく「どうやったら覚えられますか?」という質問をいただくのですが、残念ながら即効性のある方法はないと思います。ただ最近ではネットで動画を見れたり、声を聴けたりするので活用するのはよいでしょうし、この図鑑でもQRコードを使うことで鳥の声を聴くことができます。ただ鳥たちは状況によって声を変えるものです。そのため最も効率的な方法は、声に詳しい人と一緒に森を歩くことだと思っています。画像は撮影して持って帰って調べることが容易にできますが、声はそうはいきません。だからその場その場で即回答が得られることが重要で、これを繰り返すことはかなり効果があるといえるでしょう。もちろん声の主がわからなかったとしても存在の有無や鳥との距離感を知るための重要な要素になります。

経験と直感は通じる部分が大きく、これはおそらく経験から得た情報の蓄積が直感を生んでいるのだと思います。例えばカワセミを過去に水辺の杭の上で見たという経験が情報として蓄積されることで、似たような環境に行ったときに杭の上を探すといった形で活かされ、効率よくカワセミを探すことができますし、漠然と毎年この場所ではよく鳥を見るなといった感覚的なことでもいいでしょう。いわば成功体験の積み重ねといったところでしょう。バードウォッチングは長く続ければ続けるほど面白くなってくるというのは、こういうことなのだと思います。

海上を渡るサシバ。視力をフル活用して探すしかない。

さえずるコマドリ。声の主を知ることも鳥探しの肝。

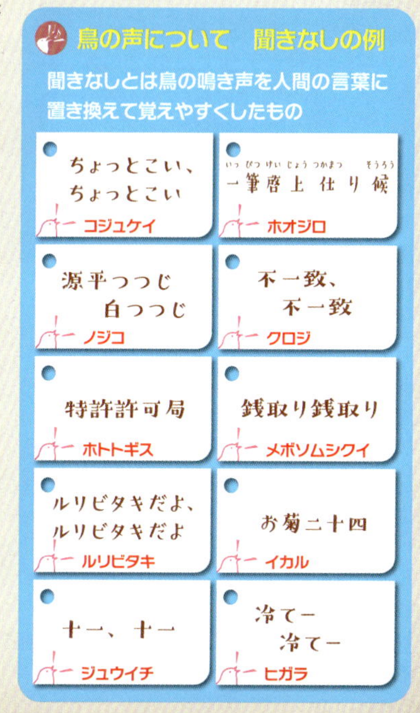

実践してみる

さて、いよいよ実践となると、誰もが双眼鏡や望遠鏡といった機材に目が行きがちですが、まずは機材のことは置いておいて、目視で大枠を見るクセをつけます。これはどんな場所でもどんなときでも忘れてほしくないテクニックです。視野が狭い双眼鏡、さらに視野が狭い望遠鏡は決められた対象物を見ることにはすぐれていますが、全体像を捉えることには不向きです。まずは視野がより広い目視を使って、今この瞬間の現地の全体像をつかめるようにしましょう。

場合によっては数分間足をとめて、これから探鳥する場所の全体像を見ることもよくあります。例えば順光側から観察したいわけだから太陽の場所を見たり、広大な干潟であれば、潮位がどう変わりつつあり、どのあたりに干潟が現れるかを見たりしてから行動を決めます。また森であれば鳥がどこにいて、どの方向に動いているか、例えば行ったり来たりとか、上がったり下がったりするような特定の行動をしていないかなども見極めます。そのうえで双眼鏡を使って特定の個体を観察したり、さらには距離がある場合は望遠鏡を使って観察するといった流れを心掛けるとよいでしょう。

あとは図鑑や日々の観察から蓄積したデータを活用しながら、身近な環境で実践してみましょう。冬の公園や河川敷などはよい場所です。なるべく眺望のよい高い場所からまずは全体を見回し、電柱の上や枯れ木のてっぺん、杭や看板の上など、見通しがよく探しやすい場所から見ていくのは鉄則です。またヨシ原や雑木など込み入った中を動き回ったり、飛び回ったりしている小鳥がいれば双眼鏡の出番です。視界に捉えるのは慣れが必要ですから、対象となる鳥を双眼鏡で追って特徴を瞬時に捉えられるよう、普段から練習しておくことも重要です。

まずは目視で全体の動きを捉えるクセをつけるように。

木にとまるノスリ。とりあえず高い場所を見ることも重要。

杭にとまるジョウビタキ。まずは探しやすい場所から。

観察と撮影の5つの心得

❶鳥が嫌がることを知る

鳥たちは常に警戒し、怯えていて、いつでも逃げられるように準備をしています。鳥がキョロキョロしたり首を伸ばしたりしたら警戒している証拠です。立ったり座ったりといった急激な動きは特に嫌がるので、相手の顔色をうかがいながら、スローモーションのような動きが理想です。

❷鳥だけでなく人にも気配りを

最近はバードウォッチャーに会う機会が増えたため、鳥を飛ばさないよう注意するだけでなく、鳥を観察している人への気配りも必要になりました。一気に近づくことは避け、観察者が望遠鏡やカメラを覗いていないときにゆっくり接近し、まずはあいさつからはじめましょう。

❸「探鳥地」にも気配りを

探鳥地が農地であれば、農家の方々にとっては仕事場です。基本的には農作業中の区域には近づかないこと。また公共の場所の占拠は迷惑行為であり、立ち入り禁止区域への立ち入りは危険を伴う可能性があるため絶対にやめましょう。

❹繁殖中の野鳥には近づかない

適正な規制がなされている、安全な距離が保たれているなど、特別な場合を除いては、最も神経質になっていることが想定される、繁殖中の野鳥にストレスを与える行為は避けるのが当然です。

❺情報の伝達はその先を考えて

昨今のバードウォッチングは情報のやりとりが活発になり、容易に珍しい鳥の所在地を知ることができるようになりました。よい面がある反面、特定の場所に想定外の人を集める結果になってしまい、トラブル事例が増えました。情報を得た人は情報拡散による影響を考慮し、トラブルに繋がらないよう取り扱ってほしいものです。

警戒するタカブシギ。首をたて上下に動かすのがサイン。

田んぼは農家の方の仕事場。邪魔にならないよう細心の注意を。

ツバメのひな。身近に営巣するツバメもやさしい気持ちで見守りたい。

船に舞い込んできたヤツガシラ。珍鳥との出会いは偶然。

用語解説

分類など

学名　国際動物命名規約に基づく世界共通の生物名。個々の種については、属名(=種の上位の単位で、共通の特徴をもつ生物群の名)と種小名(=その種を表す名)のラテン語やギリシャ語2語で表記する。科学論文では命名者と命名年を付記することが多いが、本書では省略。

和名　日本語による種の名称。本書では日本鳥学会が定めている標準和名を使用している。

英名　英語による種の名称。

種　生物分類の基準となる単位。

亜種　種の下位の単位。同一種ながら形態などに違いが認められる地域個体群。

近縁　類縁が近いこと。

日本固有種　日本国内だけに生息する種。

外来生物　人間活動がある地域に、外部からもち込んで定着した生物のこと。移入種ともいう。在来生物への影響が大きい場合、その度合いに応じて、外来生物法で特定外来生物に指定されたり、生態系被害防止外来種リストに記載されたりする。

移入種　⇒外来生物

生活型

留鳥　年間をとおして同じ地域に生息し、長距離の季節移動をしない鳥。スズメ(p351)やハシブトガラス(p277)など。

漂鳥　亜高山帯や山地などの環境で繁殖し、非繁殖期に平地などに移動して越冬する鳥。あるいは、北方で繁殖し、非繁殖期に南方へ局地移動して越冬する鳥。ルリビタキ(p345)やアオジ(p384)など。

夏鳥　春に南方から渡ってきて繁殖し、秋に南方へ渡る鳥。ツバメ(p292)やキビタキ(p342)など。

冬鳥　秋に北方から渡ってきて越冬し、春にかけて北方へ戻って繁殖する鳥。多くのカモ類やハクチョウ類、ツグミ(p331)など。

旅鳥　繁殖も越冬もせず、渡りの途中に立ち寄るだけの鳥。多くのシギ・チドリ類など。

迷鳥　通常は渡来も通過もしないが、悪天候などで迷い込んだ鳥。

渡り　繁殖地と越冬地間の長距離季節移動。数百キロ、数千キロの移動から北極と南極間の数万キロの遠距離移動まで、移動する地域や距離は種によってさまざま。

越夏　越冬した、あるいは渡り途中の冬鳥がなんらかの理由で繁殖地まで移動せず、繁殖地ではない地域で夏を過ごすこと。また、若鳥が渡らずに越冬地付近に残って夏を過ごすこと。

越冬　非繁殖期に冬を過ごすこと。北半球では通常、北方の繁殖地から南方の暖地へ移動して越冬する。あるいは山地から平地へ移動して越冬する。

外洋性　陸地から離れた沖合で暮らす性質。

羽毛と形態

羽衣　鳥の羽毛の総称。種によって多様な色彩や形状をしている。

換羽　全身あるいは一部の羽毛を更新すること。

夏羽　繁殖期の羽衣。冬羽に比べて鮮やかな色彩が多く、種によっては飾り羽を伴う。生殖羽、繁殖羽とも。

冬羽　非繁殖期の羽衣。夏羽に比べて地味であることが多い。非生殖羽、非繁殖羽とも。

第1回冬羽　巣立った幼鳥が換羽した羽衣。この1回の換羽で成鳥と同じ羽衣になる種もいれば、一部しか換羽しない種もいる。

第1回夏羽　生まれた翌年の春の換羽による羽衣。春に換羽をしない種もいる。

第2回冬羽　生まれた翌年の秋の換羽による羽衣。多くの種が、成鳥と同じ羽衣になる。

幼羽　巣立ち後まもない時期の羽衣。

繁殖羽　繁殖期の羽衣。通常、鮮やかな羽色であることが多い。→夏羽

非繁殖羽　非繁殖期の羽衣。通常、地味な羽色であることが多い。→冬羽

羽色　羽毛の色。

飾り羽　繁殖期に向けて生える、装飾的な羽毛。サギ類などで見られる。

婚姻色
繁殖期に嘴や足、目先などの裸出部に見られる鮮やかな色。

裸出部
鳥の体で羽毛が生えていない部分。タンチョウ(p92)の頭頂の赤い部分など。

エクリプス　夏から初秋にかけてのカモ類オスの地味な羽衣。メスに似た羽色になる。カモ類のオスは、秋に渡ってきた直後にはエクリプスであることが多い。冬にかけて繁殖羽(夏羽)に生え換わる。

構造色　色素ではなく、羽毛内の微細な構造に光が当たることで見える色。青色光沢や緑色光沢は、構造色であることが多い。

隠蔽　生物が周囲の環境に似た体色や形態をもつこと。捕食者から身を守るため、あるいは被捕食者を襲うために備わっている。木の枝によく似るヨタカ

(p66)、卵もひなも小石のような色合いのチドリ類などが好例。

縦斑（じゅうはん） 頭部と尾羽を結んだ線と平行な斑のこと。

横斑（おうはん） 頭部と尾羽を結んだ線に対し垂直となる斑のこと。

鷹斑（たかふ） タカ類の翼や尾羽の斑点状の模様。タカ類以外の同様の模様をもつ鳥に対しても使い、タカブシギ(p142)は和名の由来にもなっている。

肉冠（にくかん） 肉質の突起物。ニワトリでいうと、とさかにあたる部分。ライチョウ(p63)やキジ(p65)などに見られる。

翼帯（よくたい） 翼に見られる帯状の模様。

翼鏡（よくきょう） カモ類の次列風切の一部で、光沢のある目立つ色が多い。種によって色が異なる。

口角（こうかく） 嘴のつけ根で、上嘴（じょうし）と下嘴（かし）の接合部にあたる個所。

弁足（べんそく） 水かきの役割をする膜がついている足指。カイツブリ(p95)やオオバン(p85)などの足指。

瞬膜（しゅんまく） まぶたとは別に、眼球を保護するための膜。潜水する鳥が水中に飛び込む際や、キツツキ類が木をつつくときなどに閉じて、眼球を保護する。

繁殖と成長段階

成鳥（せいちょう） 性的に成熟して繁殖能力があり、幼羽が成鳥羽に換羽した状態の鳥。

若鳥（わかどり） 第1回冬羽から完全に成鳥羽に換羽するまでの状態の鳥。未成鳥、亜成鳥ともいう。

幼鳥　幼羽が第1回冬羽に換羽する前までの状態の鳥。

ひな　ふ化後、親鳥の世話から独立するまでの鳥。

雑種　異なる種や亜種の間で交雑して生まれた子。カモ類でよく見かけられる。

交雑　異種間で成立した繁殖。

ヘルパー　繁殖中のつがい以外に、つがいの子育てを手伝う個体。つがいが以前に育てた若鳥であることが多いが、血縁関係のない個体の場合もある。エナガ(p298)など。

コロニー　集団繁殖地。サギ類やウ類で顕著。サギ類のコロニーは、俗にサギ山と呼ばれる。

ねぐら　夜間に睡眠をとる場所。樹上であることが多い。

托卵　他種の巣に産卵し、抱卵から育雛まで巣の親鳥(仮親あるいは宿主という)にまかせること。日本で繁殖するカッコウ類はすべて托卵する。同種間で托卵する種もいる。

擬傷　繁殖中、卵やひなを守るため、親鳥が傷ついたような行動をすること。捕食者の目をひいて、巣から遠ざける手段として行う。チドリ類などで見られる。

ディスプレイ　自分を際立たせる行動。通常はオスがメスに対して行う。翼や嘴で大きな音を出したり、体を動かして体の大きさを誇張したりする。あるいは、羽色の美しさを目立たせたり、通常と異なる飛び方をして飛翔能力の高さをアピールしたりする。

営巣　巣をつくって子育てすること。

仮親　カッコウ類などに托卵された巣の親鳥。宿主ともいう。

行動(音・声)

さえずり　繁殖期に求愛したり、なわばりを宣言したりするための複雑で美しい鳴き声。ほとんどの種でオスがさえずるが、雌雄ともさえずる種もある。

地鳴き　さえずり以外の鳴き声の総称。群れの仲間に位置を知らせるときや、天敵を見つけて警戒を促すときに出す声など。短く単純な声が多い。

ぐぜり　本格的にさえずる前の不完全なさえずり。短かったり、声量が小さかったり、つぶやくような鳴き声。

さえずり飛翔　さえずりながら飛翔すること。ヒバリ(p287)が典型的で、春の季語「揚げ雲雀(あげひばり)」はヒバリのさえずり飛翔のこと。

笹鳴き　ウグイス(p296)が非繁殖期にササやぶなどで地鳴きすることの通称。

母衣打ち　ヤマドリ(p64)やキジ(p65)が求愛や誇示のために激しく羽ばたき、羽音を出す行動。

ドラミング　キツツキ類が木の幹などを嘴でたたき、大きな音を出す行動。求愛や誇示のための行動。

クラッタリング　上下の嘴をたたくようにして、打楽器のような音を出すこと。コウノトリ(p189)がコミュニケーションに利用する。

聞きなし　鳥の鳴き声の聞こえ方を、人が使う言葉に置き換えること。覚えやすくなる。ウグイス(p296)の「法法華経」やホオジロ(p376)の「一筆啓上仕り候」など。

日本三鳴鳥　かつて野鳥を飼育して鳴き合わせしていた時代に、ウグイス(p296)、オオルリ(p336)、コマドリ(p339)の3種が、さえずりが美しい飼い鳥の代表として選ばれた。

鳴き交わし　複数の個体が鳴き合うこと。雌雄や親子のコミュニケーションでよく聞かれる。

行動（飛翔）

帆翔　翼を広げた状態で、羽ばたかずに飛ぶこと。ソアリングともいう。タカ類などが上昇気流を利用してしばしば帆翔する。

ダイナミックソアリング　海上の風を巧みに使って羽ばたかずに飛ぶ、アホウドリ類やミズナギドリ類の飛翔法。

滑翔　羽ばたかず、直線的に飛ぶこと。帆翔などによって上昇した後に大きく移動するのに用いることが多い。

タカ柱　タカ類が上昇気流を利用して群れで帆翔し、柱状に見えること。サシバ(p229)やハチクマ(p215)などが大きな柱を形成することが多い。

ホバリング　素早く羽ばたき、ヘリコプターのように空中の一点にとどまって飛翔すること。獲物を探すときに行うことが多い。日本最小のキクイタダキ(p316)から大形タカ類までいろいろな種が行う。

フライングキャッチ　空中の獲物を飛びながら捕獲すること。ヒタキ類で顕著で、多くの種に「～Flycatcher」という英名がつけられている。

行動(そのほか)

ホッピング　歩くのではなく、両足でぴょんぴょん跳んで移動すること。ハシブトガラス(p277)やスズメ(p351)など多くの種で見られる。

モビング　擬似攻撃。擬攻ともいう。カラス類が集団でオオタカ(p221)などの猛禽類を追いかけて追い払うなどの行動。

シュノーケリング　水中に頭部を入れたまま移動して食べ物を探す採食方法。

逆立ち採食　潜水するのではなく、水中に頭部を入れ、倒立した状態での採食方法。

混獲　漁業において、魚介類以外の生物を誤って一緒に捕獲してしまうこと。ウミガラス(p167)やエトピリカ(p173)など、潜水して暮らす海鳥が魚網にかかってしまい窒息死する例など。

さくいん

本書に掲載している野鳥の和名を50音順に並べています。

本書に収録した野鳥の鳴き声の音声ファイルについて

●音声ファイルの収録数と鳴き声の種類について

本書には304種の野鳥の鳴き声や音を収録しています。さえずりだけでなく、地鳴きが重要な種も少なくないのですが、本書では野鳥1種について、1つのQRコードしか掲載できません。そこで、複数の鳴き声を紹介したい種については、複数の音声ファイルを1本にまとめました。

QRコードのそばに「さえずり」「地鳴き」など、その種のどんな鳴き声かを表記しています。どんな鳴き声か定義できない場合は、単に「鳴き声」としています。「さえずり→地鳴き」のように表記されている場合は、前半がさえずりで、後半が地鳴きとなります。

さえずり

→さえずり1種類

さえずり→地鳴き

→前半がさえずりで、後半が地鳴き

さえずり2種

→異なるさえずり2種類

●音声ファイルの取り扱いについて

野外で鳴き声を再生すると、野鳥を誘引してしまったり、ほかの観察者が混乱したりすることがあります。野外で鳴き声を再生する際にはイヤフォンを使うなど、音声ファイルの取り扱いには注意しましょう。

●音声ファイルの提供について

本書に収録した野鳥の鳴き声の音声ファイルは、野鳥の調査を通じて、人と自然の共存を目指して活動しているNPO法人バードリサーチからご提供いただいたものです。28名の関係者からご提供いただいた音声ファイルには貴重なものも多く含まれます。この場をお借りしてご厚意に御礼申し上げます。

■提供者氏名（50音順、敬称略）

阿部智　池永祐二　石田健　植田睦之　植松永至　大井智弘　大城亀信　笠原里恵
梶本恭子　神山和夫　黒沢令子　黒田治男　齊木孝　高木憲太郎　高木昌興
南波興之　奴賀俊光　長谷川恵一　原星一　花田行博　平野敏明　堀田昌伸
三上かつら　宮越和美　守屋年史　簗川堅治　吉谷将史　Cyberforest

●パソコンでも利用できます！

バードリサーチでは公式ウェブサイト上で「鳴き声図鑑」を公開しています。本書に収録しきれなかった音声ファイルも豊富に収録されており、新しい鳴き声も随時追加され、気軽に聴くことができます。パソコンや、スマートフォンでもアクセスすることができますので、ぜひご利用ください。

バードリサーチ公式ウェブサイト
http://www.bird-research.jp
バードリサーチ「鳴き声図鑑」
https://www.bird-research.jp/1_shiryo/nakigoe.html

監修者：**樋口広芳**（ひぐちひろよし）

1948年生まれ。東京大学名誉教授、慶應義塾大学訪問教授。東京大学大学院博士課程修了。農学博士。米国ミシガン大学動物学博物館客員研究員。日本野鳥の会・研究センター所長、東京大学大学院教授を歴任。専門は鳥類学、生態学、保全生物学。日本鳥学会元会長。
著書に『鳥たちの旅ー渡り鳥の衛星追跡ー』（NHK出版）、『生命にぎわう青い星ー生物の多様性と私たちのくらしー』（化学同人）、『鳥・人・自然ーいのちのにぎわいを求めてー』（東京大学出版会）、『日本の鳥の世界』（平凡社）、『鳥ってすごい!』（山と溪谷社）、『ニュースなカラス、観察奮闘記』（文一総合出版）など多数。

著　者：**石田光史**（いしだこうじ）

1970年生まれ。北九州市出身。野鳥写真家。旅行会社のネイチャーガイドとして活躍し、特に日本近海での海鳥や海棲哺乳類観察のガイドに定評がある。国内各地を飛び回る傍ら、撮影・執筆活動に取り組む。著書に『旬の鳥、憧れの鳥の探し方』（文一総合出版）があり、『BIRDER』（文一総合出版）、『野鳥』（日本野鳥の会）などの専門誌や書籍、図鑑への作品提供・執筆多数。

編集協力　阿部 浩志（ruderal Inc.）・鈴木 有一（amana）
本文デザイン　西山 克之（ニシ工芸株式会社）
装丁デザイン　西田美千子
監修協力　西 教生
編集担当　遠藤やよい（ナツメ出版企画株式会社）
写真提供　阿部 浩志・アマナイメージズ・髙野 丈・PIXTA・ruderal Inc.
本文イラスト　平田 美紗子
装丁イラスト　尾川 直子・柴垣 茂之
音源提供　NPO法人バードリサーチ
撮影協力　小林 美寿希・森のフィールド学舎

参考文献　『フィールドガイド日本の野鳥』（日本野鳥の会）・『鳥630図鑑』（日本鳥類保護連盟）・『日本鳥類目録改訂第8版』（日本鳥学会）・『鳥の行動生態学』（京都大学学術出版会）・『山階鳥類研究所のおもしろくてためになる鳥の教科書』（山と溪谷社）

ぱっと見わけ 観察を楽しむ野鳥図鑑［増補改訂版］

2025年 2月 6日　初版発行
2025年 8月20日　第3刷発行

監修者　樋口広芳
著　者　石田光史
発行者　田村正隆

発行所　株式会社ナツメ社
東京都千代田区神田神保町1-52　ナツメ社ビル1F（〒101-0051）
電話 03-3291-1257（代表）　FAX 03-3291-5761
振替 00130-1-58661
制　作　ナツメ出版企画株式会社
東京都千代田区神田神保町1-52　ナツメ社ビル3F（〒101-0051）
電話 03-3295-3921（代表）
印刷所　TOPPANクロレ株式会社

ナツメ社Webサイト
https://www.natsume.co.jp
書籍の最新情報（正誤情報を含む）はナツメ社Webサイトをご覧ください。

ISBN978-4-8163-7665-8　Printed in Japan